逻辑与形而上学教科书系列

数理逻辑（第二版）
证明及其限度

郝兆宽　杨睿之　杨　跃　著

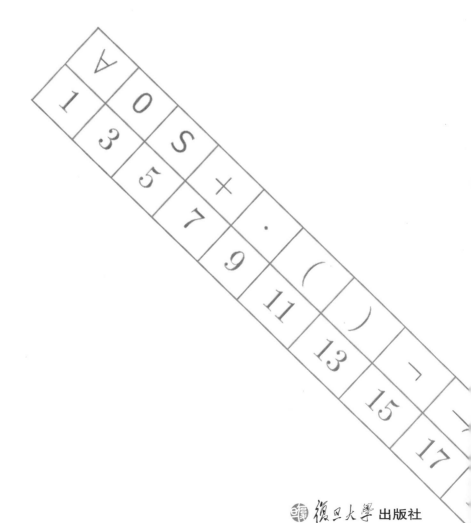

复旦大學出版社

第二版序

本书初版于 2014 年，一直以来都作为复旦大学哲学学院"逻辑学"专业课程和"数理逻辑学程"课程的主要教材。南京大学、中山大学、山西大学等院校也用它作为逻辑课程的教材或主要参考书之一。这几年的教学实践使作者体会到更多逻辑学的精妙之处，而这些精妙的地方在第一版中未能得到充分体现。此外，作者也收到许多来自国内各地同事、学生和读者的反馈和建议。因此有必要对旧版加以修订。特别是有个别的硬伤，必须及时纠正。修订工作中我们采取了稳妥的原则，保持了第一版的整体架构。修订的主要内容包括以下几个方面。

在内容的讲解上，我们增补了一些解释性的文字，有些是为了让读者了解问题的关键，如第二版 168 页关于量词消去的讲授顺序；如 206 页关于元定理和内定理；有些是为了解释我们处理方式的动机，还有些是相关内容和历史的拓展，如 178 页关于选取 Q 的解释。我们相信这些增补有助于读者更深刻地把握书中的相关内容。在一些地方，我们还调整了讲述的顺序，例如，9.4 节关于第一不完全性定理的 3 个版本，目前的次序或许更符合历史的面貌，它们相互之间的关系也更容易理解。除了补充和调整，对原有的表述也有多处修改，特别是一些定理的证明，如普莱斯伯格算术可判定性的证明、司寇伦关于乘法结构 $\mathfrak{N}_\times$ 可判定性的定理 8.5.5 等。以上所举当然并非全部，希望修改后的表述更加清晰和易读，特别是对于那些用本书作为自学教材的读者。

在习题方面，我们对一些难度较大的习题增加了提示。例如，习题 2.5 中的多个习题，部分回应了一些读者关于增加习题答案的要求。据我们的教学经验，独立完成习题对于学习逻辑是十分关键的，完整公布习题解答也许弊大于利，直接阅读答案有可能给人造成内容已经掌握的假象。此外，我们还增补了一些习题，有些是为了建立习题之间的联系，如习题 2.6.2；有些是为了弥补第一版中应该提及却没有提到的事实，如习题 9.1.4；有些是教学过程中逐渐意识到的需要加强训练的地方，如习题 3.2。

修订的另一个重要部分是第一版中出现的硬伤和打印错误。比较突出的几处包括：删去了一版中的例 2.9.3，这个例子及其证明是错的，演绎定理在 K 中并不成立。再比如一版 175 页关于 $\leq$ 的定义（第二版定义 9.1.3），这虽是一个打印错误，但会造成很大困惑，如在这个定义下不能证明引理 9.1.2 (7)，对应第二版引理 9.1.4 (8)。

修订还包括符号和记法的进一步统一。例如，在命题逻辑中，公式变元统一使用 α, β 等，而在谓词逻辑中，则统一使用 φ, ψ 等（只有一处例外）。再如，第一版中定理、定义、命题、引理、推论、例都独自编号，不方便查找，第二版中改为统一编号。另外，课程大纲里对各章内容的介绍也更加详细，以利于读者从整体上了解本书的内容。

修订过程让我们感触良多。一是感到逻辑学之博大精深，即使在最基础的一阶逻辑部分，也隐藏着众多深刻、微妙和精致的思想在里面，需要有心人仔细品味。二是深深感受到读者，特别是青年学生对逻辑学的热情，对理性精神的坚持和追求，对我们的支持、包容和鼓励。

由于历时较长，以各种方式提出修改意见的师友和读者较多，而我们又没有把握目前的名单是完整的，因此在这里就不一一具名，以免挂一漏万。对曾给予帮助的所有朋友，我们表示最衷心的感谢！事实上，我们的感激之情是难以用语言表达的。

当然，第二版依然会有许多问题和差错，我们期待师友、同好一如既往地提出宝贵意见。具体烦请您到以下网址留言：$\mathrm{http://logic.fudan.edu.}$ $\mathrm{cn/book/ml2}$。

引言：什么是数理逻辑？

　　数理逻辑无非是形式逻辑的精确的与完全的表述，它有着相当不同的两个方面。一方面，它是数学的一个部门，处理类、关系、符号的组合等，而不是数、函数、几何图形等。另一方面，它是先于其他科学的一门科学，包含着所有科学底部的那些思想和原则。正是在第二种意义上，莱布尼兹在他的《通用文字》中首先构想了数理逻辑，原本可作为其中的一个核心部分。

——哥德尔

　　就字面意思而言，"数理逻辑"至少包含两方面的含义。一是"使用数学"，即以数学为工具来研究逻辑；二是"为了数学"，以数学里面出现的或是数学家常用的逻辑为研究对象。首先，我们使用数学的符号语言，这种语言本质上可定义为自然数和自然数的序列这样的数学对象。我们还频繁地使用数学中的各种工具，如数学归纳法、紧致性定理等；频繁地引用数学中的定理，如数论基本定理、中国剩余定理、佐恩引理等；并且我们的研究成果（所下的结论）也都是以数学定理的形式表述的。从这一角度来看，与用数学研究几何图形或物理方程没有太多区别，只不过我们的研究对象是逻辑而已。

　　其次，数理逻辑的研究目标归根到底是要指出哪些命题是真的，而且是不依赖于物理世界的事实而为真的；哪些证明或推理的形式是正确的，它们正确的依据又是什么。例如，$2+2=4$ 是真的，但这不依赖于"两双鞋子的总数"或"汽车前轮加后轮的个数"这样的物理事实。它的真必定植根于关于另外一个世界的另外一些事实中。再如，勾股定理的证明是正确的，它的正确性并不依赖于我们对任何一个直角三角形的直角边和斜边的测量结果，而必定依赖于另外一些非物理对象的属性。这些例子足以说明，为什么只有在逻辑与数学结合后才成为深刻、"伟大"①的学科。因为究其本性，逻辑研究

---

① 蒯因（W. V. Quine, 1908—2000）曾说："逻辑是一门古老的科学，但 1879 年以后成为一门伟大的科学。"（W. V. Quine, *Methods of Logic*, Harvard University Press, 1950, 第 vii 页。）1879 年弗雷格出版了《概念文字》（*Begriffsschrift*），标志着现代数理逻辑的诞生。

的现象是超越于物理世界和物理事实之上的。在这里，没有任何物理意义上的偶然性。另外还值得一提的是，虽然这个超越物理世界的宇宙尚属于神秘之域，我们对其知之甚少，但有一点是可以肯定的：它是无穷的。而处理无穷世界带来的困难是数理逻辑发展的主要推动力之一。

以上两点综合起来，就是沙拉赫①所说的，数理逻辑是以"数学的方式研究数学"。②事实上，数理逻辑主要研究的是数学证明形式的"对错"、数学语句的真假以及数学结构的性质。所谓"以数学的方式研究数学"，就是将数学语句、数学结构、数学证明等作为数学对象，然后用已有的数学理论研究它们的性质。

当然仅停留在字面上的解读是远远不够的。例如，从以上的解读中，我们还看不出数理逻辑和哲学有什么关系，看不出为什么全世界的哲学系都要开设数理逻辑的课程。这当然很难用简短的篇幅进行解释，也不是本书要解决的问题。不过，那个逻辑事实植根于其中的、超越于物理世界的宇宙是什么样的存在呢？无穷究竟有哪些特别的性质呢？这不都是一些关乎根本的哲学问题吗？

也许，只有通过学习数理逻辑，熟练地掌握它的内容、方法和技巧以后，才能真正开始讨论"什么是数理逻辑？"这个问题。不过到那时候，你可能会想起陶潜的诗句："此中有真意，欲辨已忘言。"

下面简单介绍数理逻辑早期发展的历史（近期的发展请参照结束语部分）。这类似于勾勒一个本学科的简明"历史地图"，也许有助于读者了解自己所处的位置和将要前进的方向。

逻辑史早期的几个重要里程碑

亚里士多德③

亚里士多德（见图1）是古希腊思想的集大成者（不仅限于逻辑学）。他研究了三段论和其他各种形式推理，逻辑学代表作为《工具论》④。在之后的两千多年中，尽管有中世纪的宗教学家和学者有零星的逻辑学研究成果，但没有重大突破。康德⑤曾经说过："……从亚里士多德时代以来，逻辑在内容方面就收获不多，而就其性质来说，逻辑也不能再增加什么内容。"⑥亚里士

---

① 沙拉赫（Saharon Shelah, 1945—　），以色列逻辑学家、数学家。
② 参见 Saharon Shelah, Logical Dreams，*Bull. Amer. Math. Soc.* 2003(40), 203-228。
③ 亚里士多德（Aristotle, 前384—前322），古希腊哲学家。
④ 工具论，英文为"Organon"。
⑤ 康德（Immanuel Kant, 1724—1804），德国哲学家。
⑥ 康德，许景行译，《逻辑学讲义》，北京：商务印书馆，1991。

图 1   柏拉图和亚里士多德（图片来自维基）

多德的形式逻辑不能称为数理逻辑。他使用自然语言，而且也没有讨论量词等概念。

莱布尼兹①

在人类文明史上，莱布尼兹可以与文艺复兴时代的任何一位巨匠相提并论。他 26 岁时的工作使他与牛顿②一起成为微积分的共同创立者。在逻辑史上，莱布尼兹被称为"数理逻辑的先驱"。他有一个伟大的设想，试图建立一个能够涵盖所有人类知识的"通用符号演算系统"，让人们讨论任何问题，包括哲学问题，都变得像数学运算那样清晰。一旦有争论，不管是科学上的还是哲学上的，只要坐下来算一算就可以毫不费力地辨明谁是对的。他的名言是："让我们来算吧。"这一伟大的设想后来被称为"莱布尼兹之梦"。但是，莱布尼兹的许多工作在当时并不被人所知，在他死后很久才得以发表，或许这也是康德认为没人超越亚里士多德的原因吧。值得一提的是，很多哲学家研究逻辑的出发点都是试图为人类理智建立一个坚实的框架或系统，而这样的框架或系统很自然地涉及数学工具。

布尔③

布尔的主要贡献是把逻辑变成了代数的一部分，从而向"让我们来算吧"的方向跨出了重要一步。简单地说，布尔把逻辑中对真假的判断变成了代数

① 莱布尼兹（Gottfried Wilhelm Leibniz，1646—1716），德国数学家和哲学家。
② 牛顿（Issac Newton，1642—1727），英国物理学家、数学家。
③ 布尔（George Boole，1815—1864），英国数学家。

中符号的演算。所谓布尔代数即是以他命名的。大致上说，亚里士多德形式逻辑的所有规则都可以用布尔代数重新表述出来。

弗雷格[1]

弗雷格是莱布尼兹之梦的实现者，是现代数理逻辑的创始人。他一生致力于数学基础的研究，试图从纯逻辑的概念出发定义出全部数学，从而使数学成为逻辑的一个分支。这一纲领被称作"逻辑主义"。他的工作对分析哲学（有人称他为"分析哲学之父"）、现代逻辑和数学基础都有极其深远的影响。我们将要学习的一阶逻辑就是源自他的理论。他第一个引进了量词，同时把谓词处理为函项，这从根本上改变了逻辑的形态，使其成为一门伟大的学科。

但是，当弗雷格即将宣布他的逻辑主义成功的时候，罗素[2]于1902年写信给他："只有一点我遇到些困难……"，而正是这一点困难，引发了关于数学基础的一场巨大的争论。

说到这里，需要涉及一点数学史，尤其是19世纪末、20世纪初数学基础方面的争论。从古到今，数学大致是沿着从具体到抽象、从含混到准确、从庞杂到精纯的方向发展。以微积分为例，在古希腊时代，阿基米德[3]已经有了近似于现代定积分的概念。到了17世纪，牛顿和莱布尼兹独立发明了微积分。但用现代数学的标准来衡量，当时的微积分领域里有很多概念是不精确的。例如，莱布尼兹用无穷小量来表述导数，而无穷小量有如下性质：它可以参与所有的算术运算，小于所有的正实数但又不是零。无穷小这一概念当时即受到很多批评，其后200多年也一直不被人接受。[4]尽管如此，牛顿和莱布尼兹的直观完全与物理世界吻合，微积分理论也获得了巨大成功。直到19世纪，柯西[5]和魏尔斯特拉斯[6]引入了数学分析中的$\varepsilon\text{-}\delta$方法，才给微积分奠定了坚实的基础。首先，微积分中最根本的概念"微分"和"积分"都可以用极限来定义，而极限的概念又可以通过$\varepsilon\text{-}\delta$方法建立在实数理论的基础上。之后数学家又用有理数定义实数、用整数定义有理数、用自然数定义整数。在康托尔[7]创立集合论之后，人们又用集合作为最根本的概念来定义自然数。因此，人们自然会想：也许集合论和逻辑就是莱布尼兹当年梦想的通用语言？也许整个数学（乃至整个科学，甚至人类全部精神活动）都可以归约到逻辑？这就是逻辑主义的历史背景。

---

[1] 弗雷格（Gottlob Frege, 1848—1925），德国哲学家。

[2] 罗素（Bertrand Russell, 1872—1970），英国哲学家。

[3] 阿基米德（Archimedes, 约前287—约前212），古希腊数学家。

[4] 亚·鲁宾逊（Abraham Robinson, 1918—1974）用模型论的方法，在20世纪60年代成功地为无穷小量奠定了坚实的基础，这一学科分支称为非标准分析。

[5] 柯西（Augustin-Louis Cauchy, 1789—1857），法国数学家。

[6] 魏尔斯特拉斯（Karl Weierstrass, 1815—1897），德国数学家。

[7] 康托尔（Georg Cantor, 1845—1918），德国数学家。

让我们回到困扰罗素的那一点。罗素在弗雷格的逻辑体系中找到了一个矛盾，后来被称为"罗素悖论"。罗素悖论的具体内容这里不提。在20世纪初，有很多与罗素悖论类似的其他悖论。这些悖论的共同点是它们都涉及非常大的集合。这些悖论让人们怀疑人类是否越过了自己能力的极限，或者说，数学理论是不是太抽象了，抽象到人们对它的真假完全没有了直觉。因此不少人基于哲学的考虑，想给数学概念和方法加一些人为的限制，以保证数学基础的坚实，起码避免悖论。其中比较极端的主张是以布劳威尔[①]为代表的直觉主义。直觉主义者只承认潜无穷，对实无穷（起码对不可数的实无穷）持完全否定的态度。这样一来，数学里涉及实无穷的部分都将被抛弃，作为专门研究无穷的理论，康托尔的集合论也就失去了意义。

希尔伯特[②]

希尔伯特是对20世纪数学发展影响最大的数学家之一。对数学的许多领域都有杰出的贡献。希尔伯特强烈反对直觉主义者对数学的限制。他的名言是："没有人能把我们从康托尔创造的乐园中赶出去。"在20世纪初，他提出了"希尔伯特计划"，期望一劳永逸地为数学奠定坚实的基础。纲领大致如下：首先分离出数学中那些连直觉主义者都认为无可争议的证明手段，也就是本质上有穷的那些数学证明工具。对于直觉主义者担心的，涉及无穷的数学命题，则暂时不去考虑它们的意义，而只是将其看作按照一定规则进行的纯符号操作。或者说暂时把无穷数学的语义和语法分开，只研究语法部分。这样一来，如何保证证明系统是一致[③]的就成为头等重要的大事。希尔伯特期望找到这样的形式系统，在其中能够证明这种形式化后的全部数学的一致性，而在证明过程中只使用本质上有穷数学的证明手段。

哥德尔[④]

哥德尔被称为亚里士多德以来最伟大的逻辑学家。他的主要成就包括一阶逻辑的完全性定理、一阶算术的不完全性定理（这两个定理将是本课程的主要内容），以及选择公理和连续统假设与集合论公理系统的相对一致性。哥德尔的成果遍及数理逻辑的几乎所有领域，而且对很多领域来说是开创性的。这些成果从根本上影响和推动了数理逻辑的发展，直到今天依然如此。在哥德尔所有这些惊世骇俗的成就中，不完全性定理不仅对逻辑，甚至对整个人类文明的发展都有深远的影响。我们只谈逻辑。哥德尔定理改变了逻辑发展的进程，其中一个重要的原因就是它彻底否定了（依原本设想方式的）希尔伯特计划。

[①] 布劳威尔（Luitzen Egbertus Jan Brouwer, 1881—1966），荷兰数学家、哲学家。

[②] 希尔伯特（David Hilbert, 1862—1943），德国数学家。

[③] consistent, consistency, 也常译为协调、相容、和谐、无矛盾等。

[④] 哥德尔（Kurt Gödel, 1906—1978），奥地利和美国数学家、哲学家。

假设皮亚诺①公理系统 PA②代表经典数论的形式化系统，按照希尔伯特计划的要求，至少要能从 PA 出发，只使用严格的"有穷主义"的手段来证明 PA 的一致性。但是，哥德尔不完全性定理告诉我们，除非 PA 是不一致的，PA 的一致性不能在 PA 中得到证明，更遑论在 PA 中证明全部数学的一致性了。

课程大纲

本书可以提供两学期课程的容量。预备知识可以根据学生的情况决定是否在一开始讲授。第一到第四部分构成一门完整的数理逻辑入门课程，（可以略去 2.9 节、4.5 节和 6.3 节）。第五、第六、第七部分可以作为进阶课程的教材，主要是针对哥德尔不完全性定理的一个相对完整的导论。

第一部分 命题逻辑

这一部分将全面讨论有关命题逻辑的内容。由于几乎所有的逻辑问题在命题逻辑中都显得十分直接和简明，因此这一部分可以看作一阶逻辑内容的简明版本，把它当作热身。主要内容包括：命题逻辑的形式语言，真值指派，合式公式的无歧义性，命题连接词的互相可定义性，命题演算的（若干）公理系统，命题逻辑的完全性定理，以及模态逻辑简介。

第二部分 一阶逻辑的语法

从这里开始正式学习一阶逻辑的内容。首先会给出一阶语言的初始符号和形成规则，然后讨论有关一阶语言的一些重要概念，包括子公式、自由和约束变元、代入和替换。读者还能学习如何用这种形式的语言翻译自然语言中的语句，主要是来自数学和哲学中的一些命题。通过练习会发现，一些传统上困难而模糊不清的哲学问题在这种翻译下会得到更好的辨析。

然后，会在定义的形式语言中建立一个形式的公理系统。还会介绍一种由根岑③建立的自然推演系统，对于有计算机背景或者喜欢直觉主义逻辑的读者，这样的系统会显得更为"自然"。通过这些阅读，读者可学习并掌握形式证明的概念和技巧。

第三部分 一阶语言的结构和真值理论

这一部分讨论塔斯基④的形式语言中的真概念。首先定义一阶语言的结构，然后解释"一阶语言的公式在一个结构中为真"这一重要概念。事实上

---

① 皮亚诺（Giuseppe Peano，1858—1932），意大利数学家。

② 皮亚诺公理系统的定义见后文。

③ 根岑（Gerhard Gentzen，1909—1945），德国数学家。

④ 塔斯基（Alfred Tarski，1901—1983），波兰和美国数学家。

这一概念是模型论建立的基石。借助这一概念可以讨论逻辑后承这一逻辑学的核心概念，以及有效式、矛盾式、可满足、不可满足等一阶逻辑语义学的核心内容。

然后会讨论结构之间的同构以及可定义性等概念，它们是对数学中常见概念的抽象，在更深入的数理逻辑研究中是经常会遇到的基本概念。

第四部分 哥德尔完全性定理

本章会证明一阶逻辑的可靠性定理和哥德尔的完全性定理，从而把语法和语义两方面联系起来。根据可靠性定理，在第二部分建立的形式系统中可证明的语句都是普遍有效的，也就是说，它们在第三部分中定义的所有结构中都真。而根据完全性定理，所有普遍有效的语句也都是在上述形式系统中可证的。

更为一般地说，一阶逻辑的形式系统作为证明手段，既是可靠的，也是完全的，形式证明可以完全正确地刻画"逻辑后承"这个关系，即：$\Gamma \vDash \sigma$ 当且仅当 $\Gamma \vdash \sigma$。这些内容大部分是 1930 年前的成果，它们可以构成一门完整的数理逻辑初阶课程。

完全性定理的一个重要推论是紧致性定理。这是模型论中最重要的定理之一，也是构造模型的基本方法之一。紧致性定理在数学和逻辑中有一些非常深刻的推论。例如，"有穷"这个概念不是一阶语言能刻画的，它不是广义初等类。再如，存在着算术的"非标准模型"，这导致了非标准分析的建立。

第五部分 递归论简介

关于什么样的函数是"可计算的"这样一个看似哲学的问题，直接导致了计算机科学的诞生。本部分将介绍哥德尔与图灵[1]各自独立发展的可计算性概念，即递归函数和图灵可计算函数。这里将证明部分递归函数与图灵机可计算函数是等价的概念，并由此引出丘奇[2]论题：直观上可计算的函数就是图灵可计算函数，也就是部分递归函数。这从某种意义上说明人们的确拥有一个客观的可计算性概念。这一部分的内容也可看作是为学习不完全性定理所作的准备，为此这一部分还介绍了"半可判定"的概念，即递归可枚举集和递归可枚举谓词。

第六部分 简化版本的自然数模型

这一部分将讨论一些"弱"版本的一阶算术结构，即标准自然数 $\mathbb{N}$ 在语言 $\mathcal{L}_S = \{0, S\}$，$\mathcal{L}_< = \{0, S, <\}$，$\mathcal{L}_+ = \{0, S, <, +\}$ 和 $\mathcal{L}_\times = \{0, S, \times\}$ 上的结构。可以证明这些结构对应的完全理论都是可判定的，因而都是可公理化

---

[1] 图灵（Alan Turing, 1912—1954），英国逻辑学家、数学家。

[2] 丘奇（Alonzo Church, 1903—1995），美国逻辑学家、数学家。

的。在证明过程中需要使用模型论的一些重要技术，这包括乌什-沃特测试、量词消去等，为此又需要勒文海姆-司寇伦定理等。

第七部分 哥德尔不完全性定理

紧接着上一部分，当语言扩张为 $\mathcal{L}_{ar} = \{0, S, +, \cdot\}$ 时，可以发现相应结构 $\mathfrak{N} = (\mathbb{N}, 0, S, +, \cdot)$ 的完全理论不是可判定的，因而不存在这个语言上的既是可公理化的、又是完全的理论。

这里选取鲁宾逊算术 Q 作为一阶理论的代表，证明它的任意一致的递归扩张 T 都不等于 $\mathrm{Th}\mathfrak{N}$，即总存在一个语句 σ，σ 和 $\neg\sigma$ 都不是 T 的定理。这里会展示如何通过算术的语法化在鲁宾逊算术中表示主要的语法事态。不动点引理是不完全性定理证明的核心，因而会证明不动点引理并运用它构造哥德尔句。接下来会先证明弱版本的第一不完全性定理，再介绍由罗瑟[①]改进的对强版本的第一不完全性定理的证明。

随后会给出第二不完全性定理的完整证明。这个定理是说，如果 T 是皮亚诺算术 PA 的扩张且是一致的，则 T 的一致性不能在 T 中证明。值得指出的是：一般认为，哥德尔第二不完全性定理是第一不完全性定理的推论。而实际上到第二不完全性定理的证明并不平凡。其中，对诸如皮亚诺算术满足 3 个可证性条件的证明颇费周折，本书将给出较详尽的证明过程。

本书针对的是对逻辑和数学基础有兴趣的读者。随着逻辑教育的普及，可供大家选择的逻辑学书籍也越来越多。但由于著者的动机不同，彼此的侧重点也自然很有大的不同。例如，面向计算机科学的数理逻辑可能把逻辑作为离散数学的一部分，更注重与程序有关的机械规则和形式推演；也有的课本把逻辑作为严格推理训练的一部分，因而也把重点放在逻辑演算部分；还有很多书籍把逻辑作为素质教育的一部分，因而从语言到例子都避开数学，等等。相对于以上的逻辑教科书，本书把逻辑与元数学联系在一起，更多地介绍语义部分和强调语法语义的统一。此外，本书另一个重要目的是为了继续学习逻辑学更深入的内容做准备，因此它更适合有志于从事逻辑学专门研究或对逻辑学在数学、哲学和计算机科学中那些深刻应用感兴趣的读者。数理逻辑已经发展成为一个深刻而丰富的科学部门，希望本书能为读者继续探索这个领域奠定一个初步而坚实的基础。

各章的依赖关系如图2所示。根据课程安排，可以略过对自然推演系统和模态逻辑的介绍（第二章的2.4节、2.5节、2.7节、2.9节，第四章的4.5节以及第六章的6.3节）而不影响主线。第二章作为之后内容的热身也并非必要，稍作调整后可以直接从第三章开始。第八章的内容对于哥德尔不完全性定理的证明不是必要的，但有助于理解不完全性定理的前提与意义。

[①] 罗瑟（J.Barkley Rosser，1907—1989），美国数学家、逻辑学家。

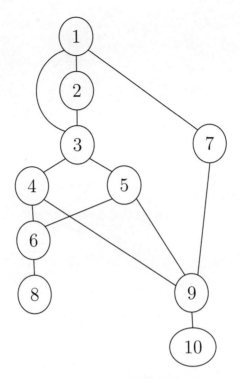

图 2　各章依赖关系

　　由于数理逻辑已是非常成熟的学科，本书中的大部分内容都是 1940 年以前的成果。本书作者仅仅根据教学经验，将经典内容理顺，以期减少读者学习的阻力而已。在写作过程中，作者从已有的众多的中外教科书中受益匪浅，其中对作者影响最大的是安德顿①的 *A Mathematical Introduction to Logic*（Enderton, 2001），该书是作者教学时选用教材的首选。事实上，安德顿一书的高水准是激励我们写好教材的动力之一。在编写过程中，陈翌佳（上海交通大学）、庄志达（新加坡国立大学）、丁德诚（南京大学）、沈恩绍（上海交通大学）、施翔晖（北京师范大学）、俞锦炯（新加坡国立大学）和喻良（南京大学）等老师和同学对初稿提出了宝贵的修改意见，在此表示深深的感谢。

---

① 安德顿（Herbert Enderton，1936—2010），美国数学家。

目录

第一章　预备知识

我们假定读者有一定的数学成熟度，但这个要求既不明确也非必须。通常的说法是：有一定数学背景的读者在学习本书内容时会更为顺利一些。为了便于读者检索，在本章中会罗列一些今后会用到的预备知识，主要是集合论中的一些概念。自然，对此有一定基础的读者可以略过。

稍微需要解释一下的是，我们注意到有很多对逻辑感兴趣的读者不一定对纯数学有那么强烈的兴趣。甚至有些读者会觉得太多的数学反而会与我们的目的南辕北辙，会把辩证的"活"的逻辑，或者"非形式"的逻辑搞得太过机械。这实际上是对"逻辑是什么"的一种不同的理解。我们并不声称数学方法或更广义的理性方法是研究逻辑的唯一途径。但需要强调，这一点读者在后文也会看到，数理逻辑的一个重要的特点就是它能清楚地告诉我们各种（包括数学）方法的局限，从而间接提示我们突破局限的方法和需要添加的工具。

1.1　证明的必要性

数学不同于实验科学，如物理或生命科学。对实验科学来说，重要的是设计并动手做实验，收集数据；根据观察到的事实，提出理论并作出预测，再用实验数据来检验理论的正确性。如果数据（基本）吻合，理论就算取得了成功。极少数的反例对于实验科学的理论不是致命的问题。数学则不同。数学的论证必须是"滴水不漏"或"无可置疑"，不允许有任何例外。注意，在这一点上，数学对论证的要求比任何思辨性科学（包括哲学）都要高。

下面看几个例子，说明仅仅列举大量事实不能代替数学论证。这也是经验归纳的缺陷。

例 1.1.1　称一个正整数 p 为一个**素数**，如果 $p \neq 1$ 并且 p 只能被 1 和 p 整除。观察：31 是一个素数，331 是一个素数，3331 也是一个素数，33331 和 333331 也都是素数，是不是所有形如 $33 \cdots 3331$ 的整数都是素数？

1

答案：不是。例如，333333331 不是素数。

例 1.1.2 费马[①]在 1637 年注意到：对任何整数 $n \geq 3$，方程 $x^n + y^n = z^n$ 没有 x, y 和 z 的正整数解。经过几代数学家的努力，直到 1995 年，怀尔斯[②]才证明了这一结论。在怀尔斯之前，人们验证了几乎人类计算极限内的所有整数，涉及的数字达到 4000000 的 4000000 次方，超过了整个宇宙中所有基本粒子的数目，都没有发现例外。但这些都不能成为数学证明。现在考察一些与之近似的命题：方程 $x^3 + y^3 + z^3 = w^3$ 有没有 x, y, z 和 w 的正整数解呢？方程 $x^4 + y^4 + z^4 = w^4$ 又如何呢？

答案：方程 $x^4 + y^4 + z^4 = w^4$ 有解 $95800^4 + 217519^4 + 414560^4 = 422481^4$。方程 $x^3 + y^3 + z^3 = w^3$ 是否有正整数解留给读者解答。

注意：首先我们没有贬低实验科学中观察及猜想的重要性。好的猜想需要深刻的洞察力，经常需要神来之笔。其次，从具体例子着手研究也是数学中普遍实行的方法。我们只不过想强调大量的个例并不构成数学证明。

在数学研究中，反例是非常重要的。错误的猜想经常是被反例推翻的。例如，例 1.1.1 中的 333333331 就是一个反例。这使前面 7 个例子不重要了，也不需要更多的反例。

那数学中怎样证实猜想呢？方法是给出数学证明。大体上说，我们从一些公认的事实出发，它们通常是直观上显然为真的。这些公认的事实被称为"公理"。公理是数学证明的起点。接下来需要一步步地列出一系列的命题，每一步都是根据逻辑规则得出的。这些逻辑规则保证如果一个人承认上一步结论的正确性，他就一定承认下一步结论的正确性。在证明中，已经被证明的事实和公理在任何时候都可以被引用。这一系列命题的终点就是我们要证实的猜想。一旦猜想被证明了，它就被称为定理。

数学证明的目的之一是让读者相信其正确性，因此证明通常都是从简单到复杂依照逻辑规则展开，与之无关的内容一概放弃。从证明中经常看不出数学家的思考过程，这也是数学证明让初学者感到困惑的地方之一。

下面给出两个经典证明的例子。它们是古希腊数学的两颗明珠，既简单又优雅。

例 1.1.3 证明 $\sqrt{2}$ 是无理数。

证明 假定 $\sqrt{2}$ 是有理数，即可以写成两个整数 a 和 b 之比：

[①] 费马（Pierre de Fermat，1601(?)—1665），法国数学家。

[②] 怀尔斯（Andrew Wiles，1953— ），英国数学家。

$$\sqrt{2} = \frac{a}{b}。 \tag{1.1}$$

可以进一步假定 a 和 b 互素，即没有大于 1 的公因子。将等式 (1.1) 两边平方，再乘 b^2，就得到

$$2b^2 = a^2。 \tag{1.2}$$

由于左边是偶数，右边必定也是，所以 a 是偶数。令 $a = 2c$ 并代入 (1.2)，得到

$$b^2 = 2c^2。$$

同样的理由告诉我们 b 也是偶数。这与 a 和 b 互素矛盾。所以不存在这样的 a 和 b，因而 $\sqrt{2}$ 是无理数。　□

例 1.1.4　证明存在无穷多个素数。

证明　假如只有有穷多个素数，如 n 个，把它们全列出来：$p_1, p_2, \cdots, p_n$。考察一个新的整数

$$q = p_1 p_2 \cdots p_n + 1。$$

q 不等于任何一个素数 p_i，$1 \le i \le n$，但它也不能被任何素数 p_i 整除。这与任何整数都可以被分解成素数乘积这一事实矛盾，因而素数不可能是有穷的。　□

以上两个证明也是所谓"反证法"的典型例子。反证法是这类要排除无穷多种情况或直接涉及无穷的证明的有力工具。

习题 1.1

1.1.1　是不是对所有的正整数 n，都有 $p_1 p_2 \cdots p_n + 1$ 是素数？这里 p_n 代表第 n 个素数。

1.2　集合

从本节至本章结束，有关集合、关系、函数等的内容改写自"逻辑与形而上学教科书系列"丛书中的《集合论》第二章（郝兆宽, 杨跃, 2014），更多的关于集合论的知识也请参阅此书。

在中学读者大多学过用 $A = \{a_0, a_1, \cdots, a_n\}$ 来表示 A 是一个集合，$a_0, a_1, \cdots, a_n$ 是它的元素。但集合并不总是有有穷多个元素。无穷的集合，例如，全体自然数的集合有时会记作 $\mathbb{N} = \{0, 1, 2, \cdots\}$，但这样的记法既不方便，也不适用于任何集合。例如，全体实数的集合 $\mathbb{R}$ 就不能以这种方式表示。更方便的是用 $A = \{x : P(x)\}$ 表示一个集合，其中 P 是一个特定的性质。例如，$\{x : x \text{ 是红的}\}$ 表示所有红色事物组成的集合。一般用 $x \in A$ 表示 x 是 A 的元素，读作 x **属于**A，用 $x \notin A$ 表示 x 不是 A 的元素。

外延原理 集合的一个最重要的性质是：每个集合都完全由其元素决定，而与其他因素，如我们描述它的方式，没有关系。例如，

$$\{x \in \mathbb{R} : \text{对所有的实数 } y \text{ 都满足 } x + y = y\}$$

和

$$\{x \in \mathbb{R} : \text{对所有的实数 } z \text{ 都满足 } x \times z = x\}$$

是同一个集合，因为它们都只包含实数 0 这一个元素。所以有所谓

外延原理：$A = B$ 当且仅当 A 和 B 有相同的元素。

一方面，如果 $A = B$ 则必然它们的元素相同，这实际上就是莱布尼兹的不可分辨原理。另一方面，如果集合 A 的元素都是集合 B 的元素，反之，集合 B 的元素也都是集合 A 的元素，那就可以断定 $A = B$，这是我们证明两个集合相等的基本方法。

集合的交、并、差 如果 A, B 是集合，则将 A, B 中元素聚集在一起构成新的集合，称为 A 与 B 的**并集**，记作 $A \cup B$。所以

$$A \cup B = \{x : x \in A \text{ 或者 } x \in B\}。$$

类似地，既属于 A 又属于 B 的元素构成 A 与 B 的**交集**，记作 $A \cap B$。显然，

$$A \cap B = \{x : x \in A \text{ 并且 } x \in B\}。$$

最后，A 与 B 的**差** $A - B$ 指的是属于 A 但是不属于 B 的元素，即

$$A - B = \{x : x \in A \text{ 但是 } x \notin B\}。$$

子集、幂集和空集 如果 A 是一个集合，那么 A 中的一部分元素可以构成一个新的集合 B，称为 A 的一个**子集**，记为 $B \subset A$。因此，B 是 A 的子

集当且仅当所有 B 的元素都是 A 的元素。显然，每个集合都是自己的子集。如果 $B \subset A$ 并且 $B \neq A$，就称 B 是 A 的**真子集**。如果需要特别表明，会以 $B \subsetneq A$ 表示 B 是 A 的真子集。

A 的所有子集组成的集合称为 A 的**幂集**，记作 $\mathcal{P}(A) = \{x : x \subset A\}$。

有一个特殊的集合，它不包含任何元素，称为**空集**，一般记作 $\emptyset$。空集是任何集合的子集，怎样论证这一点对初学者是一个很好的练习。

集合族 如果集合的元素本身也是集合，则这样的集合一般称为集合的**族**。例如，

$$\mathcal{F} = \{F_0, F_1, \cdots, F_{n-1}\}$$

表示 n 个集合的族。对于集合族，可以定义其上的**一般并**：

$$\bigcup \mathcal{F} = \{x : \text{至少存在一个 } F \in \mathcal{F}, \ x \in F\}。$$

如果 $\mathcal{F} \neq \emptyset$，则还可定义它的**一般交**：

$$\bigcap \mathcal{F} = \{x : \text{对于每一个 } F \in \mathcal{F}, \ x \in F\}。$$

注意，如果 $\mathcal{F}$ 是空集，则它的一般并仍然是空集，但是此时它的一般交却没有定义。[①] 特别地，

$$\bigcup \{A, B\} = A \cup B, \quad \bigcap \{A, B\} = A \cap B。$$

为了清楚地表示集合族，一般需要一个下标集。虽然理论上任何集合都可以用作下标集，但最常用的下标集是全体自然数的集合 $\mathbb{N}$ 或者它的子集。因此上面的集合族也可表示为

$$\mathcal{F} = \{F_i : 0 \leq i < n\}。$$

而更一般地，

$$\mathcal{F} = \{F_i : i \in \mathbb{N}\}$$

表示一个无穷的集合族。在这种记法下，集合族 $\mathcal{F} = \{F_0, F_1, \cdots, F_{n-1}\}$ 的一般交和一般并也表示为

$$\bigcup \mathcal{F} = \bigcup_{i=0}^{n-1} F_i, \quad \bigcap \mathcal{F} = \bigcap_{i=0}^{n-1} F_i。$$

[①] 由于 $\mathcal{F}$ 是空集意味着没有 $F \in \mathcal{F}$，因此命题"对于每一个 $F \in \mathcal{F}$，$x \in F$"对任何 x 就总是真的，即所有 x 都属于 $\bigcap \mathcal{F}$，但这是不允许的，因为包含所有对象的"集合"是一个矛盾的概念。

类似地，

$$\bigcup \{F_i : i \in \mathbb{N}\} = \bigcup_{i \in \mathbb{N}} F_i, \quad \bigcap \{F_i : i \in \mathbb{N}\} = \bigcap_{i \in \mathbb{N}} F_i。$$

习题 1.2

1.2.1

(1) 列出集合 $S = \{a, b, \{c, d\}, 47\}$ 的所有子集。

(2) 回答下列问题：$c \in S$? $\{c, d\} \in S$? $\emptyset \in S$? $S \in S$?

(3) 回答更多问题：$\{c, d\} \subset S$? $\{\{c, d\}\} \subset S$? $\{b, 47\} \subset S$? $\{c, d, 47\} \subset S$? $\emptyset \subseteq S$? $S \subseteq S$?

1.2.2 写出下列集合的元素：

(1) $\{1, 2, 3, \{4, 5\}, \{6, \{7, 8\}\}\}$；

(2) $\{x \in \mathbb{N} : x^2 = 3 \text{ 或 } x^2 = 4\}$；

(3) $\{x \in \mathbb{N} : x^2 = 3 \text{ 并且 } x^2 = 4\}$。

1.2.3 找出 3 个性质 $P(x)$ 使得集合 $\{x \in \mathbb{R} : P(x)\}$ 为 $\{1\}$；找出 3 个性质 $Q(x)$ 使得集合 $\{x \in \mathbb{Z} : Q(x)\} = \emptyset$。这里 $\mathbb{Z}$ 指所有整数的集合。

1.2.4 在有可能的情况下找出：

(1) 两个无穷集合 A 和 B 使得 $A \cap B = \{1\}$ 并且 $A \cup B = \mathbb{Z}$；

(2) 两个集合 C 和 D 使得 $C \cup D = \{t, h, i, c, k\}$ 并且 $C \cap D = \{t, h, i, n\}$。

【**注意**：如果你认为不可能的话，请给出理由。】

1.3 关系

在数学研究中，人们关心的不仅仅是集合，在更多的时候，人们关心的是集合上的结构。用日常语言来说，一个集合就像一堆砖头，杂乱无章。我们既可以把这堆砖头建成一堵墙，又可以盖一座楼，等等。这里的墙或者楼就是所谓的结构。砖头还是砖头，而墙和楼的不同在于砖与砖之间的关系不同。数学结构也是一样，通常是由一个集合配上若干关系或者运算所组成的。例如，把自然数集 $\mathbb{N}$ 和自然数上的大小顺序放在一起，就有一个自然的"序结构" $(\mathbb{N}, <)$，其中，

$$0 < 1 < 2 < 3 < \cdots 。$$

在所有自然数的集合 $\mathbb{N}$ 上，还可以造其他的序，如下面的 $\prec$：

$$\cdots \prec 6 \prec 4 \prec 2 \prec 0 \prec 1 \prec 3 \prec 5 \prec 7 \prec \cdots ,$$

就给出了另外一个序结构 $(\mathbb{N}, \prec)$。构成这两个结构的集合都是 $\mathbb{N}$，但作为结构它们是不同的，如第一个结构有最小元，而第二个则没有。在继续讨论结构之前，先要回顾一下关系和函数的基本概念。

最简单的关系是二元关系，它可看作一种对应或者广义的映射。每当有第一个元素时，我们总系之于第二个元素。所以，关系的要素是成对出现的对象，而且这两个对象是有顺序的，这就需要引入有序对的概念。一般用 (a, b) 表示由 a 和 b 组成的有序对。虽然 $\{a, b\} = \{b, a\}$，但除非 $a = b$，否则 $(a, b) \neq (b, a)$。因此，有序对的"有序性"就是：任何两个有序对 $(a, b), (a', b')$，$(a, b) = (a', b')$ 当且仅当 $a = a'$ 且 $b = b'$。

令 X 和 Y 为集合，则 X 和 Y 的**卡氏积**[①] 定义为

$$X \times Y = \big\{ (x, y) \mid x \in X \text{ 并且 } y \in Y \big\} 。$$

如果 $X = Y$，则将 $X \times X$ 简记为 X^2。

如果 $R \subseteq X \times Y$，就称集合 R 为 X, Y 之间的一个**二元关系**。二元关系 R 的所有元素都是有序对，即：对任意 $z \in R$，存在 $x \in X$ 和 $y \in Y$ 满足 $z = (x, y)$。一般地，用 $R(x, y)$ 表示 $(x, y) \in R$，称 x 和 y 有关系 R。有时习惯地写作 xRy。把关系视为有序对的集合，初学者可能不习惯，因为它并没有直接告诉我们这个关系是什么。之所以这样定义，原因和前面提到的集合的外延原理是一样的：我们并不关心怎样描述 R。两个不同的描述，只要它们给出的有序对是相同的，它们就是同一个关系。例如，$R_1 = \{(x, y) \in \mathbb{N}^2 : y + 1 = x\}$ 和 $R_2 = \{(x, y) \in \mathbb{N}^2 : x^2 = y^2 + 2y + 1\}$ 是自然数上的同一个关系，尽管对它们的描述不同。

[①] 卡氏积，英文为 "Cartesian product"，因笛卡尔而得名。笛卡尔（René Descartes, 1596—1650），法国哲学家、数学家。

例 1.3.1

(1) 定义一个整数 m **整除**另一个整数 n，如果存在整数 k 使得 $n = m \times k$。可以用 $m \mid n$ 表示 m 整除 n。整除是整数间的一个关系：

$$R = \{(m, n) \in \mathbb{Z} \times \mathbb{Z} : m \mid n\}。$$

例如，有 $(2, 4) \in R$，但是 $(3, 4) \notin R$。

(2) 除了考察自然的关系之外，出于各种需要，经常人为地设计一些关系的例子。例如，令 $A = \{1, 2, 3, 4\}$，$B = \{1, a, b, c\}$，并且 $R = \{(1, 1), (1, a), (2, b), (3, 1)\}$。这里 $R \subseteq A \times B$，所以 R 是集合 A 与 B 之间的一个关系，并且有 $1R1$，$1Ra$，$2Rb$ 和 $3R1$，但 $1 \not\!R b$，$2 \not\!R 1$。

以下罗列与关系有关的一些定义。

- R 的**定义域**定义为 $\mathrm{dom}(R) = \{x \mid$ 存在 y 使得 $R(x, y)\}$。

- R 的**值域**定义为 $\mathrm{ran}(R) = \{y \mid$ 存在 x 使得 $R(x, y)\}$。

- 如果 $R \subset X^2$，则称 R 是 X **中的二元关系**。

- 集合 X 在关系 R 下的**像**定义为

$$R[X] = \{y \in \mathrm{ran}(R) \mid \text{存在 } x \in X \text{使得 } R(x, y)\}。$$

- 集合 Y 在关系 R 下的**逆像**定义为

$$R^{-1}[Y] = \{x \in \mathrm{dom}(R) \mid \text{存在 } y \in Y \text{ 使得 } R(x, y)\}。$$

- 二元关系 R 的**逆**定义为

$$R^{-1} = \{(x, y) \mid (y, x) \in R\}。$$

- 二元关系 R 和 S 的**复合**定义为

$$S \circ R = \{(x, z) \mid \text{存在 } y \text{ 使得 } ((x, y) \in R \text{ 并且 } (y, z) \in S)\}。$$

例 1.3.2

(1) 令 $R = \{(x, y) \mid x = y\}$ 为 $\mathbb{R}$ 中的二元关系，其中 $\mathbb{R}$ 表示实数集，则 $R^{-1} = R$ 且 $R \circ R = R$。

(2) 如果 $R = \{(x, y) \in \mathbb{R}^2 \mid y = \sqrt{x}\}$，则

$$R^{-1} = \{(x, y) \mid y = x^2 \wedge x \geq 0\}。$$

(3) "小于等于" 关系和 "大于等于" 关系的复合 $\leq \circ \geq$ 等于 $\mathbb{R} \times \mathbb{R}$ 而 $\leq \circ \leq = \leq$。

(4) 在前面所举的例子中，$A = \{1, 2, 3, 4\}$，$B = \{1, a, b, c\}$，并且 $R = \{(1, 1), (1, a), (2, b), (3, 1)\}$。$\mathrm{dom}(R) = \{1, 2, 3\} \subseteq A$；$\mathrm{ran}(R) = \{1, a, b\} \subseteq B$；$R$ 的逆 $R^{-1} \subseteq B \times A$，$R^{-1} = \{(1, 1), (a, 1), (b, 2), (1, 3)\}$。

(5) 令 $R \subseteq A \times B$ 和 $S \subseteq B \times C$ 为关系，其中 $A = \{1, 2, 3, 4\}$，$B = \{a, b, c, d, e\}$，$C = \{x, y, z, w\}$，并且

$$
\begin{aligned}
R &= \{(1, a), (1, c), (2, b), (4, a)\}, \\
S &= \{(a, y), (b, x), (a, w), (c, w), (d, z), (e, z)\},
\end{aligned}
$$

则 $S \circ R = \{(1, y), (1, w), (2, x), (4, y), (4, w)\}$。

(6) 假定 $a, b \in \mathbb{Z}$ 并且 n 为正整数。如果 $n \mid (a - b)$，就称 a **同余于** b **模** n，记为 $a \equiv b \pmod{n}$。顾名思义，$a \equiv b \pmod{n}$ 当且仅当用 n 分别去除 a 和 b 所得的余数相同。此外，$a \equiv 0 \pmod{n}$ 当且仅当 $n \mid a$。同余是整数间的一个常见的关系。例如，$87 \equiv 12 \pmod{15}$，$83 \not\equiv 5 \pmod{11}$，等等。

卡氏积和二元关系可以推广。首先，定义三元有序组

$$(x_1, x_2, x_3) =_{\mathrm{df}} ((x_1, x_2), x_3),$$

而四元序组

$$(x_1, x_2, x_3, x_4) =_{\mathrm{df}} ((x_1, x_2, x_3), x_4)。$$

一般地，对正整数 $n > 2$，假设 $(x_1, \cdots, x_{n-1})$ 已有定义，则 n 元序组定义为

$$(x_1, \cdots, x_n) =_{\mathrm{df}} ((x_1, \cdots, x_{n-1}), x_n)。$$

这是经常使用的 "递归定义" 或 "归纳定义" 方式。

n 个集合的卡氏积定义为

$$X_1 \times \cdots \times X_n = \{(x_1, \cdots, x_n) \mid x_1 \in X_1 \wedge \cdots \wedge x_n \in X_n\}。$$

同样,

$$X^n = \underbrace{X \times \cdots \times X}_{n\text{次}}。$$

对任意集合 R,如果 $R \subset X_1 \times \cdots \times X_n$,则称 R 为一个 n **元关系**。如果 $R \subset X^n$,则称 R 是 X 上的 n 元关系,并且通常将 $(x_1, \cdots, x_n) \in R$ 写作 $R(x_1, \cdots, x_n)$。

如果 R 是 X 上的 n 元关系,而 Y 是 X 的子集,则 $R' = R \cap Y^n$ 是 Y 上的 n 元关系。一般称 R' 是 R 限制,R 是 R' 扩张。

卡氏积的定义还可以进一步地推广到无穷多个集合上面,但这些留到以后再讲。

习题 1.3

1.3.1 验证下列关于整除关系的命题,其中所有字母都代表整数:

(1) 如果 $a \mid b$,则对任何 c 都有 $a \mid bc$;

(2) 如果 $a \mid b$ 并且 $b \mid c$,则 $a \mid c$;

(3) 如果 $a \mid b$ 并且 $a \mid c$,则对任何 s 和 t 都有 $a \mid (sb + tc)$;

(4) 如果 $a \mid b$ 并且 $b \mid a$,则 $a = \pm b$;

(5) 如果 $a \mid b$ 并且 $a, b > 0$,则 $a \leq b$;

(6) 如果 $m \neq 0$ 则 ($a \mid b$ 当且仅当 $ma \mid mb$)。

1.3.2 假定 $a, b, c, n \in \mathbb{Z}$ 且 $n > 0$。证明同余关系的下列性质:

(1)(自反性)$a \equiv a \pmod{n}$;

(2)(对称性)如果 $a \equiv b \pmod{n}$,则 $b \equiv a \pmod{n}$;

(3)(传递性)如果 $a \equiv b \pmod{n}$ 且 $b \equiv c \pmod{n}$,则 $a \equiv c \pmod{n}$。

1.3.3 判断下列命题是否对所有集合 A, B, C 和 D 成立,并给出理由:

(1) $A \times (B \cup C) = (A \times B) \cup (A \times C)$;

(2) $(A \times B) \cap (C \times D) = (A \cap C) \times (B \cap D)$;

(3) $(A \times B) \cup (C \times D) = (A \cup C) \times (B \cup D)$。

1.4 函数

函数是一类特殊的关系。对一般的二元关系 R，R 定义域中 x 可以对应其值域中的多个元素。例如，在实数 $\mathbb{R}$ 上的关系 $\leq$ 中，0 就对应于所有大于等于 0 的实数。这种"一对多"的情形在很多情况下必须排除。设想一下，如果电脑的键盘与屏幕输出之间是一对多的话，也就是说，当你第一次敲下"a"键时，屏幕输出"a"，而下次却可能是"b"。这样的电脑一定会令人抓狂。

一个二元关系 f 如果满足：

$$\text{如果 } (x, y) \in f \text{ 并且 } (x, z) \in f \text{，那么 } y = z，$$

就称 f 是一个**函数**。如果 $(x, y) \in f$，通常写作 $f(x) = y$，或者 $f : x \mapsto y$，$f_x = y$ 等，并把 y 称为 f 在 x 处的值。如果 $\mathrm{dom}(f) = X$，$\mathrm{ran}(f) \subset Y$，就**称 f 是 X 到 Y 的函数**，记为 $f : X \to Y$。

例 1.4.1

(1) 在例1.3.2中，$\{(x, y) \mid x = y\}$ 和 $\{(x, y) \mid y = \sqrt{x}\}$ 是函数；而 $\mathbb{R}$ 上的 $\leq$ 关系不是函数；

(2) 以下都是自然数集合 $\mathbb{N}$ 上的函数：

$$S_1(n) = 1 + 2 + \cdots + n = \frac{n(n+1)}{2},$$
$$S_2(n) = 1^2 + 2^2 + \cdots + n^2 = \frac{n(n+1)(2n+1)}{6},$$
$$S_3(n) = 1^3 + 2^3 + \cdots + n^3 = \frac{n^2(n+1)^2}{4};$$

(3) 对任意集合 X 定义 $\mathrm{id}_X : X \to X$ 为 $\mathrm{id}_X(x) = x$，则 id_X 是 X 上的函数，称为**等同函数**。

定理 1.4.2 函数 f, g 相等当且仅当 $\mathrm{dom}(f) = \mathrm{dom}(g)$，并且对任意 $x \in \mathrm{dom}(f)$，$f(x) = g(x)$。

证明 留给读者练习。 $\square$

根据定义，每个函数都是一个关系，所以前面定义的关系的定义域、值域、像、逆等概念在这里仍然适用。并且与关系类似，函数可以推广到 n 元的情形。一般来说，如果函数的定义域是一个 n 元有序组的集合，则称为 n 元函数。注意到 n 元函数是一个 $n+1$ 元关系。例如，$f: A^n \to A$ 是 A 上的 n 元函数，这样的函数经常称为 A 上的 n 元**运算**。自然数上的加法是一个二元运算的例子。由于可以将 n 元序组看作一个对象，因此以下对函数的讨论可以限制在一元函数的情形。

定理 1.4.3 如果 f 和 g 是函数，则它们的复合 $g \circ f$ 也是函数。它的定义域为 $\mathrm{dom}(g \circ f) = f^{-1}[\mathrm{dom}(g)]$。并且对所有 $x \in \mathrm{dom}(g \circ f)$，$(g \circ f)(x) = g(f(x))$。

证明 设 $(x, z_1), (x, z_2) \in (g \circ f)$，根据定义，存在 y_1, y_2，$(x, y_1) \in f$，$(y_1, z_1) \in g$，且 $(x, y_2) \in f$，$(y_2, z_2) \in g$。由 f 是函数，可得 $y_1 = y_2$，再由 g 是函数，有 $z_1 = z_2$。所以 $g \circ f$ 是函数。

至于第二个命题，根据定义域的定义，有 $x \in \mathrm{dom}(g \circ f)$ 当且仅当存在 z 使得 $(x, z) \in g \circ f$；再根据复合的定义，有 $x \in \mathrm{dom}(g \circ f)$ 当且仅当存在 z 和 y 使得 $(x, y) \in f$ 且 $(y, z) \in g$。因此，一方面，如果 $x \in \mathrm{dom}(g \circ f)$，则 $x \in \mathrm{dom}(f)$ 且 $f(x) \in \mathrm{dom}(g)$，也就有 $x \in \mathrm{dom}(f)$ 且 $x \in f^{-1}[\mathrm{dom}(g)]$。另一方面，如果 $x \in \mathrm{dom}(f)$ 且 $x \in f^{-1}[\mathrm{dom}(g)]$，那么有 $\exists y (x, y) \in f$ 且 $y \in \mathrm{dom}(g)$，也就有 z 和 y 使得 $(x, y) \in f$ 且 $(y, z) \in g$，所以 $x \in \mathrm{dom}(g \circ f)$。

最后，设 $x \in \mathrm{dom}(g \circ f)$，且 $(g \circ f)(x) = z$。根据复合的定义，存在 y，$f(x) = y$ 且 $g(y) = z$，因此 $g(f(x)) = g(y) = z = (g \circ f)(x)$。 $\square$

函数 $f: X \to Y$ 称为**一一的**或**单射**，如果对所有的 $x_1, x_2 \in X$，都有 $x_1 \neq x_2$ 蕴涵 $f(x_1) \neq f(x_2)$；函数 $f: X \to Y$ 称为**满射**，如果 $\mathrm{ran}(f) = Y$；既是单射又是满射的函数称为**双射**，也称 f 为 X 和 Y 之间的一个**一一对应**。

如果 $f: X \to Y$ 是函数，A 是 X 的子集，则 f 到 A **上的限制**，记作 $f \upharpoonright A$，是由 A 到 Y 的函数，并且对于每个 $x \in A$，都有 $f \upharpoonright A(x) = f(x)$。如果 g 是 f 的一个限制，则称 f 是 g 的一个**扩展**。

函数是数学中非常基本的概念，是数学语言不可或缺的一部分。人们经常会利用函数来描述一些其他的概念。逻辑中也是一样。下面举几个例子。

(1) 在中学一般都学过等差数列和等比数列。它们都是序列的例子。所谓序列 $a_0, a_1, a_2, \cdots$，直观上说，就是一个无穷的数串，并且人们能够分辨哪一个是它的第一项，哪个是其第二项，等等。序列的严格定义通常是用函数来完成的。例如，一个实数序列就是一个从 $\mathbb{N}$ 到 $\mathbb{R}$ 的函数 f，它的第 n 项就是 $f(n)$。

(2) 集合论中基数的比较也是利用函数来描述的。称两个集合 A 和 B 具有相同的基数，如果存在一个双射 $f: A \to B$。直观上说，A 和 B 具有相同的基数就是说 A 和 B 具有同样多的元素。至于为什么这样定义，在集合论的课程中往往会仔细讲解。在习题中，读者会看到一些例子，说明有些集合会和它的某个真子集具有相同的基数。

(3) 在后文中，经常会给一些逻辑符号指派意义，这也是利用函数来描述的。例如，S 是一个抽象符号的集合，而 A 是一个已知概念的集合，一个函数 $f: S \to A$ 可以被视为给 S 中的符号指派它们的意义，或者说 f 是一个解释。

习题 1.4

1.4.1 对下列集合 A 和 B，找出所有从 A 到 B 的函数：

(1) $A = \{x\}$ 且 $B = \{0, 1\}$；

(2) $A = \{x, y\}$ 且 $B = \{2\}$；

(3) $A = \{x, y\}$ 且 $B = \{0, 1\}$；

(4) $A = \{x, y\}$ 且 $B = \{0, 1, 2\}$。

如果集合 A 和 B 分别含有 n 和 m 个元素，有多少个从 A 到 B 的函数？

1.4.2 令 f 和 g 为从 $\{1, 2, 3\}$ 到 $\{2, 3, 4\}$ 的函数，分别定义为 $f(x) = -x + 5$ 和 $g(x) = -x^3 + 6x^2 - 12x + 11$。证明：$f = g$。

1.4.3 令 $f: \mathbb{R} \to \mathbb{R}$ 和 $g: \mathbb{Z} \to \mathbb{Z}$ 为

$$\begin{aligned} f(x) &= 4x - 1, \\ g(n) &= 4n - 1. \end{aligned}$$

证明：f 为双射，g 为单射但不是满射。

1.4.4 考察函数 $f: X \to Y$，判断下列命题的对错：

(1) f 是满射当且仅当任何一个 Y 中的元素都是某个 X 中元素的像；

(2) f 是满射当且仅当任何一个 X 中的元素都有某个 Y 中元素为它的像；

(3) f 满射当且仅当对任何 $y \in Y$ 都存在 $x \in X$，使得 $f(x) = y$；

(4) f 满射当且仅当对任何 $x \in X$ 都存在 $y \in Y$，使得 $f(x) = y$；

(5) f 满射当且仅当存在 $y \in Y$，使得对任意 $x \in X$ 都有 $f(x) = y$；

(6) f 满射当且仅当 f 的值域等于 Y。

1.4.5 令 f 和 g 为从 $\mathbb{R}$ 到 $\mathbb{R}$ 的函数。判断下列命题的对错并给出理由：

(1) $\{x \in \mathbb{R} \mid f(x) = 0\} \cap \{x \in \mathbb{R} \mid g(x) = 0\}$
$$= \{x \in \mathbb{R} \mid f^2(x) + g^2(x) = 0\};$$

(2) $\{x \in \mathbb{R} \mid f(x) = 0\} = \{x \in \mathbb{R} \mid f^2(x) = 0\}$；

(3) 如果 f 和 g 都是双射，则 $f + g$ 也是双射。（这里函数 $f + g : \mathbb{R} \to \mathbb{R}$ 的定义是 $(f + g)(x) = f(x) + g(x)$。）

1.4.6

(1) 证明对任何函数 $f, g : \mathbb{R} \to \mathbb{R}$，如果 $f \circ g$ 是单射，则 g 是单射；

(2) 找出函数 $f, g : \mathbb{R} \to \mathbb{R}$，使得 $f \circ g$ 是单射，但 f 不是单射。

1.4.7 给定一个函数 $f : X \to Y$，定义两个新的幂集间的函数如下：
$$F : P(X) \to P(Y) \quad 和 \quad G : P(Y) \to P(X),$$
$$F(A) = \{f(a) : a \in A\} \quad 和 \quad G(B) = \{a \in X : f(a) \in B\},$$
其中 $A \subseteq X$ 并且 $B \subseteq Y$。判断下列命题是否正确并给出证明或反例。

(1) 如果 f 是单射，则 F 也是单射；

(2) 如果 f 是满射，则 G 是满射。

1.4.8 令 $a, d \in \mathbb{Z}$，$q \in \mathbb{R}$，并且 $n \in \mathbb{N}$。

(1) 找出等差数列 $a, a + d, a + 2d, \cdots, a + nd$ 的求和公式 $B(n)$，并用归纳法验证；

(2) 找出等比数列 $a, aq, aq^2, \cdots, aq^n$ 的求和公式 $C(n)$，并用归纳法验证。

下面的练习都是集合论中基数练习的翻版。建议大家把它们"翻译"成基数的语言，读出它们所暗示的有关集合大小的信息。

1.4.9　找出 $\mathbb{N}$ 和 $\mathbb{Z}$ 之间的一个一一对应。

1.4.10　假定 a, b, c, d 为实数，并且 $a < b$ 和 $c < d$。令 $f : (a, b) \to (c, d)$ 定义为

$$f(x) = \frac{d-c}{b-a}(x-a) + c。$$

这里 (a, b) 表示集合 $\{x \in \mathbb{R} : a < x < b\}$，常被称为一个**开区间**。证明：$f$ 是一个双射。

1.4.11　找出开区间 $(0, 1)$ 和 $\mathbb{R}$ 之间的一个一一对应。

1.4.12　考察函数 $f : \mathbb{N} \times \mathbb{N} \to \mathbb{N}$，定义为

$$f(m, n) = n + \frac{(m+n)(m+n+1)}{2}。$$

(1) 令 m_1, n_1, m_2, n_2 为自然数。证明如果 $m_1 + n_1 < m_2 + n_2$，则 $f(m_1, n_1) < f(m_2, n_2)$；

(2) 证明对任意 $y \in \mathbb{N}$，都存在唯一的 $x \in \mathbb{N}$，使得

$$\frac{x(x+1)}{2} \le y < \frac{(x+1)(x+2)}{2}；$$

(3) 证明 f 是双射。

1.5　等价关系与划分

如果有一类物体，尽管其中每个个体各不相同，但就人们关心的性质来说，它们的表现是一样的，那么人们会很自然地把它们等同起来，不加以区分。例如，自然数 7 和 4 不相等，但如果只关心模 3 的算术的话，7 和 4 的性质完全相同，因为 $7 \equiv 4 \pmod{3}$。因此完全可以把 7 和 4 当成一个数来处理。

上面的想法自然引导我们考察等价关系和等价类。

定义 1.5.1　令 $R \subset X^2$ 为二元关系，称

(1) R 是**自反的**，如果对所有的 $x \in X$，$R(x, x)$；

(2) R 是**对称的**，如果对所有的 $x,y \in X$，若 $R(x,y)$，则 $R(y,x)$；

(3) R 是**传递的**，如果对所有的 $x,y,z \in X$，若 $R(x,y)$ 且 $R(y,z)$，则 $R(x,z)$；

(4) R 是一个**等价关系**，如果 R 是自反、对称、传递的。

习惯上用 $\sim$ 表示等价关系。如果 $\sim$ 为 X 上的一个等价关系，并且 $x \sim y$，则称 x 与 y 等价。

例 1.5.2

(1) 如果 P 代表所有人的集合，考察如下定义 P 上的二元关系：

$$D = \{(x,y) \mid x \text{ 是 } y \text{ 的后代}\}；\tag{1.3}$$
$$B = \{(x,y) \mid \text{至少有一个 } x \text{ 的祖先也是 } y \text{ 的祖先}\}；\tag{1.4}$$
$$S = \{(x,y) \mid x \text{ 的父母是 } y \text{ 的父母}\}。\tag{1.5}$$

D 不是自反的，也不是对称的，但是传递的；B 是自反的，对称的，却不是传递的；最后，S 是等价关系。

(2) 任意集合 X 上的 $=$ 是等价关系；平面上任意直线的平行关系是等价关系。

(3) 令 A 代表所有地球人的集合。考虑 A 上的关系 E，使得 xEy 当且仅当 x 和 y 有相同国籍。若忽略双重国籍等情形，则 E 是 A 上的一个等价关系。

(4) 令 $A = \mathbb{Z}$，定义 $x \equiv_3 y$ 当且仅当 $x \equiv y \ (\mathrm{mod}\ 3)$。前面习题中证明了 $\equiv_3$ 是一个等价关系。

定义 1.5.3 令 $\sim$ 是 X 上的等价关系，$x \in X$。x 关于 $\sim$ 的**等价类**是集合：

$$[x]_\sim = \{t \in X \mid t \sim x\}。$$

当等价关系 $\sim$ 清楚的时候，常把 $[x]_\sim$ 简记为 $[x]$。

例如，在例 1.5.2 中相同国籍的关系下，包含朱婷的等价类就是全体中国人的集合。而在 $\equiv_3$ 的关系下，$[0] = \{3k : k \in \mathbb{Z}\}$，并且 $[7] = [4]$。

引理 1.5.4 令 $\sim$ 为 X 上的等价关系，则对任意 $x,y \in X$，$[x]_\sim = [y]_\sim$ 或者 $[x]_\sim \cap [y]_\sim = \emptyset$。

证明 如果 $[x]_\sim \cap [y]_\sim \neq \emptyset$，则令 e 属于它们的交。因此 $e \sim x$ 且 $e \sim y$，由对称性和传递性，$x \sim y$。对任意 $w \in X$，$w \in [x]_\sim$ 当且仅当 $w \sim x$，当且仅当 $w \sim y$，当且仅当 $w \in [y]_\sim$，所以 $[x]_\sim = [y]_\sim$。 $\square$

等价关系的概念常常与划分联系在一起。先看一个具体的例子：考察等价关系 $\equiv_3$，简单计算告诉我们 $[0] = \{3k \mid k \in \mathbb{Z}\}$，$[1] = \{3k+1 \mid k \in \mathbb{Z}\}$，而 $[2] = \{3k+2 \mid k \in \mathbb{Z}\}$。这 3 个等价类的并集是所有整数集 $\mathbb{Z}$，并且由观察或用引理 1.5.4 可以得出它们彼此不相交。

定义 1.5.5 令 X 为一集合，$S \subset \mathcal{P}(X) - \{\emptyset\}$。如果 S 满足：

(1) 对所有的 $a, b \in S$，如果 $a \neq b$，则 $a \cap b = \emptyset$；

(2) $\bigcup S = X$，

则称 S 是 X 的一个**划分**。

定义 1.5.6 令 $\sim$ 为 X 上的等价关系，则 $X/\sim = \{[x]_\sim \mid x \in X\}$ 称为 X 的**商集**。

仍以前面提到的相同国籍关系 E 为例，商集 A/E 中的元素为某一固定国家的全体国民。而在 $\equiv_3$ 的关系下，商集 $\mathbb{Z}/\equiv_3 = \{[0], [1], [2]\}$。

商集的概念在数学中是很常见的。例如，代数中有商群，拓扑中有商空间，等等，这些概念都是建立在商集的基础上的。$\equiv_3$ 的例子提示我们，任何一个等价关系都诱导出一个划分。

定理 1.5.7 令 $\sim$ 为 X 上的等价关系，则 $X/\sim$ 是 X 的一个划分。

证明 首先，由引理 1.5.4，如果 $[x]_\sim \neq [y]_\sim$，则 $[x]_\sim \cap [y]_\sim = \emptyset$。其次，因为对任意 $x \in X$ 都有 $x \in [x]_\sim$，所以 $\bigcup(X/\sim) = X$。由此，$X/\sim$ 是 X 上的划分。 $\square$

反过来，也可以由一个集合的划分来定义其上的等价关系。

定理 1.5.8 令 S 为 X 的划分，定义 X 上的二元关系

$$\sim_S = \{(x, y) \in X \times X \mid \exists c \in S(x \in c \land y \in c)\},$$

则 $\sim_S$ 是等价关系。

定理 1.5.9

(1) 如果 S 为 X 的划分，则 $X/\sim_S = S$；

(2) 如果 $\sim$ 是 X 上的等价关系且 $S = X/\sim$，则 $\sim_S = \sim$。

以上两个定理的证明留作习题1.5.9。

习题 1.5

1.5.1 判断下列关系 R 是否为 (i) 自反的；(ii) 对称的；(iii) 传递的：

(1) R 为集合 $\{a, b, c\}$ 上的关系，$R = \{(a,b),(b,a),(a,a)\}$；

(2) R 为 $\mathbb{Z}$ 上的关系，定义为 aRb 当且仅当 $a > b$；

(3) 令 X 为一非空集，A 是 X 的非空子集的集合，R 是 A 上的关系，定义为 URV 当且仅当 $U \cap V \neq \emptyset$；

(4) R 是 $\mathbb{R}$ 上的关系，使得 aRb 当且仅当 $ab \geq 0$；

(5) R 是 $\mathbb{R}$ 上的关系，使得 aRb 当且仅当 $|a-b| \leq 2$。

1.5.2 令 $T = \{0, 1, 2, 3, \cdots, 12\}$。定义 T 上的一个关系 $\sim$ 如下：对任意 a, $b \in T$，$a \sim b$ 只要下列条件之一成立：

(1) a, b 都是偶数；

(2) a, b 都是大于 2 的素数；

(3) a, $b \in \{1, 9\}$ 并且 $a = b$。

证明 $\sim$ 是一个 T 上的等价关系，并找出所有的等价类。

1.5.3 令 $\mathbb{Z}^* = \mathbb{Z} - \{0\}$ 为非零整数集，并且 $A = \mathbb{Z} \times \mathbb{Z}^*$。在 A 上定义如下关系 R：
$$R = \{((a,b),(c,d)) \in A \times A \mid ad = bc\}。$$
证明 R 是一个等价关系，并找出等价类 $[(0,1)]$ 和 $[(2,4)]$。

1.5.4 令 R 为 $\mathbb{N} \times \mathbb{N}$ 上的如下关系：
$$(a,b)R(c,d) \text{ 当且仅当 } (\exists k \in \mathbb{Z})[a + b = c + d + 3k]。$$
证明 R 是一个等价关系，并找出 R 的所有等价类。

1.5.5 令 A 为一个非空集并且 R 是 A 上的一个二元关系。证明 R 是一个等价关系当且仅当下述两个条件成立：

(1) 对所有 $x \in A$，xRx 成立；

(2) 对所有 $x, y, z \in A$，如果 xRy 并且 yRz，则 zRx。

1.5.6 令 k 为一个固定的正整数。定义 $\mathbb{Z}$ 上的关系 E 使得 xEy 当且仅当 $x \equiv y(\mathrm{mod}\ k)$。已经知道 E 是 $\mathbb{Z}$ 上的一个等价关系。对任意整数 $i, j \in \mathbb{Z}$，找出一个从等价类 $[i]_E$ 到等价类 $[j]_E$ 的一个双射，并验证它的确是一个双射。

1.5.7 对任意集合 X，如果 $\mathcal{I} \subset \mathcal{P}(X)$ 非空，并且满足：

$$A \subset B \in \mathcal{I} \to A \in \mathcal{I} \quad \text{且} \quad A, B \in \mathcal{I} \to A \cup B \in \mathcal{I},$$

就称 $\mathcal{I}$ 是 X 上的一个**理想**。证明：如果 $\mathcal{I}$ 是理想，则 $P(X)$ 上的二元关系

$$R = \{(A, B) \mid (A \triangle B) \in \mathcal{I}\}$$

是等价关系。其中 $(A \triangle B) = (A - B) \cup (B - A)$。

1.5.8 考察整数间的关系 E，定义为 xEy 当且仅当 $\mid x \mid = \mid y \mid$。验证 E 是一个等价关系，并找出商集 $\mathbb{Z}/E$。

1.5.9 证明定理 1.5.8 和定理 1.5.9。

1.6　序

顾名思义，集合 X 上的一个线序就是元素之间的一个前后关系 R。根据这个关系，集合 X 的形状像一条线，即任何两个元素在这个关系下都有先后之分。把它用数学语言写出来就是：对于任意元素 $x, y \in X$，或者 xRy 或者 yRx。但仅仅这一条还不够，因为它并没有排除循环，例如，$X = \{a, b, c, d\}$ 并且 aRb, bRc, cRd, dRa，则看上去是一个圈，而不是一条线。怎样排除循环呢？仔细想想，可以添加反对称性（见下文）来排除长度是 2 的圈；再用传递性把大圈缩成小圈来排除掉。因此有下面的定义。

定义 1.6.1 令 R 为 X 上的二元关系，如果 R 满足：

(1) R 是反对称的，对所有的 $x, y \in X$，如果 xRy 且 yRx，则 $x = y$；

(2) R 是传递的，对所有 $x, y, z \in X$，如果 xRy，yRz，则 xRz；

(3) 对所有的 $x, y \in X$，xRy 或 yRx，

就称 R 是 X 上的一个**线序**或**全序**。

注意：(3) 告诉我们对所有的 $x \in X$，都有 xRx，即这里线序的定义蕴涵着自反性。

例 1.6.2

(1) 集合 $\mathbb{N}$，$\mathbb{Z}$，$\mathbb{Q}$ 和 $\mathbb{R}$ 上自然的大于等于关系 $\geq$ 和小于等于关系 $\leq$ 都是线序。

(2) 再看一个人为的例子。令 $X = \{1, 2, 3\}$ 和

$$R = \{(1,1), (2,2), (3,3), (1,3), (3,2), (1,2)\},$$

则 R 是 X 上的一个线序。

如果放弃任意两个元素都是可比的这一要求，线序可以推广为所谓"偏序"的概念。但要注意的是，此时需要将自反性单独列出。人们常用 $\leq$ 来代表偏序，所以它不再仅仅表示数上的小于等于关系。

定义 1.6.3 令 $\leq$ 为 X 上的二元关系，如果 $\leq$ 满足：

(1) $\leq$ 是自反的，即对所有的 $x \in X$，$x \leq x$；

(2) $\leq$ 是反对称的，即对所有的 $x, y \in X$，如果 $x \leq y$ 且 $y \leq x$，则 $x = y$；

(3) $\leq$ 是传递的，即对所有的 $x, y, z \in X$，如果 $x \leq y$，$y \leq z$，则 $x \leq z$，

就称 $\leq$ 是 X 上的一个**偏序**或**序**。

本书中会用 $(X, \leq)$ 表示 $\leq$ 是 X 上的偏序，此时称 $(X, \leq)$ 为**偏序集**；如果 $(X, \leq)$ 是偏序集，则用 $x \geq y$ 表示 $x \leq^{-1} y$；用 $x < y$ 表示 $x \leq y$ 且 $x \neq y$；用 $x > y$ 表示 $x \geq y$ 并且 $x \neq y$。有时也称 $<$ 为**严格偏序**。

例 1.6.4

(1) 集合 $\mathbb{N}$、$\mathbb{Z}$、$\mathbb{Q}$ 和 $\mathbb{R}$ 上的自然大小关系都是偏序关系（同时也是线序关系）；

(2) 对任意集合 X，$\subset$ 是 $\mathcal{P}(X)$ 上的序关系，但一般上不是线序；

(3) 定义 $n \mid m$ 为 "n 整除 m"，则 $\mid$ 是集合 $\{2, 3, 4, \cdots\}$ 上的偏序关系，也不是线序。

习题 1.6

1.6.1 给定一个偏序集 $(X, \leq)$，称其中一个元素 x_0 是一个**极大元**，如果 X 中没有严格大于 x_0 的元素。证明每一个非空有穷的偏序集中都至少有一个极大元。其中，$(X, \leq)$ 是有穷偏序集，是指 X 为一个有穷集。

1.6.2 给定一个偏序集 $(X, \leq)$，称其中一个元素 x^* 是一个**最大元**，如果对任意 $y \in X$，都有 $y \leq x^*$。证明一个偏序集中的最大元是唯一的（如果有的话）。

1.6.3 找出一个偏序集 $(X, \leq)$ 的例子，它没有最大元但有两个以上的极大元。

1.6.4 给定一个有穷的偏序集 (X, S)，证明存在一个 X 上的二元关系 R，满足 $S \subset R$ 并且 R 是一个线序。换句话说，每一个有穷偏序都可以延拓成一个线序。[①]

1.7 结构的例子

上面的线序集或偏序集都是结构的例子，也是所谓用公理来"定义"结构的例子。接下来再看几个数学里常见的结构。

如果只关心所谓"算术运算"，即加减乘除，则可以研究"域"这种结构。

定义 1.7.1 一个**域**是一个结构 $(F, 0, 1, +, \cdot)$，其元素间有两个运算，分别记作加法 $+$ 和乘法 $\cdot$。有两个特殊的元素 0 和 1，分别是加法和乘法的"单位元"。它们满足：

(1) 对任意 $a, b, c \in F$，$a + (b + c) = (a + b) + c$；

(2) 对任意 $a, b \in F$，$a + b = b + a$；

(3) 对任意 $a \in F$，$a + 0 = a$；

(4) 对任意 $a \in F$ 存在 $b \in F$，使得 $a + b = 0$；

(5) 对任意 $a, b, c \in F$，$a \cdot (b \cdot c) = (a \cdot b) \cdot c$；

---

① 事实上，在集合论中可以证明该命题对任一偏序都成立。

(6) 对任意 $a, b \in F$，$a \cdot b = b \cdot a$；

(7) 对任意 $a \in F$，$a \cdot 1 = a$；

(8) 对任意 $a \in F$，$a \neq 0$，存在 $b \in F$，使得 $a \cdot b = 1$；

(9) 对任意 $a, b, c \in F$，$a \cdot (b + c) = a \cdot b + a \cdot c$ 并且 $(a + b) \cdot c = a \cdot c + b \cdot c$。

注意：虽然在定义中只提到了加法和乘法两个运算，但 (4) 和 (8) 实际上分别定义了它们的逆运算，即减法和除法。有理数 $\mathbb{Q}$、实数 $\mathbb{R}$、复数 $\mathbb{C}$，连带它们通常的运算是域的典型例子。

例 1.7.2 令 p 为一个素数，考虑商集 $\mathbb{Z}/\equiv_p$，记为 F_p，则

$$F_p = \{[0], [1], \cdots, [p-1]\}。 \tag{1.6}$$

定义 F_p 上的加法 $+_{F_p}$ 和乘法 $\cdot_{F_p}$ 为

$$[m] +_{F_p} [n] = [(m+n) \text{ 除以 } p \text{ 的余数}]，$$

$$[m] \cdot_{F_p} [n] = [(m \cdot n) \text{ 除以 } p \text{ 的余数}]，$$

其中 $+$ 和 $\cdot$ 是整数上通常的加法和乘法。读者可以验证 F_p 对这样定义的 $+_{F_p}$ 和 $\cdot_{F_p}$ 构成一个域。这是**有限域**的一个典型例子。

域 F_p 满足这样的性质：

$$\underbrace{1 +_{F_p} 1 +_{F_p} \cdots +_{F_p} 1}_{p\text{-次}} = 0。$$

一般地，满足 $\underbrace{1 + 1 + \cdots + 1}_{p\text{-次}} = 0$ 且对任何 $q < p$，$\underbrace{1 + 1 + \cdots + 1}_{q\text{-次}} \neq 0$ 的域称为**特征为 p 的域**；如果对任何整数 p，$\underbrace{1 + 1 + \cdots + 1}_{p\text{-次}} \neq 0$，则称该域**特征为 0**。

在域中，如果不要求乘法一定有单位元，也不要求任何非 0 的元素关于乘法都有逆，就得到一类称为"环"的结构。域可以看作特殊的环，在多数代数书上都是先定义环再定义域。但在日常活动中，域的结构更为普遍。环的精确定义如下：

定义 1.7.3 一个环是一个结构 $(R, 0, +, \cdot)$，其元素间有两个运算，分别记作加法 $+$ 和乘法 $\cdot$，0 是加法的单位元，它们满足：

(1) 对任意 $a, b, c \in R$，$a + (b + c) = (a + b) + c$；

(2) 对任意 $a, b \in R$，$a + b = b + a$；

(3) 存在一个元素，记作 0，满足：对任意 $a \in R$，$a + 0 = a$；

(4) 对任意 $a \in R$ 存在 $b \in F$，使得 $a + b = 0$；

(5) 对任意 $a, b, c \in R$，$a \cdot (b \cdot c) = (a \cdot b) \cdot c$；

(6) 对任意 $a, b, c \in R$，$a \cdot (b + c) = a \cdot b + a \cdot c$ 并且 $(a + b) \cdot c = a \cdot c + b \cdot c$。

环的典型例子有整数 $\mathbb{Z}$、（实数上的）矩阵、（整系数）多项式等。矩阵环是非（乘法）交换环的典型例子。

结构的其他例子有图论中研究的图、布尔代数、群论中研究的群等。

最后来看自然数。我们关注的是加法和乘法。在后面谈到哥德尔不完全定理时，会特别讨论自然数的模型。自然数的公理化最初是由意大利数学家皮亚诺完成的。皮亚诺公理中所采用的最基本函数是所谓**后继函数** $S : \mathbb{N} \to \mathbb{N}$；另外有一个特殊的自然数 0。所谓 n 的后继就是直接跟在 n 后面的那个数。

皮亚诺关于自然数的公理如下：

(P1) 0 是一个自然数。

(P2) 任何自然数 n 都有一个自然数 $S(n)$ 作为它的后继。

(P3) 0 不是任何自然数的后继。

(P4) 后继函数是单一的，即：若 $S(m) = S(n)$，则 $m = n$。

(P5)（**归纳原理**）令 Q 为一个关于自然数的性质。如果 (i) 0 具有性质 Q；并且 (ii) 如果自然数 n 具有性质 Q，则 $S(n)$ 也具有性质 Q，那么所有自然数 n 都有性质 Q。

在此基础之上，可以归纳地定义加法。对任何自然数 n 和 m，

$$n + 0 = n \text{ 并且 } n + S(m) = S(n + m)。$$

类似地，对任何自然数 n 和 m，

$$n \times 0 = 0 \text{ 并且 } n \times S(m) = (n \times m) + n。$$

习题 1.7

1.7.1 验证：如果 p 是素数，则 $\{0,1,\cdots,p-1\}$ 在模 p 的运算下满足域的所有公理。

1.7.2 证明每个非零的自然数都是某个自然数的后继。

1.7.3 证明抽屉原则（或称鸽舍原理[①]）：如果自然数 $n > m$，则不存在从 $\{0,1,\cdots,n-1\}$ 到 $\{0,1,\cdots,m-1\}$ 的单射。

1.7.4 证明下列命题等价：

(1) 皮亚诺公理中的归纳原理；

(2) **最小数原理**：自然数的任意非空子集都有最小元；

(3) **强归纳原理**：对任何一个自然数的性质 P，如果从所有 $m < n$，$P(m)$ 成立能推出 $P(n)$ 成立，则对所有自然数 n，$P(n)$ 都成立。

[①] 鸽舍原理（pigeonhole principle）叙述如下：如果把 n 只鸽子放入少于 n 个鸽舍里，则至少有一个鸽舍里有不止一只鸽子。

第二章 命题逻辑

2.1 引言

通常意义下的命题是指有真假值的语句。一个复杂的命题可以分解成若干简单的原子命题。这些原子命题与复合命题的关系，就是命题逻辑研究的范围。

对初学者来说，一个很自然的问题是：当人们研究逻辑时用的是什么逻辑？如果用逻辑本身来研究逻辑，那不是循环论证吗？这就引出逻辑学习中区分"元逻辑"和"对象逻辑"的重要性。打个比方来说，我们想要研究人脑的某些功能，但自己直接研究自己是很困难的。于是我们造一个机器人（或用某个计算机程序来模拟），对机器人就可以研究得清清楚楚。虽然机器人与我们相差很远，但如果我们感兴趣的功能是计算或下棋等，那么机器人或许可以很近似地模拟人脑，因此我们可以间接地通过研究机器人来了解人脑的这一部分功能。这个比方中的人脑相当于"元逻辑"，而机器人则相当于"对象逻辑"。既然计算机学家在研究机器人时完全不必问人脑是怎样运作的，我们在研究对象逻辑时也可以暂时不用考虑我们用的是什么元逻辑。只有把当前的功能研究清楚之后，我们再来思考怎样让机器人更接近人脑。

类似的还有"元语言"和"对象语言"的区分。例如，当用中文来研究英语或计算机语言时，中文就是"元语言"，而英语或计算机语言则是"对象语言"。当对象逻辑越来越像元逻辑时，两者的区别越来越小。而命题逻辑因其简单，比较容易从元逻辑中分别出来。例如，没有人会认为自然数的性质，如归纳法，是命题逻辑里面的，所以便于初学者分清元逻辑和对象逻辑，这样在学习一阶逻辑时可以减少一些困扰。这是本章的一个重要目的。

数理逻辑的一个重要方面是研究手段的局限。贯穿本课程的一个中心问题是：是否所有真命题都是可证的。"真"是我们的目的，而"证明"是我们的手段。我们的手段能达到目的吗？要想回答这个问题，首先要搞清楚"真"是什么意思，"证明"又是什么意思。在这两个重要概念中，"真"属于语义范畴，而"证明"属于语法范畴。在学习过程中，我们常把"语法"与"语义"分开讨论，但这是暂时的，如同体育活动中分解动作一样。最终两者是不可分的。语法让人想到机器、规则、算法；语义则让人想到人（脑）、意义、真假等。

正如前面提到的，为了分散学习难点，我们在材料安排上，特意让命题逻辑与一阶逻辑沿相似的主线发展，都包含语法部分，规定好语言，研究推演系统和证明；也包含语义部分，讨论真值理论。最后以可靠性和完全性定理把语法和语义联系起来。清华大学文志英教授曾讲过：学习的过程就是不断重复、不同层次上的重复。希望我们的课程设计能够有助于读者对数理逻辑的理解。

2.2　命题逻辑的语言

古典命题逻辑的语言包括以下 3 部分:

(1) 可数多个**命题符号**: $A_0, A_1, A_2, \cdots$。

(2) **命题联词**: 否定符号 $\neg$、合取符号 $\wedge$、析取符号 $\vee$、蕴涵符号 $\rightarrow$ 和双蕴涵符号 $\leftrightarrow$。

(3) 括号: 左括号 "(" 和右括号 ")"。

几点说明:

(1) 这里"可数"是一个数学专用术语，大意为同自然数一样多。在一般情况下，只要有足够（有限）多的命题符号就够用了。另一方面，人们也可以研究有不可数多个命题符号的逻辑。

(2) 这 5 个联词尽管与日常语言有关，但在数学文献中更为常见。

(3) 在本节中强调的是语法。因此尽管我们给这 5 个联词取了上述的名字，并经常把它们读成"非"、"并且"、"或"、"如果 $\cdots$ 那么 $\cdots$"和"当且仅当"，但那是下一节讨论语义的任务。在本节中，应把它们视为完全没有意义的字符，所以上面特别强调"符号"二字。

(4) $\neg$ 是一元联词。其他 4 个是二元联词。这 4 个二元联词在讨论语法时区别不大，下面会常用符号 $\star$ 来表示它们中的任何一个联词。

(5) 括号是为了消除阅读中可能出现的歧义，以后（习题 2.4）我们会看到，运用不同的语法规则实际上是可以不用括号的。对计算机语言来说，没有括号更为简练。

规定好基本符号之后，就可以形成较为复杂的语句。首先称任何一个符号串为一个**表达式**。例如，"$(\neg A_1)$" 或者 "$((A_1 \lor$" 都是表达式。表达式可以是任意的，完全不用考虑其是否有 "意义"。当然我们感兴趣的是那些 "合乎语法规则" 的表达式。我们称它们为**合式公式**或简称为**公式**。确切定义如下。

定义 2.2.1　命题逻辑语言全体合式公式的集合是满足以下条件的表达式的最小集合：

(1) 每个命题符号 A_i 都是合式公式；

(2) 如果 α 和 β 都是合式公式，则 $(\neg\alpha)$，$(\alpha \land \beta)$，$(\alpha \lor \beta)$，$(\alpha \to \beta)$ 和 $(\alpha \leftrightarrow \beta)$ 也是合式公式；

(3) 别无其他。

几点说明：

(1) 定义中的中文即 "元语言"，而本节一开始定义的命题逻辑语言为 "对象语言"。具体地说，我们使用了 "每个" 这个量词，也使用了 α，β 等符号作为变元，以代表这个语言中的任意表达式。但这里的量词和符号变元都是元语言中的，显然不属于正在讨论的命题逻辑语言。

(2) 虽然定义中标准的命题符号为 $A_0, A_1, A_2, \cdots$，但在实际工作中经常用 A，B，P 和 Q 等元语言符号来表示任意的命题符号。

在定义 2.2.1 中，(1) 和 (2) 不难理解，(3) 有些模糊。由于以后会大量使用这类形式的定义，让我们花一些篇幅解释一下。熟悉抽象代数的读者会看出这实际上是某种 "闭包"，或是 "由 $\cdots$ 生成的集合"。在数学上有两种等价的方式将其严格化："自上而下" 或 "自下而上"。两种方式的等价性我们留作习题。

"自上而下" 的定义是将合式公式集作为一个整体定义出来。我们临时把一个满足定义 2.2.1 (2) 所述性质的表达式集 X 称为**封闭的**，即：对所有 X 中的公式 α 和 β，表达式 $(\neg\alpha)$ 和 $(\alpha \star \beta)$ 也在 X 中（其中 $\star$ 代表 4 个二元联词中的任何一个）。**全体合式公式的集合**可以 "自上而下" 地定义如下：最小的包含所有命题符号的封闭的表达式集，即

$$\bigcap\{X : \text{所有的 } A_i \text{ 都属于 } X \text{ 并且 } X \text{ 是封闭的}\}.$$

注意：定义2.2.1(3)体现在"最小"里面，被符号 $\bigcap$ 精确地表达出来。

"自上而下"的定义并没有告诉我们每一个具体的合式公式是什么样子的。这一不足被"自下而上"的定义所弥补。"自下而上"的定义给出每个公式 α 的构造过程。最下面的当然是命题符号，它们相当于楼梯的第一级台阶。站在这一级上，可以构造下一级的公式，如 $(\neg A_1)$，$(A_1 \vee A_2)$；站在"第二级"上，就可以构造"第三级"的公式，如 $((\neg A_1) \to A_2)$。如此拾级而上，就会得到任意"高度"的公式。准确地说，我们称一个表达式的有穷序列

$$(\alpha_0, \alpha_1, \cdots, \alpha_n)$$

为 α 的一个**构造序列**，如果最后一项 α_n 为 α 并且对每一个 $i \leq n$，或者 α_i 是一个命题符号，或者存在 $j, k < i$ 使得 α_i 为 $(\neg \alpha_j)$ 或 $(\alpha_j \star \alpha_k)$。我们称一个表达式 α 为一个合式公式，如果存在 α 的一个构造序列。注意：构造序列并不唯一，事实上，每一个合式公式都有无穷多个不同的构造序列。

既然每一个公式都是一步步地构造出来的，就有可能把通常在自然数上的数学归纳法转化成"对公式的归纳法"。具体的转化过程留作习题。如下形式的归纳原理非常有用，利用它就可以直接讨论公式的性质，而不用每次都绕回到自然数上去做归纳。

定理 2.2.2（归纳原理） 令 $P(\alpha)$ 为一个关于合式公式的性质。假设

(1) 对所有的命题符号 A_i，性质 $P(A_i)$ 成立；

(2) 对所有的合式公式 α 和 β，如果 $P(\alpha)$ 和 $P(\beta)$ 成立，则 $P((\neg\alpha))$ 和 $P((\alpha \star \beta))$ 也成立，

那么 $P(\alpha)$ 对所有的合式公式 α 都成立。

可以用下面的引理来说明归纳原理的用法。在以后会用该引理来证明公式的唯一可读性。

引理 2.2.3 每一合式公式中左右括号的数目相同，而且每一合式公式的真前段中左括号多于右括号。因此合式公式的真前段一定不是合式公式。

证明 这里只证明第一个命题，第二个命题的证明完全类似。令 $P(\alpha)$ 表示 α 中左右括号数目相同。对 $P(\alpha)$ 施行归纳法。初始情形：对所有的命题符号 A_i，性质 $P(A_i)$ 显然成立，因为左右括号的数目都是零。归纳情形：假设 $P(\alpha)$ 和 $P(\beta)$ 成立，即在 α 和 β 中左右括号的数目都相同。由于 $(\neg\alpha)$ 和 $(\alpha \star \beta)$ 都仅仅添加了最外端的一对括号，它们左右括号的数目依旧保持相同，即 $P((\neg\alpha))$ 和 $P((\alpha \star \beta))$ 成立。根据归纳原理，$P(\alpha)$ 对所有公式都成立。 □

习题 2.2

2.2.1 假定 E 是一个集合，B 是 E 的一个子集，$g : E \to E$ 和 $f : E \times E \to E$ 分别为 E 上的一个一元和二元函数。定义

$$C^* = \bigcap \{X : B \subseteq X \text{ 并且对所有 } x, y \in X, g(x), f(x, y) \in X\},$$

我们称 C^* 为 B 在 E 中关于 g 和 f 的**闭包**，或者称 C^* 为 E 中由 B 经 g 和 f **生成**的集合。接下来定义集合序列 $(C_n : n \in \mathbb{N})$ 如下：

$$C_0 = B;$$
$$C_{n+1} = C_n \cup \{g(x) : x \in C_n\} \cup \{f(x, y) : x, y \in C_n\}.$$

并且令

$$C_* = \bigcup_{n \in \mathbb{N}} C_n \text{。}$$

证明 $C^* = C_*$。

2.2.2 如果 α 中除了 A_3，A_{17}，$\neg$ 和 $\to$ 外没有别的命题符号和联词，称 α 是一个**好公式**。给出好公式的"自上而下"和"自下而上"的定义。

2.2.3 证明归纳原理，即定理 2.2.2。

2.2.4 证明没有长度为 0, 2, 3 或 6 的合式公式，但其他长度皆有可能。

2.2.5 已知公式 α 中一元联词 $\neg$ 出现的次数为 m，其他 4 个二元联词出现的总次数为 n。找出 α 的长度。

2.2.6 在公式 α 中，令 c 表示二元联词 $(\wedge, \vee, \to, \leftrightarrow)$ 在 α 中出现的次数；s 代表命题符号出现的次数。（例如，当 α 为 $(A \to (\neg A))$ 时，$c = 1$ 并且 $s = 2$。）用归纳原理证明 $s = c + 1$。

2.2.7 假定公式 α 的长度为 n，证明 α 有一个长度不超过 n 的构造序列。

2.2.8 给定公式 α 的一个构造序列，其中 α 不包含命题符号 A_4。在此构造序列中删除所有包含 A_4 的项，证明删除后的序列仍是 α 的一个构造序列。

2.2.9 直观上说，β 是公式 α 的一个**子公式**，如果 β 本身是一个公式并且是 α 的一部分。

(1) 给出 β 是公式 α 的一个子公式的严格定义；

(2) 用 (1) 的定义证明: 如果 β 是 α 的一个子公式, γ 是 β 的一个子公式, 则 γ 也是 α 的一个子公式;

(3) 证明在 α 的最短的构造序列中出现的都是 α 的子公式。

2.3   真值指派

下面开始探讨语义。首先规定**真假值**集合为 $\{T, F\}$, 其中 T 代表 "真", F 代表 "假", 很多参考书也用 $\{1, 0\}$ 来代表。令 S 为一个命题符号的集合。 S 上的一个**真值指派** v 就是从 S 到真假值的一个映射,

$$v : S \to \{T, F\}。$$

令 $\overline{S}$ 为只含有 S 中的命题符号的公式集。数学上更准确的说法应该是这样: 每一个联词都对应于一个表达式上的函数, 例如, 如果令 E 表示所有表达式的集合, 则 $\neg$ 对应于 $f_{\neg} : E \to E$, $f_{\neg}(\alpha) = (\neg\alpha)$。同样地, 每一个二元联词 $\star$ 就对应于 $f_{\star} : E \times E \to E$, $f_{\star}(\alpha, \beta) = (\alpha \star \beta)$。$\overline{S}$ 就是表达式中由 S 经这 5 个函数生成的集合 (见习题 2.2)。再把真值指派 v 扩张到 $\overline{S}$ 上得到新函数 $\overline{v}$:

$$\overline{v} : \overline{S} \to \{T, F\},$$

使其满足:

(0) 对任意 $A \in S$, $\overline{v}(A) = v(A)$;

(1)

$$\overline{v}((\neg\alpha)) = \begin{cases} T, & \text{如果 } \overline{v}(\alpha) = F, \\ F, & \text{其他}; \end{cases}$$

(2)

$$\overline{v}((\alpha \wedge \beta)) = \begin{cases} T, & \text{如果 } \overline{v}(\alpha) = T \text{ 并且 } \overline{v}(\beta) = T, \\ F, & \text{其他}; \end{cases}$$

(3)

$$\overline{v}((\alpha \vee \beta)) = \begin{cases} T, & \text{如果 } \overline{v}(\alpha) = T \text{ 或者 } \overline{v}(\beta) = T, \\ F, & \text{其他}; \end{cases}$$

(4)

$$\overline{v}((\alpha \to \beta)) = \begin{cases} F, & \text{如果 } \overline{v}(\alpha) = T \text{ 并且 } \overline{v}(\beta) = F, \\ T, & \text{其他}; \end{cases}$$

(5)
$$\overline{v}((\alpha \leftrightarrow \beta)) = \begin{cases} T, & \text{如果 } \overline{v}(\alpha) = \overline{v}(\beta), \\ F, & \text{其他}。 \end{cases}$$

也可以用**真值表**来表示 $\overline{v}$，见表2.1。

表 2.1 真值表

α	β	$(\neg\alpha)$	$(\alpha \wedge \beta)$	$(\alpha \vee \beta)$	$(\alpha \rightarrow \beta)$	$(\alpha \leftrightarrow \beta)$
T	T	F	T	T	T	T
T	F	F	F	T	F	F
F	T	T	F	T	T	F
F	F	T	F	F	T	T

真值表是命题逻辑语义最根本的部分。首先注意，在考察命题逻辑语言时，联词都被视为无意义的符号；公式也只是按规则排列的符号串。直到现在，我们才通过定义 $\overline{v}$ 来体现联词的意义和规定公式的真假值。同时注意：对命题公式真值的定义本身是在元语言中发生的。而只有在真值指派 v 确定以后，公式的真值才有意义。至于 v 为什么让 A_3 为假、而让 A_4 为真等不是我们考虑的范围。从某种意义上来说，逻辑学关心的不是"原子事实"的真假，而是怎样处理由逻辑符号生成的复合命题的真假。我们今后会看到，这一点在一阶逻辑的真值理论中表现得更为明显。对初学者来说，除了对蕴涵式的规定外，其他的都好理解。当然，可以简单地说：在数学中蕴涵就是这样规定的。但我们还是尝试给出几种解释，以期对读者有所帮助。在专门的模态逻辑课程中对蕴涵的意义往往会有更多的讨论。

第一种解释：考察"如果中国足球队夺冠，我就把自己的鼻子吃了"。

假设我在看球时跟朋友说了这样的话，而比赛结果真的是中国队夺冠（前件为真），那朋友绝对有权利要求我把自己的鼻子吃了，因为否则我就说了假话（后件为假，所以整个命题为假，见真值表的第二行第六列），而无面目站在讲台之上。但是，更为可能的是中国队没有夺冠（前件为假，在我的记忆中，这个命题总是假），那朋友就没有权利要求我吃鼻子了，因为无论如何，我都说了真话（既然前件为假，无论后件是否为真，整个命题都真。见真值表的第三行、第四行第六列）。

第二种解释：考察 $(A \wedge B) \rightarrow B$。

在这个例子中，后件"包含"在前件中。当肯定了前件时，当然肯定了作为其一部分的后件，所以直观上这个命题无论如何都是真的。考察真值表的结果也一样，不管 A, B 取何值，整个公式的真值一定为 T。现在考虑如下两种情况：(i) A 为假而 B 为真，则得到的是 $F \to T$；(ii) B 为假，这时前件和后件都是假的，得到的是 $F \to F$。但根据以上的讨论，整个命题依然为真。所以 $F \to T$ 和 $F \to F$ 的真值都应设为 T。

第三种解释：读者不妨自行设计让自己觉得满意的真值表，见表2.2。

表 2.2　蕴含式的真值表

α	β	$(\alpha \to \beta)$
T	T	T
T	F	F
F	T	X
F	F	Y

首先，人们对表2.2的前两行应该没有异议。剩下的是选择 X 和 Y 的值。我们选了 $X = Y = T$，有人不满意。剩下还有 3 种选项，但人们会发现都不合适。第一种可能：$X = T$, $Y = F$，这时第二列与第三列完全相同，即 $A \to B$ 与 A 的真假全无关系。第二种可能：$X = F$, $Y = T$，这与 $A \leftrightarrow B$ 相同。第三种可能：$X = Y = F$，这与 $A \wedge B$ 相同。

例 2.3.1 令 α 为下列合式公式：

$$((((B \to (A \to C)) \leftrightarrow ((B \wedge A) \to C)))).$$

假定 $v(A) = v(B) = T$ 并且 $v(C) = F$。找出 $\overline{v}(\alpha)$ 的值。

答案：$\overline{v}(\alpha) = T$。

回到 $\overline{v}$ 的定义。读者可能会注意到，在定义中 $\overline{v}$ 在定义和被定义的部分同时出现，表面看起来是一种循环定义，实则不然。这样的定义方法是递归定义的一个例子。递归定义在数学上很常见，例如，**阶乘函数** $n!$ 就可以递归定义成 $0! = 1$，并且对所有自然数 n, $(n+1)! = (n+1) \times n!$。又如，**菲波那契序列**[①] f_n 可以递归定义为 $f_0 = f_1 = 1$，并且对所有自然数 n, $f_{n+2} = f_n + f_{n+1}$。从直观上很容易接受下述定理：

定理 2.3.2 对任意 S 上的真值指派 v，都有唯一的一个扩张 $\overline{v} : \overline{S} \to \{T, F\}$ 满足前述条件 (0) 至 (5)。

———————————
[①] 菲波那契（Fibonacci，约 1170—约 1250），意大利数学家。

定理 2.3.2 的证明本质上是验证递归定义的合理性，即递归定义并没有犯循环定义的错误。在很多集合论的教科书中都有递归定义合理性的证明，有兴趣的读者可以参考，这里就省略了。

对任意一个真值指派 v，任意公式 α，如果 $\bar{v}(\alpha) = T$，就称 v **满足** α。

定义 2.3.3　我们称一个公式集 Σ **重言蕴涵** 公式 α，记为 $\Sigma \vDash \alpha$，如果每一个满足 Σ 中所有公式的真值指派都满足 α。

$\Sigma \vDash \alpha$ 也读作 "α 是 Σ 的**语义后承**"。如果把它的定义用数学语言展开，就会发现它涉及不止一个量词。$\Sigma \vDash \alpha$ 当且仅当 "对所有的真值指派 v [如果（对所有的公式 $\beta \in \Sigma$，$\bar{v}(\beta) = T$）则 $\bar{v}(\alpha) = T$]"。

例 2.3.4

(1) 验证 $\{(\alpha \wedge \beta)\} \vDash \alpha$；

(2) 公式集 $\{A, (\neg A)\}$ 重言蕴涵 B 吗？

答案：是。

我们称一个公式 α 为一个**重言式**（记作 $\vDash \alpha$）如果 $\emptyset \vDash \alpha$。这与通常的"重言式在所有真值指派下为真"或"重言式被所有真值指派满足"的说法是一致的。原因是所有的真值指派 v 都满足空集中的每一元素。不然的话，空集中就会有一个元素让 v 不满足它，而这显然是不可能的。

如果 $\Sigma = \{\beta\}$ 只含有一个公式，常常会把 $\{\beta\} \vDash \alpha$ 简写成 $\beta \vDash \alpha$。如果 $\beta \vDash \alpha$ 和 $\alpha \vDash \beta$ 都成立，则可以说 β 和 α **重言等价**。

重言式举例

(1) 结合律：

$$((\alpha \vee (\beta \vee \gamma)) \quad \leftrightarrow \quad ((\alpha \vee \beta) \vee \gamma));$$
$$((\alpha \wedge (\beta \wedge \gamma)) \quad \leftrightarrow \quad ((\alpha \wedge \beta) \wedge \gamma)).$$

(2) 交换律：

$$((\alpha \vee \beta) \quad \leftrightarrow \quad (\beta \vee \alpha));$$
$$((\alpha \wedge \beta) \quad \leftrightarrow \quad (\beta \wedge \alpha)).$$

(3) 分配律：

$$((\alpha \wedge (\beta \vee \gamma)) \quad \leftrightarrow \quad ((\alpha \wedge \beta) \vee (\alpha \wedge \gamma)));$$
$$((\alpha \vee (\beta \wedge \gamma)) \quad \leftrightarrow \quad ((\alpha \vee \beta) \wedge (\alpha \vee \gamma)))。$$

(4) 双重否定：

$$((\neg(\neg\alpha)) \leftrightarrow \alpha)。$$

(5) 德摩根[①]定律：

$$((\neg(\alpha \vee \beta)) \quad \leftrightarrow \quad ((\neg\alpha) \wedge (\neg\beta)));$$
$$((\neg(\alpha \wedge \beta)) \quad \leftrightarrow \quad ((\neg\alpha) \vee (\neg\beta)))。$$

(6) 其他：

$$排中律： \quad (\alpha \vee (\neg\alpha));$$
$$矛盾律： \quad (\neg(\alpha \wedge (\neg\alpha)));$$
$$逆否命题： \quad ((\alpha \rightarrow \beta) \leftrightarrow ((\neg\beta) \rightarrow (\neg\alpha)))。$$

习题 2.3

2.3.1 证明下列两公式互不重言蕴涵：

$$(\alpha \leftrightarrow (\beta \leftrightarrow \gamma)), \quad ((\alpha \wedge (\beta \wedge \gamma)) \vee ((\neg\alpha) \wedge ((\neg\beta) \wedge (\neg\gamma))))。$$

【**注意**：本题说明在叙述"α 当且仅当 β 当且仅当 γ"时，我们要小心。】

2.3.2 回答以下问题：

(1) 公式 $(((\alpha \rightarrow \beta) \rightarrow \alpha) \rightarrow \alpha)$ 是重言式吗？

(2) 递归地定义 γ_k 如下：$\gamma_0 = (\alpha \rightarrow \beta)$ 并且 $\gamma_{k+1} = (\gamma_k \rightarrow \alpha)$。找出所有使 γ_k 为重言式的 k。

2.3.3 验证下列公式为重言式：

(1) $(((\neg\alpha) \vee \beta) \leftrightarrow (\alpha \rightarrow \beta))$；

---

① 德摩根（Augustus De Morgan，1806—1871），英国逻辑学家、数学家。

(2) $(\alpha \to (\beta \to \alpha))$;

(3) $((\alpha \to (\beta \to \gamma)) \to ((\alpha \to \beta) \to (\alpha \to \gamma)))$;

(4) $((\neg\beta \to \neg\alpha) \to ((\neg\beta \to \alpha) \to \beta))$;

(5) $((\alpha \to (\beta \to \gamma)) \leftrightarrow ((\alpha \wedge \beta) \to \gamma))$。

2.3.4 证明下列命题等价:

(1) $\alpha \vDash \beta$;

(2) $\vDash (\alpha \to \beta)$;

(3) α 与 $(\alpha \wedge \beta)$ 重言等价;

(4) β 与 $(\alpha \vee \beta)$ 重言等价。

2.3.5 证明 $\Sigma \cup \{\alpha\} \vDash \beta$ 当且仅当 $\Sigma \vDash (\alpha \to \beta)$。

2.3.6 假定 $\Sigma \vDash (\alpha \to \beta)$。证明 $\Sigma \vDash ((\gamma \to \alpha) \to (\gamma \to \beta))$。

2.3.7 证明或否证（以给反例的方式）下列断言:

(1) 如果 $\Sigma \vDash \alpha$ 或 $\Sigma \vDash \beta$, 则 $\Sigma \vDash (\alpha \vee \beta)$;

(2) 如果 $\Sigma \vDash (\alpha \vee \beta)$, 则 $\Sigma \vDash \alpha$ 或 $\Sigma \vDash \beta$。

2.3.8 找出所有 $\{A_1, A_2, \cdots, A_n\}$ 上分别满足下列公式的真值指派:

(1) $\alpha = ((A_1 \to A_2) \wedge (A_2 \to A_3) \wedge \cdots \wedge (A_{n-1} \to A_n))$;

(2) $\beta = (\alpha \wedge (A_n \to A_1))$;

(3) $\gamma = \bigwedge\{(A_i \to (\neg A_j)) : 1 \le i, j \le n \text{ 并且 } i \ne j\}$。

【**注意**: (3) 中 γ 的写法不标准，但应该不妨碍对题意的理解。】

2.3.9 证明一个真值指派 v 满足公式

$$(\cdots((A_1 \leftrightarrow A_2) \leftrightarrow A_3) \cdots \leftrightarrow A_n)$$

当且仅当在 $1 \le i \le n$ 中对偶数多个 i, $v(A_i) = F$。

2.3.10 固定一个公式的序列 $\alpha_1, \alpha_2, \cdots$。对任意公式 β，将出现在 β 中的每个命题符号 A_n 替换成以上序列中的公式 α_n，并把所得到的公式记作 β^*。例如，当 β 为 $((A_2 \vee A_1) \to A_2)$ 时，β^* 就是 $((\alpha_2 \vee \alpha_1) \to \alpha_2)$。

(1) 令 v 为一个真值指派。定义真值指派 u 为 $u(A_n) = \overline{v}(\alpha_n)$。证明 $\overline{u}(\alpha) = \overline{v}(\alpha^*)$。

(2) 证明如果 α 是重言式，则 α^* 也是。

2.4　唯一可读性

在自然语言中，相同的一句话，如果标点不同，也会表达不同的甚至相反的含义。例如，《吕氏春秋·察传》记载，鲁哀公曾经问孔子："乐正夔，一足，信乎？"意思是传说舜的某位叫夔的乐正只有一只脚，这可信吗？孔子回答说："昔者舜欲以乐传教于天下，乃令重黎举夔于草莽之中而进之，舜以为乐正。夔于是正六律，和五声，以通八风，而天下大服。重黎又欲益求人，舜曰：……若夔者一而足矣。"意思是说夔很能干，舜认为像夔这样的人，有一个就够用了。也就是说，孔子认为古籍中的"夔一足"不能断句为"夔，一足"。

虽然自然语言中的歧义也常常与语义有关，这一节要讲的则是纯语法的。我们将论证按照第一节中规则生成的合式公式没有歧义。这里的"歧义"与语义无关，指的是无论谁来把一个公式分解成子公式，其"结果"都是相同的。或许从反面理解更容易一点。像 $\alpha \to \beta \leftrightarrow \gamma$ 或 $\alpha \wedge \beta \vee \gamma$ 这样的表达式就有"歧义"，因为没有表达清楚是先处理 α 和 β 之间的运算，还是 β 和 γ 之间的运算。这一节与后面的内容关系不大，除了最后的一些约定外，其他内容可以暂时跳过。

定理 2.4.1（唯一可读性）　对任意公式 α，下列陈述有且仅有一条适用：

(1) α 是一个命题符号；

(2) α 形为 $(\neg\alpha_0)$，其中 α_0 为一合式公式；

(3) α 形为 $(\alpha_1 \star \alpha_2)$，其中 α_1 和 α_2 为合式公式，$\star$ 为某个二元联词。

不仅如此，在情形 (2) 和 (3) 中，公式 α_0，α_1 和 α_2 还有二元联词 $\star$ 都是唯一的。

证明　首先，令 $P(\alpha)$ 表示性质 "(1) 或 (2) 或 (3) 对 α 适用"。对 $P(\alpha)$ 用归纳很容易证明以上 3 条中至少有 1 条适用。

然后排除重叠的情形。情形 (1) 与情形 (2) 和 (3) 都没有重叠，因为 (1) 中第一个符号是命题符号，而 (2) 和 (3) 中第一个符号都是左括号；注意现在讨论语法，α 是作为字符串来考虑的，两个字符串相等当且仅当它们长度相同，并且每一个字节上的符号都相同。同样，通过比较第二个字节，容易看出情形 (2) 和 (3) 也无重叠。

最后检查情形 (2) 和 (3) 中的唯一性。我们只看情形 (3)，因为情形 (2) 更简单。假设 $\alpha = (\alpha_1 \star_1 \alpha_2) = (\beta_1 \star_2 \beta_2)$（注意：这里 = 是指作为字符串相等），则删去第一个左括号后它们仍相等，$\alpha_1 \star_1 \alpha_2) = \beta_1 \star_2 \beta_2)$。根据引理 2.2.3，有 $\alpha_1 = \beta_1$，不然的话，一个会是另外一个的真前段。继续删去相同段 α_1 和 β_1，得到 $\star_1 \alpha_2) = \star_2 \beta_2)$。所以 $\star_1 = \star_2$。类似地，$\alpha_2 = \beta_2$。　　□

关于括号省略的一些约定

一旦知道怎样避免歧义，就可以放松一点。记住：底线是一旦有争议，就回到最初，严格遵守规则。

(1) 最外的括号总被略去；

(2) 否定词的 "管辖范围" 尽可能短。例如，$\neg\alpha \vee \beta$ 指的是 $((\neg\alpha) \vee \beta))$；

(3) 同一联词反复出现时，以右为先。例如，$\alpha \to \beta \to \gamma$ 指的是 $((\alpha \to (\beta \to \gamma))$。

习题 2.4

2.4.1 给出一个程序完成如下的断句任务：输入任何表达式 α，该程序能够判定 α 是否是一个合式公式，并且在是的情况下输出 α 的一个构造序列。【这里并不要求大家真的去写计算机程序（能写更好），这里所要的是一个算法，即一系列简单而清晰的指令，告诉一台机器先做什么后做什么，等等。】

2.4.2 在定义 2.2.1 中将所有的右括号都省略掉。例如，原来的 $((\alpha \wedge (\neg\beta)) \vee (\gamma \to \alpha))$ 就变成了 $((\alpha \wedge (\neg\beta \vee (\gamma \to \alpha$。证明省略后仍有唯一可读性。

2.4.3 假定左括号和右括号变得一样，例如，原来的 $(\alpha \vee (\beta \wedge \gamma))$ 变成了 $|\alpha \vee |\beta \wedge \gamma||$，还有唯一可读性吗？

2.4.4 将定义 2.2.1 中的 (2) 改动如下：

(2') 如果 α 和 β 都是合式公式，则 $\neg\alpha$，$\wedge\alpha\beta$，$\vee\alpha\beta$，$\rightarrow\alpha\beta$ 和 $\leftrightarrow\alpha\beta$ 也是。

例如，原来的 $((\alpha\wedge(\neg\beta))\vee(\gamma\rightarrow\alpha))$ 就变成了 $\vee\wedge\alpha\neg\beta\rightarrow\gamma\alpha$。证明：改动后仍有唯一可读性。这种表示法被称为波兰记法。

2.5 其他联词

我们再回到语义，研究联词的性质。我们之所以选择那 5 个联词是因为它们在数学文献中最为常见。很自然的问题是它们够不够用？能不能表达其他所有的联词？另一方面，它们有没有多余？

在回答这些问题之前，先要把其中涉及的概念搞清楚。首先，什么是一个任意的联词？从字面上看，联词就是把简单句合成复合句的方式。从语义上看，每个联词都唯一确定了从简单句的真假值到复合句真假值的一个规则。其实，就是一个真值表。我们给它一个新的名字，称为"布尔函数"，即：称一个从 $\{T,F\}^k$ 到 $\{T,F\}$ 的函数 B 为一个 k-**元布尔函数**。

例如，令 α 为一个仅涉及命题符号 $A_1,A_2,\cdots,A_n$ 的公式。那么 α 就定义了一个 n-元布尔函数 B_α^n：

$$B_\alpha^n(X_1,\cdots,X_n) \quad = \quad \text{当 } A_1,\cdots,A_n \text{ 被赋予真假值 } X_1,\cdots,X_n \text{ 时}$$
$$\text{公式 } \alpha \text{ 所取得的真假值。}$$

这样，每一公式 α 都表达了一个 n-元联词，或 n-元布尔函数 B_α^n。

有些参考书会提到 0-元联词 $\top$ 和 $\bot$，$\top$ 代表恒真，$\bot$ 代表恒假。如果读者觉得 0-元联词的概念不好理解，可以换一种方式来解释。让我们在语言中添加两个常数符号 $\top$ 和 $\bot$，并且修改合式公式的定义如下：所有的命题符号和 $\top$ 还有 $\bot$ 都是合式公式；如果 α 和 β 都是合式公式，则 $(\neg\alpha)$ 和 $(\alpha\star\beta)$ 也是；别无其他。例如，$(A\vee\bot)$ 就是新语言上的一个合式公式。在新语言上，任意真值指派 v 自然扩展为 $\overline{v}(\top)=T$ 和 $\overline{v}(\bot)=F$。

例 2.5.1 一元联词有 4 个：除了本质上是 0-元联词的恒真和恒假外，还有恒同和否定。

例 2.5.2 二元联词有 16 个。可以分几组讨论（请读者自己做真值表）。

第一组是本质上是 0-元联词的恒真和恒假。

第二组是本质上是 1-元联词的"与 A 恒同"，"非 A"，"与 B 恒同"和"非 B"这 4 个联词。

第三组是已经介绍过的 $\vee$, $\wedge$, $\rightarrow$ 和 $\leftrightarrow$, 还有 $\leftarrow$。

第四组是 "$A \downarrow B$"（也被称为皮尔士①箭头）定义为 $\neg(A \vee B)$ 和 "$A \mid B$"（也被称为谢弗②竖）定义为 $\neg(A \wedge B)$。

第五组是 "$A < B$","$A > B$" 和 "$A + B$"。特点是如果把 F, T 分别看成 $0, 1$，则这 3 个联词的取值与 "小于"、"大于" 的判断和加法结果相同（当然这里取 $1 + 1 = 0$）。

下述定理告诉我们，每个 n-元布尔函数都可以由某个公式来表达，从而说明我们选的联词是够用的。在证明一般情形之前，先看一个典型例子。

例 2.5.3 定义 $M(A, B, C) = A, B, C$ 中的多数。例如，$M(T, F, T) = T$ 且 $M(F, F, T) = F$。找出表达 M 的公式。

答案：$(A \wedge B \wedge C) \vee (\neg A \wedge B \wedge C) \vee (A \wedge \neg B \wedge C) \vee (A \wedge B \wedge \neg C)$。

定理 2.5.4 对任意的 n-元布尔函数 G，其中 $n \geq 1$，都可以找到一个合式公式 α 使得 α 表达函数 G，即 $G = B_\alpha^n$。

证明 情形 1：函数 G 的值域为 $\{F\}$，即 G 的真值表中最末一列全是 F。在此情形下，只要令 $\alpha = (A \wedge \neg A)$ 即可。

情形 2：情形 1 不成立。假定 G 在 k 个 n-元组上取值为 T，即真值表中有 k 行结尾是 T，其中 $k \geq 1$。把它们全部列出来：

$$
\begin{aligned}
\overline{X}_1 &= (X_{11}, X_{12}, \cdots, X_{1n}), \\
\overline{X}_2 &= (X_{21}, X_{22}, \cdots, X_{2n}), \\
&\vdots \qquad\qquad \vdots \\
\overline{X}_k &= (X_{k1}, X_{k2}, \cdots, X_{kn}).
\end{aligned}
$$

令

$$
\beta_{ij} = \begin{cases} A_j, & \text{如果 } X_{ij} = T; \\[2mm] \neg A_j, & \text{其他}。 \end{cases}
$$

还有

$$
\begin{aligned}
\gamma_i &= \beta_{i1} \wedge \beta_{i2} \wedge \cdots \wedge \beta_{in}, \\
\alpha &= \gamma_1 \vee \gamma_2 \vee \cdots \vee \gamma_k。
\end{aligned}
$$

---

① 皮尔士（Charles Sanders Peirce, 1839—1914），美国逻辑学家、哲学家。
② 谢弗（Henry M. Sheffer, 1882—1964），美国逻辑学家。

我们验证 $G = B_\alpha^n$。容易看出对任何 $1 \le i \le k$，$B_\alpha^n(\overline{X}_i) = T = G(\overline{X}_i)$。另一方面，$\{A_1, A_2, \cdots, A_n\}$ 上只有唯一的指派 $\overline{X}_i$ 能满足 γ_i，所以如果指派 $\overline{Y}$ 不同于所有的 $\overline{X}_i$，则一定不满足所有的 γ_i，于是也不满足 α。所以 $B_\alpha^n(\overline{Y}) = F = G(\overline{Y})$。 $\qquad\square$

称一个公式 α 为**析取范式**，如果 $\alpha = \gamma_1 \vee \gamma_2 \vee \cdots \vee \gamma_k$，其中每个 $\gamma_i = \beta_{i1} \wedge \beta_{i2} \wedge \cdots \wedge \beta_{in_i}$，并且每个 β_{ij} 或者是命题符号或者是命题符号的否定。

推论 2.5.5 每一个合式公式 α 都有一个与其重言等价的析取范式。

称一个联词的集合 $\mathcal{C}$ 为**功能完全的**，如果任何一个布尔函数都可以用仅仅涉及 $\mathcal{C}$ 中联词的公式来表达。例如，上述推论表明集合 $\{\neg, \vee, \wedge\}$ 是功能完全的。

推论 2.5.6 联词集合 $\{\neg, \wedge\}$ 和 $\{\neg, \vee\}$ 都是功能完全的。

证明 （思路）反复使用德摩根定律。 $\qquad\square$

例 2.5.7 $\{\wedge, \rightarrow\}$ 不是功能完全的。

证明之前先做些说明：一是如何论证一个联词集 $\mathcal{C}$ 不是功能完全的。常用方法是论证 $\mathcal{C}$ 或者不能表达 $\neg$，或者不能表达 $\vee, \wedge, \rightarrow$ 中的一个，因为 $\mathcal{C}$ 要是把它们都能表达，$\mathcal{C}$ 就功能完全了。但到底不能表达哪一个，则需要好眼力来观察到 $\mathcal{C}$ 的缺陷。二是假如要想论证 $\mathcal{C}$ 不能表达 $\neg$，只要论证任何一个由一个命题符号 A 和 $\mathcal{C}$ 中联词形成的公式都不重言等价 $\neg A$ 即可，也就是说，不必担心别的命题符号（如 B）可以帮助我们表达 $\neg A$。原因是如果（打个比方）$f(A, B)$ 与 $\neg A$ 重言等价，则 $f(A, A)$ 也与 $\neg A$ 重言等价。

证明 注意如下事实：令 α 为一个用到 $\wedge$ 和 $\rightarrow$ 的公式，如果将 α 中出现的命题符号都赋予真值 T，则 α 必定取值 T。因此 α 不与 $\neg A$ 重言等价。（如果想更严格的话，可以用归纳原理证明：如果 α 仅用到命题符号 A、联词 $\wedge$ 和 $\rightarrow$，则 $A \vDash \alpha$。） $\qquad\square$

习题 2.5

2.5.1 令 G 为下列 3-元布尔函数：

$$G(F,F,F) = T, \qquad G(T,F,F) = T,$$
$$G(F,F,T) = T, \qquad G(T,F,T) = F,$$
$$G(F,T,F) = T, \qquad G(T,T,F) = F,$$
$$G(F,T,T) = F, \qquad G(T,T,T) = F.$$

(1) 给出一个表达 G 但仅涉及联词 $\wedge, \vee$ 和 $\neg$ 的合式公式。

(2) 重做 (1)，要求公式中联词出现的次数不超过 5 次。

2.5.2 证明 $|$ 和 $\downarrow$ 是仅有的两个自身是功能完全的二元联词。

2.5.3 证明 $\{\top, \bot, \neg, \leftrightarrow, +\}$ 不是功能完全的。【**提示**：证明用这些联词和命题符号 A 和 B 形成的公式 α 在 $\overline{v}(\alpha)$ 的 4 种可能取值里面总有偶数个 T。】

2.5.4 令 $\mathbf{1}$ 为一个三元联词满足 $\mathbf{1}\alpha\beta\gamma$ 取值 T，当且仅当 α, β, γ 中有且仅有一个赋值为 T。证明不存在二元联词 $\circ$ 和 $\triangle$ 使得 $\mathbf{1}\alpha\beta\gamma$ 等价于 $(\alpha \circ \beta)\triangle\gamma$。【**提示**：任给二元布尔函数 B_1, B_2，假设 $B_2(B_1(x_1, x_2), x_3) = B^3_{\mathbf{1}A_1A_2A_3}$。证明 $B_1(1,1), B_1(1,0), B_1(0,0)$ 两两不相等。】

2.5.5 称公式 α 是**合取范式**，如果它形如

$$\alpha = \gamma_1 \wedge \gamma_2 \wedge \cdots \wedge \gamma_k,$$

其中每个**合取枝** γ_i 都形为

$$\gamma_i = \beta_{i1} \vee \beta_{i2} \vee \cdots \vee \beta_{in},$$

并且每个 β_{ij} 或是一个命题符号，或是命题符号的否定。

(1) 找出与 $\alpha \leftrightarrow \beta \leftrightarrow \gamma$ 重言等价的合取范式；

(2) 证明每一公式都有与其重言等价的合取范式。

2.5.6 假定 α 为一个仅包含联词 $\rightarrow$ 的公式，证明 $A \leftrightarrow B$ 不重言等价于 α。反之，假定 β 为一个仅包含联词 $\leftrightarrow$ 的公式，证明 $A \rightarrow B$ 不重言等价于 β。【**提示**：对仅含联词 $\rightarrow$ 和命题符号 A, B 的 α，归纳证明 B^2_α 只可能是 (T,T,F,F)，(T,F,T,F)，(T,F,T,T)，(T,T,F,T)，(T,T,T,F) 或 (T,T,T,T) 中的一个。】

2.5.7 将真假值 F 和 T 分别看成 0 和 1，并规定 $0 \leq 1$。当 $n > 0$ 时，称一个 n-元布尔函数 f 为**单调的**，如果对任何 $i = 1, \cdots, n$，

$$f(x_1, \cdots, x_{i-1}, 0, x_{i+1}, \cdots, x_n) \leq f(x_1, \cdots, x_{i-1}, 1, x_{i+1}, \cdots, x_n)。$$

证明：一个 n-元布尔函数 f 是单调的，当且仅当它可以被仅出现联词 $\{\wedge, \vee, \top, \bot\}$ 的公式所表达。【**提示**：令 γ 是析取范式，且 B_γ^n 是单调的。证明若 $\alpha \wedge \neg A$ 是 γ 中的一个"析取枝"，那么 $\alpha \wedge A \models \gamma$。因此，将 γ 中 $\alpha \wedge \neg A$ 替换为 α 得到的是重言等价的公式。】

2.5.8 称一个联词的集合 $\mathcal{C}$ 为**极大不完全的**，如果 $\mathcal{C}$ 不是功能完全的，但对任意 $\mathcal{C}$ 表达不了的布尔函数 g，联词集 $\mathcal{C} \cup \{g\}$ 都是功能完全的。证明联词集 $\{\wedge, \vee, \top, \bot\}$ 为极大不完全的。【**提示**：假设 g 不是单调的。利用 $g, \top$ 和 $\bot$ 定义 $\neg$。】

2.6 命题逻辑的一个推演系统

数学中的"证明"是日常所用的"推理"的严格化。在本节中将严格定义"证明"这一概念。这样做有必要吗？没有证明的定义，几千年来数学不是也发展得很好吗？不错，没有证明的定义，人们仍可以证明大量数学定理，但是要想说什么是不可证的就难了。我们说过，数理逻辑的一个重要方面是研究手段的局限性，包括证明的局限。因此给出严格的定义是非常必要的。

不妨回顾一下数学中证明的几个要素。形象地说，证明是从假设到结论的一根逻辑链条。首先，这根链条必须是有限长的。其次，证明从一环到下一环都要有根据，这个根据可以来自假设，也可以来自逻辑公理，还可以由逻辑规则从前一环"推"到下一环。

我们的推演系统也有一个公式集 Λ 称为"公理集"，也有一套"推理规则"告诉我们怎样能行地从已有的公式得到新的公式。（这里"能行地"是强调规则应该是简单、机械的。）这样，给定一个公式集 Γ 作为"假设集"，Γ 能推出的结论，即 Γ 的"定理集"就包括那些从 $\Gamma \cup \Lambda$ 出发经过有穷次应用推理规则所能得到的公式。如果 α 是 Γ 的一个定理，则记录整个推演过程的公式序列就被称为从 Γ 到 α 的一个"证明"。注意：这里大家要分清元语言和对象语言的区别，因为我们会有关于（对象语言）定理的（元语言）定理，也有关于（对象语言）证明的（元语言）证明。在本节中，为了强调，我们把对象语言叙述的定理称为**内定理**。以后大家熟悉了，再省掉"内"字。

所以一个推演系统由公理和规则两部分决定。公理和规则的选取有很大的自由度。在本节中采取的是所谓"希尔伯特式"的系统，其特点是有很多

公理，但只有一个规则；并且推演也是线性的。后面还会介绍"根岑式"的自然推演系统，特点是公理很少（只有一条，甚至没有），规则很多，推演是树状的。但不管公理系统怎样选取，理想的系统都是既可靠又完全的。达到这一理想的系统都是"等价的"，因为它们从同一个假设集所导出的定理集是完全相同的。这在后面会学到。

引进命题逻辑的一个推演系统 $\mathscr{L}$。为简单起见，假定语言中只有 $\neg$ 和 $\rightarrow$ 两个联词，而把 $\alpha \wedge \beta$，$\alpha \vee \beta$ 和 $\alpha \leftrightarrow \beta$ 分别视为 $\neg(\alpha \rightarrow \neg\beta)$，$\neg\alpha \rightarrow \beta$ 和 $(\alpha \rightarrow \beta) \wedge (\beta \rightarrow \alpha)$ 的缩写。

系统 $\mathscr{L}$ 内的公理集 Λ 为：

(A1) $\alpha \rightarrow (\beta \rightarrow \alpha)$；

(A2) $(\alpha \rightarrow (\beta \rightarrow \gamma)) \rightarrow ((\alpha \rightarrow \beta) \rightarrow (\alpha \rightarrow \gamma))$；

(A3) $(\neg\beta \rightarrow \neg\alpha) \rightarrow ((\neg\beta \rightarrow \alpha) \rightarrow \beta)$，

其中 α，β 和 γ 为合式公式。

系统 $\mathscr{L}$ 中只有一条推理规则，称为**分离规则**[1]：从 α 和 $\alpha \rightarrow \beta$ 可以推出 β。

定义 2.6.1 从公式集 Γ 到公式 α 的一个**推演**（或一个**证明**）是一个有穷的公式序列

$$(\alpha_0, \alpha_1, \cdots, \alpha_n),$$

满足 $\alpha_n = \alpha$ 并且对所有 $i \leq n$ 或者

(1) α_i 属于 $\Gamma \cup \Lambda$；或者

(2) 存在 $j, k < i$，α_i 是从 α_j 和 α_k 中由分离规则得到的（即 $\alpha_k = \alpha_j \rightarrow \alpha_i$）。

称 α 为 Γ 的一个**内定理**（或**定理**），记为 $\Gamma \vdash \alpha$，如果存在一个从 Γ 到 α 的一个推演。人们一般会用 $\vdash \alpha$ 作为 $\emptyset \vdash \alpha$ 的简写。此时，对的 α 证明只用到命题逻辑公理和分离规则，不妨称 α 是**命题逻辑内定理**。

下面叙述一些关于证明的事实，以加深理解。希望读者自行补上理由。

---

[1] 分离规则，拉丁文为 modus ponens，常简记为 MP。

(1) 如果 $\Gamma \subseteq \Delta$ 并且 $\Gamma \vdash \alpha$，则 $\Delta \vdash \alpha$。

(2) $\Gamma \vdash \alpha$ 当且仅当存在 Γ 的一个有穷子集 Γ_0，使得 $\Gamma_0 \vdash \alpha$。

引理 2.6.2 对所有的合式公式 α，都有 $\vdash \alpha \to \alpha$。

证明 这里给出下列推演序列，请读者补上每一步的依据。

(1) $(\alpha \to (\alpha \to \alpha) \to \alpha) \to (\alpha \to (\alpha \to \alpha)) \to (\alpha \to \alpha)$，

(2) $\alpha \to (\alpha \to \alpha) \to \alpha$，

(3) $(\alpha \to (\alpha \to \alpha)) \to (\alpha \to \alpha)$，

(4) $\alpha \to (\alpha \to \alpha)$，

(5) $\alpha \to \alpha$。 $\qquad\qquad\qquad\qquad\qquad\qquad\qquad\qquad\qquad$ □

定理 2.6.3（演绎定理） 假定 Γ 为一个公式集，α 和 β 为公式。则 $\Gamma \cup \{\alpha\} \vdash \beta$ 当且仅当 $\Gamma \vdash \alpha \to \beta$。特别地，$\{\alpha\} \vdash \beta$ 当且仅当 $\vdash \alpha \to \beta$。

证明 $(\Rightarrow)$ 假定 $(\beta_1, \beta_2, \cdots, \beta_n)$ 为从 $\Gamma \cup \{\alpha\}$ 到 β 的一个推演序列，其中 $\beta_n = \beta$。对 i 施行归纳来证明对所有的 $1 \leq i \leq n$，都有 $\Gamma \vdash \alpha \to \beta_i$。

当 $i = 1$ 时，β_1 或者属于 Γ，或者是逻辑公理，或者是 α 本身。因为 $\beta_1 \to (\alpha \to \beta_1)$ 属于公理 (A1)，所以在前两个情形中用分离规则即可得到 $\Gamma \vdash \alpha \to \beta_1$。在最后一个情形中，我们利用引理 2.6.2。

假定对所有的 $k < i$ 已有 $\Gamma \vdash \alpha \to \beta_k$。考察 β_i，它仍是或者属于 Γ，或者是一条公理或者是 α 本身，再多一种可能：β_i 是从 β_j 和 $\beta_l = \beta_j \to \beta_i$（$j, l < i$）用分离规则得到的。前 3 种情形同 $i = 1$ 一样处理，把 1 换成 i 即可。在最后一个情形中，根据归纳假设，有 $\Gamma \vdash \alpha \to \beta_j$ 和 $\Gamma \vdash \alpha \to (\beta_j \to \beta_i)$。因为

$$(\alpha \to (\beta_j \to \beta_i)) \to (\alpha \to \beta_j) \to (\alpha \to \beta_i)$$

属于公理 (A2)，使用两次分离规则即得到 $\Gamma \vdash \alpha \to \beta_i$。

$(\Leftarrow)$ 直接从分离规则得到。 $\qquad\qquad\qquad\qquad\qquad\qquad\qquad\qquad$ □

推论 2.6.4 假设 α，β 和 γ 为公式，则

(1) $\{\alpha \to \beta, \beta \to \gamma\} \vdash \alpha \to \gamma$;

(2) $\{\alpha \to (\beta \to \gamma), \beta\} \vdash \alpha \to \gamma$。

习题 2.6

2.6.1 证明如果 $\Delta \vdash \alpha$ 并且对每一 $\beta \in \Delta$，$\Gamma \vdash \beta$，则 $\Gamma \vdash \alpha$。

2.6.2 证明下列公式为命题逻辑内定理，其中 α 和 β 为合式公式。【**注意**：本题为语法练习，请勿使用任何有关语义的结果，但可使用已证明的元定理。】

(1) $\neg\neg\beta \to \beta$；【**提示**：$(\neg\beta \to \neg\neg\beta) \to (\neg\beta \to \neg\beta) \to \beta$。】

(2) $\beta \to \neg\neg\beta$；【**提示**：$(\neg\neg\neg\beta \to \neg\beta) \to (\neg\neg\neg\beta \to \beta) \to \neg\neg\beta$。】

(3) $(\alpha \to \beta) \to (\alpha \to \neg\beta) \to \neg\alpha$；

(4) $\neg\alpha \to (\alpha \to \beta)$；【**提示**：$(\neg\beta \to \neg\alpha) \to (\neg\beta \to \alpha) \to \beta$。】

(5) $(\alpha \to \beta) \to \neg\beta \to \neg\alpha$；

(6) $(\alpha \to \beta) \to (\neg\alpha \to \beta) \to \beta$；

(7) $\alpha \to \neg\beta \to \neg(\alpha \to \beta)$。

2.7　命题逻辑的自然推演

在 2.6 节已经引进了一个推演系统。注意"一个"这个词告诉我们，它只是众多推演系统之一。本节将介绍另一个常见的系统——自然推演（或自然推理）系统。它最初是由德国数学家根岑引进的。下面介绍的系统是经过后人改进的，主要是泰特[①]的贡献。这个系统的优点是最大限度地利用 $\vee$ 和 $\wedge$ 的对偶性，而且能减少推理规则的个数。但代价是大量使用经典逻辑中的德摩根律，从而对直觉主义逻辑不再适用。如果大家对其他版本的自然推演系统有兴趣，比较初等的文献有（van Dalen, 2004），当然也可参照证明论方面的参考书。

本节的主要目的有两个：一是为大家提供一个看问题的不同角度，可以与前面的"希尔伯特式"的系统相比较；二是在模态逻辑和证明论的文献中，通常会采用自然推演系统，因为自然推演有很多好的性质，如子公式性质等，这在后续课程中会讲到。由于我们的目的只是介绍，下面的叙述会简略一些。

首先需要重新规定语言。新的语言包括：

[①] 泰特（William W. Tait, 1929—　），美国逻辑学家、哲学家。

(1) 命题符号：$A_0, \bar{A}_0, A_1, \bar{A}_1, \cdots$，注意：对每一个 i，A_i 和 $\bar{A}_i$ 都成对出现；

(2) 逻辑符号：$\vee$, $\wedge$；

(3) 括号："(" 和 ")"。

注意：$\neg$ 和 $\rightarrow$ 不再是原始符号。$\neg\alpha$ 的定义如下：对任意的命题符号 A，定义 $\neg A = \bar{A}$，$\neg\bar{A} = A$；定义 $\neg(\alpha \vee \beta) = \neg\alpha \wedge \neg\beta$ 和 $\neg(\alpha \wedge \beta) = \neg\alpha \vee \neg\beta$。$\alpha \rightarrow \beta$ 定义为 $\neg\alpha \vee \beta$。

在自然推演系统中，目标从证明单个公式扩展成证明一个公式的有穷集合 $\Gamma = \{\alpha_1, \alpha_2, \cdots, \alpha_n\}$，即：证明 $\alpha_1 \vee \alpha_2 \vee \cdots \vee \alpha_n$。这里用 Γ, α 表示集合 $\Gamma \cup \{\alpha\}$。推理规则如下：其中 Γ 和 Δ 为任意的有穷公式集，横线表明其下面的公式集可由其上面的推出。

公理：
$$\Gamma, A_i, \bar{A}_i;$$

规则 $(\vee)$:
$$\frac{\Gamma, \alpha_i}{\Gamma, (\alpha_0 \vee \alpha_1)} \quad, \quad i = 0, 1;$$

规则 $(\wedge)$:
$$\frac{\Gamma, \alpha_0 \quad \Gamma, \alpha_1}{\Gamma, (\alpha_0 \wedge \alpha_1)};$$

切割规则：
$$\frac{\Gamma, \alpha \quad \Gamma, \neg\alpha}{\Gamma}。$$

这里不打算给出推演的精确定义，而只给出下列描述和一些例子。从（可以是无穷的）公式集 Δ 到有穷公式集 Γ 的一个自然推演是一个有穷二岔树，树根为公式集 Γ，树叶中的公式都来自 Δ，而树中的每个节点都是某个推理规则的应用。这里仍用 $\Delta \vdash \Gamma$ 表示存在从 Δ 到 Γ 的一个自然推演。由于对自然推演的讨论仅仅作为对证明系统的一个补充，我们只讨论 $\vdash \Gamma$ 这种弱形式，至于 $\Delta \vdash \Gamma$ 这样的一般形式，暂不讨论。

下面举几个推演的例子。

例 2.7.1 用自然推演证明：对所有的有穷公式集 Γ 和公式 α，有 $\vdash \Gamma, \neg\alpha, \alpha$。今后会把它称为（公理$'$）或直接当作公理来用。

证明 固定 Γ,对公式 α 施行归纳。

如果 α 为命题符号 A_i,则 $\neg\alpha$ 为 $\bar{A}_i$。所以 $\Gamma, \neg\alpha, \alpha$ 是公理。α 为 $\bar{A}_i$ 的情形类似。

如果 α 形如 $\alpha_0 \vee \alpha_1$,则 $\neg\alpha$ 形如 $\neg\alpha_0 \wedge \neg\alpha_1$。根据归纳假定,对 $i = 0, 1$ 分别存在 $\Gamma, \neg\alpha_i, \alpha_i$ 的自然推演 $\mathcal{D}_i$。有

$$
\frac{\dfrac{\begin{matrix}\mathcal{D}_0\\ \vdots\\ \Gamma, \alpha_0, \neg\alpha_0\end{matrix}}{\Gamma, \alpha_0 \vee \alpha_1, \neg\alpha_0} \quad \dfrac{\begin{matrix}\mathcal{D}_1\\ \vdots\\ \Gamma, \alpha_1, \neg\alpha_1\end{matrix}}{\Gamma, \alpha_0 \vee \alpha_1, \neg\alpha_1}}{\Gamma, \alpha_0 \vee \alpha_1, \neg\alpha_0 \wedge \neg\alpha_1} \quad,
$$

α 为 $\alpha_0 \wedge \alpha_1$ 的证明类似。 $\square$

例 2.7.2 我们有

$$
\frac{\Gamma, \alpha_0, \alpha_1}{\Gamma, \alpha_0 \vee \alpha_1} \quad 。
$$

(今后会把它称为 $(\vee')$ 或直接当作规则来用。)

证明 根据规则 $(\vee)$,有

$$
\frac{\dfrac{\Gamma, \alpha_0, \alpha_1}{\Gamma, \alpha_0, \alpha_0 \vee \alpha_1}}{\Gamma, \alpha_0 \vee \alpha_1, \alpha_0 \vee \alpha_1} \quad,
$$

但作为集合,$\Gamma, \alpha_0 \vee \alpha_1, \alpha_0 \vee \alpha_1$ 等于 $\Gamma, \alpha_0 \vee \alpha_1$,都等于 $\Gamma \cup \{\alpha_0 \vee \alpha_1\}$,所以结论成立。 $\square$

我们再多看一个例子。注意:在证明过程中出于各种需要,会经常改变同一个集合的表达形式。例如,把 $\{a, b, c\}$ 转写成 $\{a, b\}, c$ 或 $\{a\}, b, c$。反正要证的 $\Gamma = \{\alpha_1, \alpha_2, \cdots, \alpha_n\}$ 指的是 $\alpha_1 \vee \alpha_2 \vee \cdots \vee \alpha_n$,因此问题不大。另外,尽管转写不是推理规则,为了读者方便,可以把**转写**写成

$$
\frac{\{a, b, c\}}{\{a, b\}, c} \quad (rw)。
$$

例 2.7.3 用自然推演证明:

$$
\vdash ((\alpha \to \beta) \wedge (\beta \to \gamma)) \to (\alpha \to \gamma)。
$$

证明 首先要用 $\neg p \vee q$ 代替 $p \to q$，并且用 $\neg$ 的定义把 $\neg$ 推到最里层。由此，我们要证的是：

$$\vdash ((\alpha \wedge \neg\beta) \vee (\beta \wedge \neg\gamma)) \vee (\neg\alpha \vee \gamma).$$

推演树如下：

$$\dfrac{\dfrac{\dfrac{\dfrac{\{\gamma,\beta\},\alpha,\neg\alpha}{\{\gamma,\beta,\neg\alpha\},\alpha}(rw) \quad \dfrac{\{\neg\alpha,\gamma\},\neg\beta,\beta}{\{\gamma,\beta,\neg\alpha\},\neg\beta}(rw)}{\dfrac{\{\gamma,\neg\alpha,\beta\},\alpha\wedge\neg\beta}{\{\gamma,\neg\alpha,\alpha\wedge\neg\beta\},\beta}(rw)}(\wedge) \quad \dfrac{\dfrac{\{\neg\alpha,\alpha\wedge\neg\beta\},\gamma,\neg\gamma}{\{\gamma,\neg\alpha,\alpha\wedge\neg\beta\},\neg\gamma}(rw)}{}(\wedge)}{\dfrac{\{\gamma,\neg\alpha,\alpha\wedge\neg\beta\},\beta\wedge\neg\gamma}{(\alpha\wedge\neg\beta),(\beta\wedge\neg\gamma),\neg\alpha,\gamma}(rw)}}{\dfrac{((\alpha\wedge\neg\beta)\vee(\beta\wedge\neg\gamma)),(\neg\alpha\vee\gamma)}{((\alpha\wedge\neg\beta)\vee(\beta\wedge\neg\gamma))\vee(\neg\alpha\vee\gamma)}(\vee')}(\vee')$$

$\qquad\qquad\qquad\qquad\qquad\qquad\qquad\qquad\qquad\qquad\qquad\qquad\qquad\qquad\qquad\qquad\qquad\quad$ $\square$

对命题逻辑的自然推演先暂时介绍到此，在一阶逻辑中会继续这一话题。由于推理规则少了，在系统变得精炼的同时，读者可能会觉得对具体公式的证明反而不那么"自然"了。不过不要紧，在后面讲到一阶逻辑的自然推演系统的完全性定理时，会给出寻找证明的系统方法。那时大家就能体会自然推演自然在哪里。

习题 2.7

2.7.1 用自然推演证明以前的公理 (A1)，(A2) 和 (A3)。

2.7.2 用自然推演证明习题 2.6 中的公式。

2.8 命题逻辑的可靠性和完全性定理

我们已经分别研究了"硬币的两面"，即语法和语义。现在要将它们统一起来，研究两者之间的联系。

定理 2.8.1（可靠性定理） 对任意公式集 Σ、任意公式 α，如果 $\Sigma \vdash \alpha$，则 $\Sigma \vDash \alpha$。特别地，如果 $\vdash \alpha$，则 $\vDash \alpha$，换言之，$\mathscr{L}$ 的每一个内定理都是重言式。

证明 首先请读者自行验证每一个 (A1)，(A2) 和 (A3) 中的公理都是重言式。

假定 $\Sigma \vdash \alpha$，固定一个从 Σ 到 α 的一个推演序列 $(\beta_1, \beta_2, \cdots, \beta_n)$，其中，$\beta_n = \alpha$。令 v 为一个任意的满足 Σ 内所有公式的真值指派。对 i 施行强归纳来证明：对任何 $1 \leq i \leq n$，v 都满足 β_i。

假设 v 满足所有的 β_k $(k < i)$，可以证明 v 满足 β_i。考察 β_i 的所有 3 种可能性：如果 β_i 是逻辑公理，则它是重言式；如果它是 Σ 中的一员，则根据对 v 的假设，v 都满足 α_i；如果 β_i 是从 α_j 和 $\alpha_k = \alpha_j \to \alpha_i$ 经分离规则得到的，其中 $j, k < i$，则根据归纳假设，v 满足 α_j 和 α_k，因而 v 也满足 α_i。

根据归纳法，v 满足 α_n，即 v 满足 α。 □

可靠性定理的逆命题被称为**完全性定理**，其证明要复杂得多。从前面的练习里大家也有体会，想寻找合适的证明并不是那么容易。

定理 2.8.2（完全性定理） 如果 $\Sigma \vDash \alpha$ 则 $\Sigma \vdash \alpha$。

下面先引入一致性和可满足性的概念，然后用它们给出完全性定理的一个等价形式。之后再证明完全性定理的这个等价形式。注意：后面对一阶逻辑完全性定理的证明也利用了类似的想法。

定义 2.8.3 称一个公式集 Σ 是**不一致的**（或**矛盾的**），如果存在某个公式 α，使得 $\Sigma \vdash \alpha$ 并且 $\Sigma \vdash \neg \alpha$。称 Σ 是**一致的**，如果它不是不一致的。

引理 2.8.4 公式集 Σ 是不一致的当且仅当对所有的公式 α，$\Sigma \vdash \alpha$。

证明 见习题 2.8。 □

引理 2.8.5 $\Sigma \vdash \alpha$ 当且仅当 $\Sigma \cup \{\neg \alpha\}$ 不一致。

证明 ($\Rightarrow$) 如果 $\Sigma \vdash \alpha$，则添上任何公式（如 $\neg \alpha$）后，依然有 $\Sigma \cup \{\neg \alpha\} \vdash \alpha$。另一方面，显然有 $\Sigma \cup \{\neg \alpha\} \vdash \neg \alpha$。所以 $\Sigma \cup \{\neg \alpha\}$ 不一致。

($\Leftarrow$) 假设 $\Sigma \cup \{\neg \alpha\}$ 不一致，则根据引理 2.8.4，$\Sigma \cup \{\neg \alpha\} \vdash \alpha$。所以，$\Sigma \vdash \neg \alpha \to \alpha$。再据公理 (A3)：

$$\vdash (\neg \alpha \to \neg \alpha) \to (\neg \alpha \to \alpha) \to \alpha,$$

即可得出 $\Sigma \vdash \alpha$。 □

定义 2.8.6 称公式集 Σ 为**可满足的**，如果存在一个真值指派满足 Σ 中的所有公式；称 Σ 为**不可满足的**，如果 Σ 不是可满足的。

有了这些概念之后就可以给出完全性定理的一个等价叙述。

引理 2.8.7 下列命题等价:

(1) 如果 Σ 一致, 则 Σ 可满足;

(2) 如果 $\Sigma \vDash \alpha$, 则 $\Sigma \vdash \alpha$。

证明 "(1) $\Rightarrow$ (2)"。假定 (1) 成立, 并且前提 $\Sigma \vDash \alpha$ 也成立, 我们用反证法证 $\Sigma \vdash \alpha$。如果 $\Sigma \nvdash \alpha$, 则根据引理2.8.5, $\Sigma \cup \{\neg\alpha\}$ 是一致的。由 (1) 它就可满足, 不妨设被真值指派 v 所满足。一方面, 有 $\bar{v}(\neg\alpha) = T$; 而另一方面, 又有 $\bar{v}(\alpha) = T$, 因为 $\Sigma \vDash \alpha$ 并且 v 满足 Σ 内所有的公式。矛盾。

"(2) $\Rightarrow$ (1)"。假定 (2) 成立, 并且前提 Σ 一致也成立, 可以用反证法证明 Σ 是可满足的。如果 Σ 不可满足, 则对任意公式 α 都有 $\Sigma \vDash \alpha$。(为什么?) 根据 (2), 就有对所有公式 α, $\Sigma \vdash \alpha$, 说明 Σ 不一致, 矛盾。 $\square$

这样, 就把对完全性定理的证明转化为对其等价命题——引理 2.8.7(1) 的证明。称一个公式集 Δ 为**极大一致的**, 如果 Δ 一致, 并且对任何不在 Δ 中的公式 α, $\Delta \cup \{\alpha\}$ 不一致。

引理 2.8.8（林登鲍姆[①]引理） 每一个一致的公式集 Σ 都可以扩张成一个极大一致集 Δ。

证明 固定一个全体公式的枚举 $\alpha_1, \alpha_2, \cdots$。递归地定义一个公式集的序列 $\{\Delta_n\}_{n \in \mathbb{N}}$ 如下:

$$\Delta_0 = \Sigma;$$

$$\Delta_{n+1} = \begin{cases} \Delta_n \cup \{\alpha_{n+1}\}, & \text{如果 } \Delta_n \cup \{\alpha_{n+1}\} \text{ 一致,} \\ \Delta_n \cup \{\neg\alpha_{n+1}\}, & \text{如果 } \Delta_n \cup \{\alpha_{n+1}\} \text{ 不一致,} \end{cases}$$

不难验证, 对每一个 n, 公式集 Δ_n 都一致（见习题2.8.2）。

令 Δ 为 $\bigcup_{n \in \mathbb{N}} \Delta_n$, 则 $\Sigma \subseteq \Delta$。接下来验证 Δ 为极大一致集。如果 Δ 不一致, 则存在 β, $\Delta \vdash \beta \wedge \neg\beta$。而这又意味着存在 Δ 的一个有穷子集 Δ', $\Delta' \vdash \beta \wedge \neg\beta$。根据 Δ 的定义, 这个 Δ' 一定包含在某个 Δ_n 之中, 因此这个 Δ_n 也不一致, 与所有 Δ_n 一致相矛盾。

其次, 根据 Δ 的构造, 对任意公式 α, 如果 $\alpha \notin \Delta$, 则 $\neg\alpha \in \Delta$, 所以 $\Delta \cup \{\alpha\}$ 不一致, 因而 Δ 是极大一致集。 $\square$

最后, 让我们从语法返回到语义。

[①] 林登鲍姆（Adolf Lindenbaum, 1904—1941）, 波兰逻辑学家、数学家。

引理 2.8.9 任何极大一致集 Δ 都是可满足的。事实上，定义真值指派 v，使得对任意命题符号 A_i，$v(A_i) = T$ 当且仅当 $A_i \in \Delta$，则 v 满足 Δ 中的所有公式。

证明 对 α 施行归纳来证明 $\bar{v}(\alpha) = T$ 当且仅当 $\alpha \in \Delta$（见习题 2.8.3）。 □

将引理 2.8.9 与林登鲍姆引理结合起来就有：任何一致集都是可满足的。这就完成了对完全性定理的证明。

从上述证明中难以看出语义（真值表）和语法（证明）的直接联系。为此，下面重新证明完全性定理的一个弱形式：如果 $\vDash \alpha$，则 $\vdash \alpha$。这个证明有两点好处。

一是有更强的构造性，原则上可以直接把重言式的真值表转化成证明；二是间接提供一些公理挑选的信息。对初学者来说，为什么选 (A1)，(A2) 和 (A3) 作公理像是个魔术，但这个魔术背后并没有太多秘密：选取公理的目的是为了证明完全性的需要。这个新证明告诉我们哪些公式是证明完全性所必需的。有了这个大的并且足以证明完全性的公式范围之后，就可以进一步地剔除冗余的公式，或用更简练的公式来替代，从中选取我们想要的公理集。

下面先罗列几个证明中会用到的事实：

(1) 如果 $\Gamma \vdash \alpha$，则对任何公式 β，都有 $\Gamma \vdash \beta \to \alpha$。（因为 $\alpha \to \beta \to \alpha$ 是公理。）

(2) $\vdash \neg\alpha \to (\alpha \to \beta)$（见习题 2.6）。

(3) 如果 $\Sigma \vdash \alpha$，并且 $\Sigma \vdash \neg\beta$，则 $\Sigma \vdash \neg(\alpha \to \beta)$（利用习题 2.6.2）。

引理 2.8.10 假设 α 为仅包含命题符号 $A_1, \cdots, A_k$ 的一个公式，v 是 $A_1, \cdots, A_k$ 上的一个真值指派。令 A_i' 为 A_i 依照 v 的一个变形：若 $v(A_i) = T$，则 A_i' 为 A_i；否则，A_i' 为 $\neg A_i$。同样指定 α 依照 v 的一个变形 α' 如下：若 $\bar{v}(\alpha) = T$，则 α' 为 α；否则，α' 为 $\neg\alpha$。那么有

$$\{A_1', \cdots, A_k'\} \vdash \alpha'\text{。}$$

证明 令 $P(\alpha)$ 表示需要证明的性质被公式 α 满足。用归纳原理证明 $P(\alpha)$ 对所有 α 都成立。为简单起见，不妨将 $\{A_1', \cdots, A_k'\}$ 暂时简记为 Σ，并用 v 代替 $\bar{v}$。

容易看出，对任意命题符号 A_i，$P(A_i)$ 成立。

假定 $P(\alpha)$ 成立。考察 $\beta = \neg\alpha$，可以验证 $P(\beta)$ 也成立。令 v 为一个真值指派。

情形 1：$v(\beta) = T$。则 $v(\alpha) = F$，所以变形 α' 为 $\neg\alpha$。根据归纳假设，$\Sigma \vdash \alpha'$。于是有 $\Sigma \vdash \beta'$，因为 $\beta' = \beta = \neg\alpha = \alpha'$。

情形 2：$v(\beta) = F$。则 $v(\alpha) = T$，所以变形 α' 为 α。根据归纳假设，$\Sigma \vdash \alpha$。又根据习题 2.6.2，有 $\vdash \alpha \to \neg\neg\alpha$。所以 $\Sigma \vdash \beta'$，因为 $\beta' = \neg\neg\alpha$。

假定 $P(\alpha)$ 和 $P(\beta)$ 成立。考察 $\gamma = \alpha \to \beta$，需要验证 $P(\gamma)$ 也成立。令 v 为一个真值指派。有以下 3 种情形。

情形 1：$v(\alpha) = F$。则 $v(\gamma) = T$。根据归纳假设，$\Sigma \vdash \neg\alpha$ 因为 α' 为 $\neg\alpha$。根据罗列的事实 (2) 和分离规则，有 $\Sigma \vdash \alpha \to \beta$，所以 $\Sigma \vdash \gamma'$。

情形 2：$v(\beta) = T$。则 $v(\gamma) = T$。根据归纳假设，$\Sigma \vdash \beta$ 因为 β' 为 β。根据罗列的事实 (1)，有 $\Sigma \vdash \alpha \to \beta$，即 $\Sigma \vdash \gamma'$。

情形 3：$v(\alpha) = T$ 并且 $v(\beta) = F$。则 $v(\gamma) = F$。根据归纳假设，$\Sigma \vdash \alpha$ 并且 $\Sigma \vdash \neg\beta$。根据罗列的事实 (3)，有 $\Sigma \vdash \neg(\alpha \to \beta)$，即 $\Sigma \vdash \gamma'$。 □

定理 2.8.11（完全性定理的弱形式） 如果 $\vDash \alpha$，则 $\vdash \alpha$；换言之，每一个重言式都是 $\mathscr{L}$ 中的内定理。

证明 （概要）假定 α 是一个重言式并且 $A_1, A_2, \cdots, A_k$ 是 α 中出现的命题符号。根据引理 2.8.10，对任意的真值指派，都有 $\{A_1', A_2', \cdots, A_k'\} \vdash \alpha$（因为 α 是重言式，所以 α' 总是 α）。所以 $\{A_1', A_2', \cdots, A_{k-1}', A_k\} \vdash \alpha$，并且 $\{A_1', A_2', \cdots, A_{k-1}', \neg A_k\} \vdash \alpha$。由演绎定理，可以得到 $\{A_1', A_2', \cdots, A_{k-1}'\} \vdash A_k \to \alpha$ 以及 $\{A_1', A_2', \cdots, A_{k-1}'\} \vdash \neg A_k \to \alpha$。根据习题 2.6.2，

$$\vdash (A_k \to \alpha) \to (\neg A_k \to \alpha) \to \alpha。$$

使用两次分离规则，就有 $\{A_1', A_2', \cdots, A_{k-1}'\} \vdash \alpha$。重复上面的论证，可以把命题符号一个个消去，最终得到 $\vdash \alpha$。 □

一旦有了完全性定理，很容易得出下面的紧致性定理。紧致性是拓扑学中的一个概念，逻辑中的紧致性定理可以看成拓扑中紧致性定理的一个特殊情形，但细节超出了本书的范围。在后面的一阶逻辑中，也有紧致性定理，并且会给我们带来许多重要的推论。

定理 2.8.12（紧致性定理） 公式集 Σ 是可满足的当且仅当 Σ 的每一个有穷子集都是可满足的。

证明 (⇒) 显然。因为右边是左边的特殊情况。

(⇐) 假定 Σ 的每一个有穷子集都是可满足的，用反证法证明 Σ 也是可满足的。如果 Σ 不可满足，则根据完全性定理，Σ 也不一致。所以，存在公式 α，$\Sigma \vdash \alpha \wedge \neg\alpha$。这又蕴涵存在 Σ 的一个有穷子集 Σ_0，使得 $\Sigma_0 \vdash \alpha \wedge \neg\alpha$。根据可靠性定理，$\Sigma_0 \vDash \alpha \wedge \neg\alpha$，因而 Σ_0 不可满足，与前提矛盾。 □

紧致性定理有许多重要的应用，在一阶逻辑的相关部分会有更多讨论。这里仅举一个不太重要的例子。

例 2.8.13 证明任何集合都可以被线序化，即：对任何一个集合 M，都存在 M 上的一个二元关系 R 满足非自反性、传递性，并且对 M 中的任何两个元素 x 和 y，xRy，$x = y$，yRx 三者有且仅有一个成立。

证明 给定集合 M，指定命题符号集 S 为 $\{p_{ab} : a, b \in M\}$，其脚标为 M 中的有序对。考察 S 的下列公式集 Γ：

$$\Gamma = \{\neg p_{aa} : a \in M\} \cup \{p_{ab} \to p_{bc} \to p_{ac} : a, b, c \in M\}$$
$$\cup \ \{p_{ab} \vee p_{ba} : a, b \in M, a \neq b\},$$

则 Γ 的任意有穷子集都可满足（请读者自行验证）。根据紧致性定理，Γ 也可满足。任何一个满足 Γ 的真值指派中都给出 M 上的一个线序（自行验证）。 □

结束古典命题逻辑之前，让我们指出如下几点：

• 根据可靠性定理，公理系统 L 所能证明的都是重言式，从而证明了系统 $\mathscr{L}$ 的一致性。可靠性的证明等都是在系统 $\mathscr{L}$ 外进行的，例如，数学归纳法等自然数的性质都是命题逻辑中没有的。这就给我们一个很好的"用数学方法研究逻辑"和"用元逻辑来研究对象逻辑"的例子。

• 命题逻辑的定理集是可判定的，即存在一个算法（或计算机程序），能够告诉我们公式 α 是否是 $\mathscr{L}$ 中的一个定理。这个算法就是通过列真值表来判断 α 是否为重言式。这样的算法对一阶逻辑系统不存在，即：一阶逻辑是不可判定的。这是命题逻辑和一阶逻辑的一个重要区别。

• 尽管有算法来判定一个命题逻辑的公式 α 是否是重言式或是否可满足，但列真值表的算法效率很低，是所谓指数时间算法。计算机科学中的一个重要的尚未解决的问题是所谓"P 是否等于 NP"的问题，即有没有多项式时间算法来判定一个公式的可满足性。参见 http://www.claymath.org/millennium-problems/p-vs-np-problem。

习题 2.8

2.8.1 证明引理 2.8.4，即：公式集 Σ 是不一致的当且仅当对所有的公式 β，$\Sigma \vdash \beta$。

2.8.2 假定公式集 Σ 一致，证明对任意公式 α，$\Sigma \cup \{\alpha\}$ 与 $\Sigma \cup \{\neg \alpha\}$ 中有一个一致。（这是林登鲍姆引理证明的一部分。）

2.8.3 假定 Δ 为一个极大一致集。定义真值指派 v 如下：对任意命题符号 A，

$$v(A) = \begin{cases} T, & \text{如果 } A \in \Delta; \\ F, & \text{如果 } A \notin \Delta。 \end{cases}$$

证明对任意公式 α，$\bar{v}(\alpha) = T$ 当且仅当 $\alpha \in \Delta$。（这是引理 2.8.9，因而也是完全性定理证明的一部分。）

2.8.4 证明从可靠性和完全性定理的弱形式（$\vDash \alpha$ 当且仅当 $\vdash \alpha$）以及紧致性定理，可以证明可靠性和完全性定理的一般形式（$\Gamma \vDash \alpha$ 当且仅当 $\Gamma \vdash \alpha$）。

2.8.5 （独立性证明）证明某些公理 (A1) 的实例不能由公理 (A2) 和 (A3) 导出。【提示：考虑表2.3。证明所有 (A2) 和 (A3) 的逻辑推论都永远取值 0。】

表 2.3 独立性证明

A	$\neg A$	A	B	$A \to B$
0	1	0	0	0
1	1	1	0	2
2	0	2	0	0
		0	1	2
		1	1	2
		2	1	0
		0	2	2
		1	2	0
		2	2	0

2.8.6 $\alpha \to \alpha$ 可以仅用公理 (A2) 和 (A3) 证明吗？

2.8.7 证明皮尔士定律

$$(((p \to q) \to p) \to p)$$

不能从公理组 (A1) 和 (A2) 中导出。

2.8.8 令 $\mathcal{L}_1$ 为仅包含联词 $\to$ 的命题逻辑语言；并且 $\mathscr{L}_1$ 是语言 $\mathcal{L}_1$ 上的一个证明系统，$\mathscr{L}_1$ 的公理为 (A1), (A2) 和皮尔士定律，推理规则仍只有一条分离规则。用 $\vdash_1 \alpha$ 表示 α 是系统 $\mathscr{L}_1$ 的一个内定理。证明：$\vdash_1$ 是完全的，即如果 $\mathcal{L}_1$ 中的公式 α 是重言式，则 $\vdash_1 \alpha$。

【提示：可以重新定义"极大一致集"的概念，并且模仿定理 2.8.2 的证明。更进一步，称一个公式集 Γ 为 α-极大的，如果 $\Gamma \nvdash_1 \alpha$，并且对所有的 $\beta \notin \Gamma$，$\Gamma \cup \{\beta\} \vdash_1 \alpha$。可以先证明每一个 α-极大的公式集都是"极大一致"的。】

2.9 模态逻辑简介

古典命题逻辑中研究的联词可以说是从数学文献中提炼出来的。为了更好地反映研究日常语言的丰富性，人们往往在逻辑中也添加对模态动词进行修饰的成分，如"必然"、"可能"、"应该"、"从前"、"将来"等。这就把我们引导到模态逻辑（包括时态逻辑）的范畴。对模态逻辑的研究最早可以追溯到亚里士多德，但对模态形式系统的研究恐怕要归功于刘易斯[①]。由于模态逻辑的范围太广泛了，下面仅谈论模态逻辑中命题逻辑的很小一部分，可以说是简而又简的简介。

本节的目的有两个：一是模态逻辑的丰富性使得它成为哲学逻辑的热门领域，值得我们花些时间哪怕是粗略地看一下；二是介绍可能世界语义学，它是 1959 年由克里普克[②]引进的，当时他年仅 19 岁。可能世界语义学不仅适用于模态逻辑，也适用于直觉主义逻辑等其他逻辑。这一节的内容与后面一阶逻辑是独立的，即使大家暂时略过，也不会影响后面的学习。在本节中，模态逻辑指的都是只含有一个模态算子的模态命题逻辑。

基本的模态逻辑的语言比古典命题逻辑的语言（见2.2节）仅仅多一个一元联词 $\Box$，也称为**模态算子**。为了简单起见，假定联词只有 $\neg, \to$ 和 $\Box$。合式公式的形成规则也是在前面的规则中添上下面这条：

• 如果 α 是一个合式公式，则 $(\Box\alpha)$ 也是。

我们很容易得到类似的唯一可读性定理。也沿用前面关于括号省略的约定。就 $\Box$ 而言，同样假定它的"管辖范围"尽可能短。举例来说，$\Box p \to \Box q$ 指的是 $((\Box p) \to (\Box q))$。

[①] 刘易斯（Clarence Irving Lewis, 1883—1964），美国逻辑学家、哲学家。

[②] 克里普克（Saul Kripke, 1940—   ），美国逻辑学家、哲学家。

接下来，引进一元联词 $\Diamond$ 作为 $\Box$ 的对偶：对任意公式 α，定义

$$\Diamond\alpha = \neg\Box\neg\alpha,$$

并且约定它的管辖范围也是尽可能短。

联词 $\Box$ 和 $\Diamond$ 通常被分别解释成"必然"和"可能"。但也有其他诸多解释，仅举两例如下：

(1) 可以把 $\Box$ 和 $\Diamond$ 分别解释成"已经知道"和"不与目前所知矛盾"。

(2) 也可以把 $\Box$ 和 $\Diamond$ 分别解释成道义上的"应该"和"允许"。

自然地，对模态算子 $\Box$ 的解释不同，会导致对模态公式的真假判断和模态推理规则的选取的不同。因而就有不同的模态语义和推理系统。本书只介绍克里普克语义和推理系统 K。它们可以说是最简单且适用范围最广的语义和语法系统。

2.9.1　克里普克的可能世界语义学

定义 2.9.1

(1) 称一个二元组 $F = (W, R)$ 为一个**框架**，如果 W 为一个非空集合并且 R 为 W 上的一个二元关系；

(2) 称一个从命题符号的集合到 W 的幂集的一个映射 V 为一个**赋值**；

(3) 称一个由框架和赋值形成的二元组 $M = (F, V)$ 为一个（**克里普克**）**模型**。模型 M 也常被写作 $M = (W, R, V)$。

沿用克里普克本人的解释，人们习惯上称 W 中的元素为一个**可能世界**或**世界**；并且称 xRy 为从 x **可以通达** y（甚至可以更富有暗示性地读作"y 是 x 的一个将来世界"，尽管这种暗示有它的片面性）；对每个命题符号 A，赋值 V 指派给 A 的集合 $V(A)$ 就是那些 A 在其中成立的可能世界的集合。

在实际应用中，如果只关心涉及命题符号（比方说）A, B, C 的模态公式，那么只需考虑赋值 V 在 A, B, C 上的定义就可以了，这一点是很自然的。

定义 2.9.2　归纳地定义一个模态公式 α 在**模型 M 中的世界 w 中为真**，记作 $(M, w) \vDash \alpha$，

(1) 对命题符号 A_i，$(M, w) \vDash A_i$，当且仅当 $w \in V(A_i)$；

(2) $(M, w) \vDash (\neg\beta)$，当且仅当 $(M, w) \nvDash \beta$（即：$(M, w) \vDash \beta$ 不成立）；

(3) $(M, w) \vDash (\beta \to \gamma)$，当且仅当 $(M, w) \nvDash \beta$ 或者 $(M, w) \vDash \gamma$；

(4) $(M, w) \vDash \Box\beta$，当且仅当对任意的 $w' \in W$，如果 Rww'，则 $(M, w') \vDash \beta$。

自然地，如果 $(M, w) \nvDash \alpha$，则称 α 在模型 M 中的世界 w 中为假。

定义 2.9.3 称 α 在**模型** $M = (W, R, V)$ **中有效**，记作 $M \vDash \alpha$，如果对所有的 $w \in W$ 都有 $(M, w) \vDash \alpha$。

例 2.9.4 考虑框架 $F = (W, R)$（见图2.1），其中 $W = \{u, v, w\}$，$R = \{(u, v), (u, w)\}$：定义赋值 $V : \{A, B\} \to \mathcal{P}(W)$ 为 $V(A) = \{u, v\}$

图 2.1　框架 $F = (W, R)$ 示意

和 $V(B) = \{v\}$，即：A 在世界 u, v 中成立，且 B 仅在世界 v 中成立。则 $(M, u) \vDash \Box(A \to B)$ 但 $(M, u) \nvDash A \to \Box B$。（为什么？）

定义 2.9.5 称 α 为**普遍有效**的，记作 $\vDash \alpha$，如果对所有的模型 M，都有 $M \vDash \alpha$。

例 2.9.6 证明：$\vDash \Box(\alpha \to \beta) \to (\Box\alpha \to \Box\beta)$。

证明 给定模型 $M = (W, R, V)$ 和世界 $w \in W$，验证

$$(M, w) \vDash \Box(\alpha \to \beta) \to (\Box\alpha \to \Box\beta)。$$

如果 $(M, w) \nvDash \Box(\alpha \to \beta)$，则引用定义 2.9.2 中 (3) 即可。这一点与古典命题逻辑相同。因此可以假定 $(M, w) \vDash \Box(\alpha \to \beta)$，并证明 $(M, w) \vDash \Box\alpha \to \Box\beta$。同理，只需在 $(M, w) \vDash \Box(\alpha \to \beta)$ 且 $(M, w) \vDash \Box\alpha$ 的假定下，证明 $(M, w) \vDash \Box\beta$ 即可。

验证定义 2.9.2 中的 (4)：给定任意满足 Rww' 的世界 w'，根据假定，有 $(M, w') \vDash \alpha \to \beta$ 和 $(M, w') \vDash \alpha$，所以 $(M, w') \vDash \beta$。因此 $(M, w) \vDash \Box\beta$。　□

2.9.2 模态逻辑的一个推理系统 K

将 2.6 节引入的古典命题逻辑的推理系统进行如下的扩张。首先，在 (A1)，(A2)，(A3) 这 3 组公理之上新添公理

$$K : \Box(\alpha \to \beta) \to (\Box\alpha \to \Box\beta)。$$

注意：不仅在 K 中，而且在 (A1)，(A2)，(A3) 中，都允许将 α, β, γ 被任何的模态公式替换。

其次，在原有的分离规则之上新添**必然化规则** RN[①]：从 α 可以得到 $\Box\alpha$。我们把 α 是**系统 K 中的内定理**（记作 $\vdash_K \alpha$）的定义留给读者练习。自然地，也可以类似地定义 $\Gamma \vdash_K \alpha$。

注意：由于系统 K 增加了必然化规则，演绎定理不一定成立。例如，$\alpha \vdash_K \Box\alpha$，但 $\alpha \to \Box\alpha$ 未必是系统 K 的内定理。

由于 K 是古典命题逻辑推演系统 L 的一个扩张，因此 K 自然可以证明所有的重言式。但这里需要澄清在模态语言中重言式的概念。首先把所有的命题符号和形如 ($\Box\alpha$) 的模态公式全部列出来：$\beta_1, \beta_2, \cdots$，并且给它们中的每一个都指派一个新的命题符号，例如，用 B_i 代表 β_i。这样，每个模态公式都成为关于命题符号 B_i 的古典公式。例如，假定 A_3 和 $\Box\Box(A_1 \to \Box A_2)$ 分别是 B_5 和 B_{29}，则模态公式 $A_3 \to (\neg A_3) \to \Box\Box(A_1 \to \Box A_2)$ 就是 $B_5 \to \neg B_5 \to B_{29}$。称一个模态公式为一个（模态的）**重言式**，如果经过上述变换后得到的关于 B_i 的公式是古典意义下的重言式。下面的事实会给我们带来很大的方便：

引理 2.9.7 如果 α 是一个模态的重言式，则 $\vdash_K \alpha$。

证明概述 令 α' 为 α 经上述变换后所得到的古典公式。首先根据古典命题逻辑的完全性，可以在古典命题逻辑中证明 α'。只要将古典证明序列中每一个 B_i 再代换为 β_i，即可得到 α 在系统 K 中的证明。 □

引理 2.9.8 如果 $\{\alpha : \Box\alpha \in \Gamma\} \vdash_K \beta$，则 $\Gamma \vdash_K \Box\beta$。

证明 留给读者练习。 □

仿照古典命题逻辑中的做法，定义 Γ 是一个**K- 极大一致集**。如果 Γ 是 K-一致的（定义留给读者练习），且对于任意模态公式 α，或者 $\alpha \in \Gamma$ 或者 $\neg\alpha \in \Gamma$。注意：同古典逻辑一样，K-极大一致集 Γ 对 K 中的推理是封闭的，即：如果 $\Gamma \vdash_K \alpha$，则 $\alpha \in \Gamma$。而且模态逻辑 K 也有相应的林登鲍姆引理：任

[①] 必然化规则，英文为 rule of necessitation。

何一个 K-一致的公式集都可以扩张成一个 K-极大一致集。下面的定理在后面证明完全性的时候会起到关键的作用。

定理 2.9.9 假定 Γ 为一个 K-极大一致集。则 $\Box\beta \in \Gamma$ 当且仅当对每个满足 $\{\alpha : \Box\alpha \in \Gamma\} \subseteq \Delta$ 的 K-极大一致集 Δ，β 都属于 Δ。

证明 ($\Rightarrow$) 假定 $\Box\beta \in \Gamma$。考察集合 $\Sigma = \{\alpha : \Box\alpha \in \Gamma\}$。根据 Σ 的定义，显然 $\beta \in \Sigma$。所以对于任何包含 Σ 的集合 Δ（无论是不是 K-极大一致集），β 都属于 Δ。

($\Leftarrow$) 固定 β 和 Γ。仍旧考察集合 $\Sigma = \{\alpha : \Box\alpha \in \Gamma\}$。

断言：$\Sigma \vdash_K \beta$。不然的话，即 $\Sigma \nvdash_K \beta$；则 $\Sigma \cup \{\neg\beta\}$ 是 K-一致的。根据林登鲍姆引理，可以将 $\Sigma \cup \{\neg\beta\}$ 扩张成一个 K-极大一致集 Δ。而根据假设，$\beta \in \Delta$，这与 Δ 的 K-一致性矛盾。因此断言成立。

现在应用引理 2.9.8，有 $\Gamma \vdash_K \Box\beta$，而作为 K-极大一致集，Γ 对 K 中的推理封闭。所以 $\Box\beta \in \Gamma$。 $\square$

2.9.3　系统 K 的可靠性和完全性

由于是简介，这里只讨论可靠性和完全性的弱形式。

定理 2.9.10（模态逻辑 K 的可靠性定理） 如果 $\vdash_K \alpha$，则 α 是普遍有效的。

证明 留给读者练习。 $\square$

定理 2.9.11（模态逻辑 K 的完全性定理） 如果 $\vDash \alpha$，则 $\vdash_K \alpha$。

这里仍旧模仿古典命题逻辑中的做法，试图证明：如果 $\nvdash_K \alpha$，则找到一个模型 M 和世界 w，使得 $(M, w) \nvDash \alpha$。但在模态逻辑中，可以有更强的结论：可以找到一个模型 $M = (W, R, V)$，使得对任意 α，如果 $\nvdash_K \alpha$，则存在一个世界 $w \in W$，使得 $(M, w) \nvDash \alpha$。这个能够给所有的非定理提供"反例"的模型称为**典范模型**。

定义 2.9.12 定义模态逻辑 K 的**典范模型** $M = (W, R, V)$ 如下：$W = \{\Gamma : \Gamma$ 是一个 K-极大一致集 $\}$；$(\Gamma, \Gamma') \in R$ 当且仅当 $\{\alpha : \Box\alpha \in \Gamma\} \subseteq \Gamma'$；$V(A_i) = \{\Gamma \in W : A_i \in \Gamma\}$。

引理 2.9.13 令 $M = (W, R, V)$ 为模态逻辑 K 的典范模型。则对任意的模态公式 α，对任意的 $\Gamma \in W$，有 $(M, \Gamma) \vDash \alpha$ 当且仅当 $\alpha \in \Gamma$。

证明 对模态公式 α 进行归纳。

先看 α 为命题符号 A_i 的初始情形：根据定义 2.9.2，$(M,\Gamma) \vDash A_i$ 当且仅当 $\Gamma \in V(A_i)$。再根据 V 的定义，$\Gamma \in V(A_i)$ 当且仅当 $A_i \in \Gamma$。引理成立。

再看归纳情形。

情形 1：α 为 $\neg\beta$。根据定义 2.9.2，$(M,\Gamma) \vDash \neg\beta$ 当且仅当 $(M,\Gamma) \nvDash \beta$。根据归纳假设，后者成立当且仅当 $\beta \notin \Gamma$，再根据 K-极大一致性，就得到引理所要的结论。

情形 2：α 为 $\beta \to \gamma$。这一条的验证留给读者练习。

情形 3：α 为 $\Box\beta$。假定 $(M,\Gamma) \vDash \Box\beta$。根据定义 2.9.2，对任意的 $\Delta \in W$，如果 $(\Gamma,\Delta) \in R$，则 $(M,\Delta) \vDash \beta$；对 β 和 Δ 使用归纳假定，有 $\beta \in \Delta$。再将 $(\Gamma,\Delta) \in R$ 按 R 的定义展开：对任意的 $\Delta \in W$，如果 $\{\alpha : \Box\alpha \in \Gamma\} \subseteq \Delta$，则 $\beta \in \Delta$。由定理 2.9.9，$\Box\beta \in \Gamma$。反过来，假如 $\Box\beta \in \Gamma$，则由定理 2.9.9 和 R 的定义，对任意的 $\Delta \in W$，如果 $(\Gamma,\Delta) \in R$，则 $\beta \in \Delta$。由归纳假设，$(M,\Delta) \vDash \beta$。所以 $(M,\Gamma) \vDash \Box\beta$。

这就完成了对引理的证明。 $\qquad\square$

最后来证明定理 2.9.11。假如 $\nvdash_K \alpha$，则 $\{\neg\alpha\}$ 是 K-一致的。将其扩张成一个 K-极大一致集 Γ。考察典范模型 $M = (W,R,V)$ 中的世界 Γ。显然 $\alpha \notin \Gamma$。根据引理 2.9.13，$(M,\Gamma) \nvDash \alpha$，所以 $\nvDash \alpha$。

习题 2.9

2.9.1 给出一个模型 $M = (W,R,V)$ 和世界 $u \in W$，使得 $(M,u) \vDash A \to \Box B$ 但 $(M,u) \nvDash \Box(A \to B)$。

2.9.2 判断下列陈述的正确性并给出理由：

(1) $(M,w) \nvDash \alpha$ 当且仅当 $(M,w) \vDash \neg\alpha$；

(2) $M \nvDash \alpha$ 当且仅当 $M \vDash \neg\alpha$。

2.9.3 在 K 中证明下列公式：

(1) $\Box(\alpha \wedge \beta) \to (\Box\alpha \wedge \Box\beta)$；

(2) $(\Diamond\alpha \vee \Diamond\beta) \to \Diamond(\alpha \vee \beta)$。

【**注意**：虽然书中没有正式引入 $\wedge$ 和 $\vee$，但根据引理 2.9.7 可以使用任何关于 $\wedge$ 和 $\vee$ 的古典重言式。】

2.9.4 证明下列公式不是普遍有效的：

(1) $\Box(\alpha \vee \beta) \rightarrow (\Box\alpha \vee \Box\beta)$；

(2) $(\Diamond\alpha \wedge \Diamond\beta) \rightarrow \Diamond(\alpha \wedge \beta)$。

2.9.5 证明引理 2.9.8。

2.9.6 证明系统 K 的可靠性定理。

2.9.7 证明：给定框架 (W, R)，关系 R 是自反的，当且仅当对任意赋值 V 和任意公式 α，$\Box\alpha \rightarrow \alpha$ 都在模型 $M = (W, R, V)$ 中真。【**注意**：本题只是模态逻辑中大量类似对应中的一个。】

第三章 一阶逻辑的语言

3.1 一阶逻辑的语言的定义和例子

学习命题逻辑之后，我们对各种联词有了充分的了解，因而可以对由联词联结的复合语句进行精确的分析。但命题逻辑语言的"最小单位"是命题符号，我们无法深入单个命题的里面进行更细致的研究，如对主语、谓语的分析等。下面讨论的一阶语言能克服这一缺陷。大家将会看到，一阶语言与人们通常使用的数学语言乃至自然语言都非常接近。一阶逻辑是本课程的中心内容。

3.1.1 一阶语言的定义

一阶逻辑的语言 $\mathcal{L}$ 包括：

(0) 括号："("和")"；

(1) 命题联词：¬ 和 →；

(2)（全称）量词符号：∀；

(3) 变元：$v_1, v_2, \cdots$；

(4) 常数符号：若干（可以没有，也可以有无穷多个）符号，如 c；

(5) 函数符号：对每一自然数 n，都有若干（可以没有，也可以有无穷多个）函数符号 f^n，或简记作 f，称为n-**元函数符号**；

(6) 谓词符号：对每一自然数 n，都有若干（可以没有，也可以有无穷多个）谓词符号 P^n，或简记作 P，称为n-**元谓词符号**；

(7) 等词符号（可以没有）：≈。

与命题逻辑中联词的选取类似，一阶逻辑语言中的符号也与数学有密切的关系。下面逐项简单解释符号选取的动机。（但不要忘记，本节讨论的是语法，因此暂时仍要认为所有的符号都是没有意义的。）

语言中的 (1) 至 (3) 被称为"逻辑符号"。括号只是为了阅读方便。我们只选择 $\{\neg, \rightarrow\}$ 为联词，由于它们是功能完全的，不会因此而失掉一般性。量词和变元是一阶逻辑的重要组成部分，有了它们，就可以更精细地讨论数学对象之间的关系等，在命题逻辑中则做不到这一点。此外，量词的"控制范围"和变元的变化范围也是逻辑学所关注的。所谓"一阶"逻辑，指的就是变元仅代表"个体"，量词所控制的也是"个体"。而在所谓的"二阶"逻辑中，就有两种不同的量词和变元，一种谈论"个体"（即与一阶逻辑相同），另一种谈论"（由个体组成的）集合"或"（个体之间）的关系"（即二阶部分）。尽管二阶逻辑的语言更丰富，但根据哥德尔不完全性定理，不存在二阶逻辑的推演系统能同时有可靠性和完全性，也就是说，在标准的语义解释下，不存在二阶逻辑的完全的证明理论。这是二阶逻辑不同于一阶逻辑的地方，也是一阶逻辑在数学和逻辑中占有主导地位的原因。

语言中的 (4) 至 (7) 被称为"非逻辑符号"，它们是从数学实践中总结出来的。例如，当人们讨论自然数的性质时，指定专门一个符号代表数字零，指定专门的运算符号来代表加法和乘法是非常自然的。又如，当人们研究图论时，指定符号代表"边"，并且将之理解为顶点之间的二元关系（即二元谓词）也是顺理成章的。此外，我们有意以 $\approx$ 表示等词，用来区别数学中的也是元语言中的等号 $=$。当然，如果读者能够分清对象语言和元语言中符号的区别，则完全可以采用同一个符号。最后把等词 (7) 同 (6) 中一般的谓词符号分开，是因为等词必须解释成等号（见后文），而一般的谓词则允许有不同的解释。

下面看几个例子。在讨论一阶语言时，通常只列出非逻辑符号，而默认逻辑符号已经包含在其中。在多数讨论数学的场合，还默认包含等词 $\approx$。

例 3.1.1

(1) 公理集合论的语言 $\mathcal{L}_{Set} = \{\approx, \in\}$，其中 $\in$ 为一个二元谓词符号。

(2) 初等数论的语言为 $\mathcal{L}_{ar} = \{\approx, <, 0, S, +, \cdot\}$，其中 $<$ 为一个二元谓词符号，0 为一个常数符号，S 为一个一元函数符号，$+$ 和 $\cdot$ 为两个二元函数符号。

(3) 序关系的语言为 $\mathcal{L}_{\leq} = \{\leq\}$，其中 $\leq$ 为一个二元谓词符号，也可以选取 $\mathcal{L}_{\leq} = \{\leq, \approx\}$。

规定好语言的初始符号之后，还需要定义公式。在此之前先要定义"项"

这一概念。对自然语言来说，项的角色类似于名词。而对数学语言来说，每个项对应着一个函数。不含变元的项对应一个常值函数。

定义 3.1.2 令 $\mathcal{L}$ 为一个一阶语言。定义 $\mathcal{L}$ 中所有**项**的集合为满足下列条件的最小的表达式集合：

(1) 每个变元 v_i 都是一个项；

(2) 每个常数符号都是一个项；

(3) 如果 $t_1, t_2, \cdots, t_n$ 是项并且 f 为一个 n 元函数符号，则 $ft_1 \cdots t_n$ 也是一个项。

注意：这又是"自上而下"的定义方式。

例 3.1.3 $S0$，$+v_1 SSS0$ 和 $\times S0 + 0SSS0$ 都是初等数论里的项。

定义 3.1.4 令 $\mathcal{L}$ 为一个一阶语言。定义 $\mathcal{L}$ 中所有**合式公式**（简称**公式**）的集合为满足下列条件的最小的表达式的集合：

(1) 如果 $t_1, \cdots, t_n$ 为 L 中的项，并且 P 为一个 n 元谓词符号，则 $Pt_1 \cdots t_n$ 是一个合式公式。又称这样的公式为**原子公式**。特别地，$\approx t_1 t_2$ 是一个原子公式。

(2) 如果 φ 和 ψ 是合式公式，则 $(\neg\varphi)$ 和 $(\varphi \to \psi)$ 也是。

(3) 如果 φ 是合式公式，而 v_i 是变元，则 $\forall v_i \varphi$ 也是。

几点说明：

(1) 这里可以引进符号 $\vee, \wedge$ 和 $\leftrightarrow$ 分别作为 $((\neg\varphi) \to \psi)$，$(\neg(\varphi \to (\neg\psi)))$，和 $((\varphi \to \psi) \wedge (\psi \to \varphi))$ 的简写。

(2) 可以用 $\exists x\varphi$ 作为 $(\neg\forall x(\neg\varphi))$ 的简写，并称 $\exists$ 为**存在量词**。

(3) 接下来会用 $u \approx t$ 作为 $\approx ut$ 的简写，对其他二元谓词也常常作同样处理；并且用 $u \not\approx t$ 作为 $(\neg \approx ut)$ 的简写。这样做的目的是增加可读性。

(4) 同命题逻辑一样，一阶逻辑的合式公式也有唯一可读性，有兴趣的读者可以尝试证明。

(5) 同命题逻辑类似，在不引起混乱的情况下，也可以省略冗余的括号。除了第二章2.4节的约定外，补充"量词 $\forall$ 和 $\exists$ 的管辖范围尽可能短"这一条。例如，$\forall v_i \varphi \to \psi$ 指的是 $(\forall v_i \varphi) \to \psi$ 而不是 $\forall v_i(\varphi \to \psi)$。

(6) 在元语言中，通常会用大写的英文字母，如 P, Q, R 等表示谓词符号；用小写字母，如 x, y, z 表示变元；用 f, g, h 表示函数符号；用 a, b, c 表示常数符号；用 t 表示项；用小写希腊字母，如 φ, ψ, γ 表示公式；用 σ, τ 等表示不含自由变元的公式，即语句（定义见后）；用大写希腊字母，如 Γ, Δ, Σ 表示公式集。虽然做不到完全没有例外，但把记号固定下来是一个好的习惯。

3.1.2 一阶语言公式的例子

下面给出一些例子来说明一阶逻辑的语言具有很强的表达力。事实上，几乎所有数学命题皆可在某种一阶语言中表达，几乎所有一般的语句（数学的和非数学的）都可翻译为某种一阶语言的语句。这种翻译其实与后面谈到的语义方面（如可定义性）关系更密切。但因为这是学习逻辑学的学生需要掌握的技能（加上举例的必要性），这里也把它放在本节的语法讨论中。需要注意的是，尽管在把一般的语句 S 翻译成一阶公式 φ 时，期望 φ 表达的就是 S；但读者以后会看到，翻译成 φ 之后，它仅仅是一个字符串而已，除了还原成 S 之外，无法避免 φ 还可能有其他的解释。这在讲语义时再详细谈。

哲学语言 由于分析哲学的原因，很多哲学家喜欢用一阶语言重述一些哲学命题。这些命题都是用自然语言表达的，而自然语言的谓词和函数并无一个明确的列表，所以不可能把用于哲学目的的一阶语言的所有非逻辑符号都列出来。但不管怎样，自然语言的谓词和函数是有穷的，所以 $\mathcal{L}$ 的符号总是够用。在同一语境下，可以把谓词和函数符号编号以示区别。

(1) 当今的法国国王是秃子。

$$\forall x(P_1^1 x \to P_2^1 x)\text{。}$$

这里 P_1^1 的上标 1 表示 P_1^1 是一个一元谓词，下标说明它代表第一个（在我们的编号顺序下）谓词。这里把 P_1^1 和 P_2^1 的选择留给大家。注意：翻译的结果可能不唯一。

(2) 金山不存在。

$$\neg\exists x(P_3^1 x \wedge P_4^1 x)\text{。}$$

(3) 晨星即暮星。

$$\forall x(P_5^1 x \to \forall y(P_6^1 y \to x \approx y))\text{。}$$

一阶算术语言 $\mathcal{L}_{ar} = \{\approx, <, 0, S, +, \cdot\}$。

(1) 0 不是任何自然数的后继。

$$\forall x(Sx \napprox 0)。 \text{①}$$

(2) 两个自然数的后继相等当且仅当这两个自然数相等。

$$\forall x \forall y(x \approx y \leftrightarrow Sx \approx Sy)。$$

如果不使用省略的形式，则以上命题应该写为

$$\forall x \forall y(\neg((x \approx y \to Sx \approx Sy) \to \neg(Sx \approx Sy \to x \approx y))))。$$

(3) 给定任意公式 $\varphi(v_1)$，数学归纳原理可以表示为下面的公式：

$$(\varphi(0) \wedge \forall x(\varphi(x) \to \varphi(Sx))) \to \forall x\, \varphi(x)。$$

(4) x 是素数。

首先，这个命题可以理解为

$x > 1$ 并且 x 没有除自身和 1 之外的因子。

这样就得到如下公式：

$$S0 < x \wedge \forall y \forall z((y < x \wedge z < x) \to y \cdot z \napprox x)。$$

集合论语言 $\mathcal{L}_{Set} = \{\approx, \in\}$。

(1) 两个集合相等当且仅当它们有共同的元素。

$$\forall x \forall y(x \approx y \leftrightarrow \forall z(z \in x \leftrightarrow z \in y))。$$

(2) x 是 y 的子集。

$$\forall z(z \in x \to z \in y)。$$

(3) x 是 y 的幂集。

$$\forall z(z \in x \leftrightarrow \forall u(u \in z \to u \in y))。$$

---

① 为了增加可读性，我们在这里添加了括号，用来表示那些正式的公式 "$\forall v_i(\neg \approx Sv_i 0)$"。后文中的 "$\forall x\,(x \notin z)$"、"$\forall a(e + a \approx a)$" 等，也是类似情况。

(4) 集合 z 是空集。

$$\forall x(x \notin z)。$$

(5) **选择公理** 选择公理有很多种等价的表述，我们找一个比较容易叙述的：

$$\forall X((X \neq \emptyset \wedge \emptyset \notin X) \rightarrow$$
$$\exists C(\forall u \in X(\exists a(a \in u \wedge a \in C) \wedge$$
$$\forall a(\forall b(a \in u \wedge a \in C \wedge b \in u \wedge b \in C) \rightarrow a = b))))。$$

注意到其中 $\emptyset$ 不是语言 $\mathcal{L}_{Set}$ 中的常数符号，我们要利用它的定义来替换它。具体做法是将第一行换成

$$\forall X(\forall z(\forall x(x \notin z) \rightarrow (X \neq z \wedge z \notin X)) \rightarrow ,$$

其余不变。此处我们"例外地"使用了大写字母 X 和 C 代表变元，是为了强调它们是集合的"族"，即：它们是集合，而且它们的元素也是集合。

最后再举两个代数中的例子。

群论语言 $\mathcal{L}_g = \{e, +\}$。

群的公理可以表达如下：

(1) 群的运算满足结合律：

$$\forall a \forall b \forall c(a + (b + c) \approx (a + b) + c);$$

(2) e 是单位元：

$$\forall a(e + a \approx a);$$

(3) 每个元素都有逆元：

$$\forall a \exists b(a + b \approx e);$$

(4) 如果群的运算还满足交换律，即

$$\forall a \forall b(a + b \approx b + a)。$$

则这样的群称为交换群或阿贝尔[①]群。

环的语言 对群的语言扩张得到环论语言 $\mathcal{L}_R \approx \{e, +, \cdot\}$。除了以上 4 条公理外，环论的公理还包括：

① 阿贝尔（Niels Henrik Abel, 1802—1829），挪威数学家。

(5) 乘法结合律：

$$\forall a \forall b \forall c (a \cdot (b \cdot c) \approx (a \cdot b) \cdot c);$$

(6) 乘法对加法的分配律：

$$\forall a \forall b \forall c (a \cdot (b + c) \approx a \cdot b + a \cdot c)。$$

习题 3.1

3.1.1 选择一阶逻辑语言，并将下列语句转换成一阶语句。你认为这些语句构成的推理有错误吗？为什么？

(1) 如果存在存在着的鬼，则鬼存在；

(2) 存在着的鬼当然存在；

(3) 鬼存在。

3.1.2 假定一阶语言中有一元谓词符号 N 和 I，分别用来表示"是一个数"和"好玩的"；二元谓词符号 $<$ 表示"小于"；还有常数符号 0 表示数字零。将下列中文语句转换成该一阶语言的公式。因为语句可能会有歧义，你可能会得到不同的结果。

(1) 零小于所有的数；

(2) 要是有数好玩的话，零就好玩；

(3) 没有小于零的数；

(4) 要是一个不好玩的数满足所有比它小的数都好玩这条性质，则它本身也好玩；

(5) 不存在所有数都比它小的数；

(6) 不存在没有数不比它小的数。

3.1.3 沿用习题 3.1.2 的一阶语言，将下面的一阶语句转换成日常的中文：

$$\forall x (Nx \to Ix \to \neg \forall y (Ny \to Iy \to \neg x < y))。$$

【注意：虽然我们无法定义"日常中文"，但"对所有的 x，如果 Nx 则……"绝对不属于日常中文。】

3.1.4 假定一阶语言中有二元函数符号 + 和 ·，分别用来表示"加法"和"乘法"；常数符号 $1, 2, 3, 4$ 分别表示数字一、二、三、四。再假定变元都代表整数。

(1) 将下列一阶语言的公式转换成中文语句：

$$\forall x \big(\exists m (x \approx 2 \cdot m + 1) \rightarrow \exists n (x \cdot x \approx 2 \cdot n + 1) \big);$$

(2) 将下列中文语句转换成该一阶语言的公式："没有形如 $4k + 3$ 的整数是平方和"。

3.1.5 （下面的练习严格说与本节没有关系，请大家当作数学练习来做。）

(1) 在数学分析中，极限的定义如下：$\lim\limits_{x \to a} f(x) = l$ 当且仅当

$$(\forall \epsilon \in \mathbb{R}^+)(\exists \delta \in \mathbb{R}^+)(\forall x \in \mathbb{R})[0 <\mid x - a \mid< \delta \rightarrow \mid f(x) - l \mid< \epsilon].$$

写出 $\lim\limits_{x \to a} f(x) \neq l$ 的定义。

(2) 在线性代数中，称向量组 $\boldsymbol{x}_1, \boldsymbol{x}_2, \cdots, \boldsymbol{x}_n$ 是线性相关的，如果

$$(\exists c_1 \in \mathbb{R})(\exists c_2 \in \mathbb{R}) \cdots (\exists c_n \in \mathbb{R})$$
$$[(c_i \text{不全为零}) \wedge c_1 \boldsymbol{x}_1 + c_2 \boldsymbol{x}_2 + \cdots + c_n \boldsymbol{x}_n = \boldsymbol{0}].$$

写出向量组 $\boldsymbol{x}_1, \boldsymbol{x}_2, \cdots, \boldsymbol{x}_n$ 为线性无关的定义。【**注意**：这里我们用黑体的小写字母 $\boldsymbol{x}$ 表示向量，即 $\boldsymbol{x} = (x_1, \cdots, x_k)$。】

3.2 自由出现和约束出现

接下来讨论语法中的另一个现象：变元的"自由出现"和"约束出现"。在数学中，一个表达式常含有两类不同的变元，例如，$\int_0^1 f(x, t)\mathrm{d}t$，$\sum_{i=1}^n a_i$ 等。在积分的例子中，变元 x 和 t 所起的作用是不同的；在求和的例子中，变元 n 和 i 的作用也不同。变元 t 和 i 主要起的是占位的作用，也有人管它们叫"哑元"。哑元可以被替换成任意"新的"变元而不影响公式的意义，如 $\sum_{i=1}^n a_i$ 和 $\sum_{j=1}^n a_j$ 的意义完全相同。而以上例子中的变元 x 和 n 则不能被随便替换。在逻辑中，约束变元与哑元类似。

直观上说，一个变元是自由的，如果没有任何量词"管"着它。更准确地说，我们递归地定义"变元 x 在公式 φ 中**自由出现**"如下：

(1) 如果 φ 是一个原子公式，则 x 在 φ 中自由出现当且仅当 x 在 φ 中出现。

(2) 如果 φ 为 $(\neg\psi)$，则 x 在 φ 中自由出现当且仅当 x 在 ψ 中自由出现。

(3) 如果 φ 为 $(\psi \to \gamma)$，则 x 在 φ 中自由出现当且仅当 x 在 ψ 中自由出现或在 γ 中自由出现。

(4) 如果 φ 为 $\forall v_i\psi$，则 x 在 φ 中自由出现当且仅当 x 在 ψ 中自由出现并且 $x \neq v_i$。

在 φ 中出现的变元如果不是自由出现，则被称为**约束出现**①。

如果需要，可以用 $\varphi(x_1,\cdots,x_n)$ 表示 φ 的自由变元都在 $\{x_1,\cdots,x_n\}$ 中，但不一定每个 x_i，$1 \leq i \leq n$，都是 φ 的自由变元。

如果在公式 φ 中没有变元自由出现，则称 φ 为一个**闭公式**或**语句**。

在区分了自由变元与约束变元之后，就可以引进一个关于替换的表达式，这在后面会经常用到。用 φ_t^x（也有的书用 $\varphi(x\,|\,t)$ 等不同记号）表示在公式 φ 中将变元 x 的所有自由出现替换为 t 而得到的公式。φ_t^x 可以用递归的方法定义如下。

定义 3.2.1 对任意公式 φ、任意变元 x、任意项 t，定义 φ_t^x 如下：

(1) 如果 φ 是原子公式，则 φ_t^x 是将 φ 中所有 x 的出现替换为 t 而得到的表达式；

(2) 如果 φ 是 $\neg\psi$，则 $(\neg\psi)_t^x = (\neg\psi_t^x)$；

(3) 如果 φ 是 $\psi \to \gamma$，则 $(\psi \to \gamma)_t^x = (\psi_t^x \to \gamma_t^x)$；

(4) 如果 φ 是 $\forall y\psi$，则 $(\forall y\psi)_t^x = \begin{cases} \forall y(\psi_t^x), & \text{如果 } x \neq y; \\ \forall y\psi, & \text{如果 } x = y. \end{cases}$

习题 3.2

3.2.1 找出以下公式中每个变元的自由出现和约束出现：

(1) $\forall x(Px \to \exists y Qxy) \to \exists z Rxyz$；

(2) $\forall x(x \approx z \to \neg\exists y Rxy)$；

①约束出现，英文为 bounded occurrence，也被译作"受囿出现"。

(3) $x \approx y \to \forall z(Rxz \land Ryz)$。

3.2.2 令 φ 为习题 3.2.1 中的某个公式，分别求出 φ_y^x 和 φ_z^x。

第四章 形式证明

4.1 一阶逻辑的一个公理系统

回忆一下在命题逻辑中学过的知识。令 Λ 为一个公理集，并且 Γ 为一个公式集。从 Γ 到 φ 的一个证明或推演是一个公式序列

$$(\varphi_0, \varphi_1, \cdots, \varphi_n)$$

使得 $\varphi_n = \varphi$ 并且对所有的 $i \leq n$，公式 φ_i 或者属于 $\Gamma \cup \Lambda$，或者存在 $j, k < i$，φ_i 是利用分离规则从 φ_j 和 φ_k 得到的（即 $\varphi_k = \varphi_j \to \varphi_i$）。如果存在从 Γ 到 φ 的一个证明或推演，则称 φ 为 Γ 的一个定理，记为 $\Gamma \vdash \varphi$。

上述关于证明的定义对一阶逻辑仍然适用。所不同的仅仅是公理集需要扩充，而推理规则依然只有分离规则。

现在来描述一个一阶逻辑推演系统的公理集 Λ。它们被分成 6 组。首先需要一个概念：称公式 φ 是公式 ψ 的一个**全称概括**或**概括**，如果存在自然数 $n \geq 0$ 和变元 $x_1, x_2, \cdots, x_n$ 使得

$$\varphi = \forall x_1 \forall x_2 \cdots \forall x_n \psi。$$

注意：当 $n = 0$ 时，ψ 的全称概括 φ 就是 ψ 本身。一阶逻辑的公理集由如下公式的全称概括组成，其中 x 和 y 为变元并且 φ 和 ψ 为公式：

(1) 形如命题逻辑公理中 (A1), (A2), (A3) 的一阶公式；

(2) $\forall x \varphi \to \varphi_t^x$，其中项 t 可以在 φ 中替代 x；

(3) $\forall x(\varphi \to \psi) \to (\forall x \varphi \to \forall x \psi)$；

(4) $\varphi \to \forall x \varphi$，其中 x 不在 φ 中自由出现。

在语言中包含等词的情形下，还要添上：

(5) $x \approx x$；

(6) $x \approx y \to (\varphi \to \varphi')$，其中 φ 为原子公式，并且 φ' 是将 φ 中若干个 x 的出现用 y 替换所得（这里若干个可以是零个、一个或多个，不一定是全部）。

下面逐条解释这些公理。

首先看第一组公理。如果一阶公式 φ 是原子公式或者全称公式，即形如 $\forall x \psi$，则称 φ 为**素公式**。对于任何一阶公式 φ，将它的所有素子公式分别替换成命题符号，就得到命题逻辑中的一个公式 φ'。如果 φ' 在命题逻辑中属于公理 (A1)、(A2) 或 (A3)，或者是重言式，则分别称 φ 形如 (A1)、(A2) 或 (A3)，或是（一阶意义下的）重言式。例如，下列一阶公式

$$\varphi = (\forall y \neg Py \to \neg Px) \to (Px \to \neg \forall y \neg Py)$$

就是一阶逻辑中的重言式，其对应的 φ' 为 $(A_1 \to \neg A_2) \to (A_2 \to \neg A_1)$。

根据命题逻辑的完全性定理，可以得到下面的定理。

定理 4.1.1 如果 φ 是一个一阶意义下的重言式，则 $\vdash \varphi$，即 φ 为一阶逻辑的一个内定理。

再看第二组公理，通常称为**替换公理**。它的直观意义是显然的：如果 φ 对所有的 x 都对，则 φ 对项 t 也对。但是由于我们正在讨论语法，而 φ_t^x 仅仅是机械地将 φ 中自由出现的 x 换成 t，如果不小心的话，会出现下列不想要的结果。

例 4.1.2 令 φ 为一阶公式 $\exists y\, x \not\approx y$，则 $\forall x \varphi \to \varphi_z^x$ 为

$$\forall x \exists y\, x \not\approx y \to \exists y\, z \not\approx y;$$

但是 $\forall x \varphi \to \varphi_y^x$ 则成为

$$\forall x \exists y\, x \not\approx y \to \exists y\, y \not\approx y。$$

因此，需要加些条件以区别例 4.1.2 中的两个替换。仔细观察表明，问题出在项 t 里面的变元 y 在替换 φ 中的 x 之后被量词 $\exists y$ "抓住了"，或者说，y 在替换前是自由的，而替换后却变成约束的了。我们需要禁止这样的 t 来替换 φ 中的 x。对固定项 t 和变元 x，通过对公式 φ 递归将短语 "t 在 φ 中可以无冲突地替换 x" 精确定义如下：

(1) 对原子公式 φ，t 总可以在 φ 中无冲突地替换 x。

(2) t 在公式 $\neg\psi$ 中可以无冲突地替换 x 当且仅当 t 在 ψ 中可以无冲突地替换 x；t 在公式 $\psi \to \gamma$ 中可以无冲突地替换 x 当且仅当 t 在 ψ 和 γ 中都可以无冲突地替换 x。

(3) t 在公式 $\forall y\psi$ 中可以无冲突地替换 x 当且仅当

　　(a) x 不在 $\forall y\psi$ 中自由出现；或者

　　(b) y 不在 t 中出现并且 t 在 ψ 中可以无冲突地替换 x。

例 4.1.3　变元 x 在任何公式 φ 中都可以无冲突地替换自己。从而对任何公式 φ，有 $\forall x\varphi \vdash \varphi$。

证明　见习题 4.1。　　　　　　　　　　　　　　　　　　　　　　□

第三和第四组公理的作用是证明下列"概括定理"，也有教科书将它作为推理规则，称为"概括规则"。在数学中经常有这样的论证：假如不用任何关于 x 的具体性质就能证明命题 $\varphi(x)$，就可以说"因为 x 是任意的，所以有 $\forall x\varphi(x)$"。概括定理说的正是这个意思。

定理 4.1.4（概括定理）　如果 $\Gamma \vdash \varphi$ 并且 x 不在 Γ 的任何公式中自由出现，则 $\Gamma \vdash \forall x\varphi$。

证明　令 $(\varphi_1, \varphi_2, \cdots, \varphi_n)$ 为 φ 的一个推演序列。可以归纳证明对任意 $i \leq n$，$\Gamma \vdash \forall x\varphi_i$。假定对所有的 $j < i$，已经有 $\Gamma \vdash \forall x\varphi_j$。$\varphi_i$ 可能有以下情形：

情形 1：φ_i 是逻辑公理。根据定义，$\forall x\varphi_i$ 也是逻辑公理。显然 $\Gamma \vdash \forall x\varphi_i$。注意：在这种情况下，$x$ 可能在 φ_i 中自由出现，但这不影响我们的证明。

情形 2：φ_i 属于 Γ。此时 x 不在 φ_i 中自由出现，所以 $\varphi_i \to \forall x\varphi_i$ 属于第四组公理，由分离规则，$\Gamma \vdash \forall x\varphi_i$。

情形 3：φ_i 由分离规则从 φ_j 和 $\varphi_k = \varphi_j \to \varphi_i$ 得到，其中 $j, k < i$。由归纳假设，$\Gamma \vdash \forall x\varphi_j$ 且 $\Gamma \vdash \forall x(\varphi_i \to \varphi_i)$。对公理

$$\forall x(\varphi_j \to \varphi_i) \to (\forall x\varphi_j \to \forall x\varphi_i),$$

两次使用分离规则，就得到了 $\Gamma \vdash \forall x\varphi_i$。　　　　　　　　　　□

例 4.1.5　证明 $\forall x\forall y\varphi \vdash \forall y\forall x\varphi$。

证明 根据例 4.1.3，$\forall x \forall y \varphi \vdash \varphi$。由于变元 x 在左端不自由出现，根据概括定理，有

$$\forall x \forall y \varphi \vdash \forall x \varphi。$$

同样地，又有

$$\forall x \forall y \varphi \vdash \forall y \forall x \varphi。$$

□

在语言中包含等词的情形下，第五组和第六组公理都不难理解。当然第六组公理实际上对任何公式 φ 都成立。把 φ 限制在原子公式上，仅仅是为了让公理更精炼，附带的一个好处是更容易证明其可靠性。更多的有关等词的内定理请见本章4.3节末尾。

习题 4.1

4.1.1 以下公式是公理吗？如果是，它们属于哪组公理？

(1) $\big((\forall x Px \to \forall y Py) \to Pz\big) \to \big(\forall x Px \to (\forall y Py \to Pz)\big)$；

(2) $\forall y \big(\forall x (Px \to Px) \to (Pc \to Pc)\big)$；

(3) $\forall x \exists y Pxy \to \exists y Pyy$。

4.1.2 证明变元 x 在任何公式 φ 中都可以无冲突地替换自己。

4.1.3 （本练习讨论公理的独立性。）证明：如果没有第二组替换公理，则其余的公理不能证明 $\forall x(x \not\approx x) \to x \not\approx x$。【**提示**：定义函数 h：公式集 $\to \{0,1\}$ 满足对所有的素公式 φ，$h(\varphi) = 1$；然后将其自然地扩展到 $h(\neg\varphi)$ 和 $h(\varphi \to \psi)$ 上。证明：如果 σ 为其余公理的一个语法后承，则 $h(\sigma) = 1$。】

4.2 推理和元定理

引理 4.2.1（重言规则） 如果 $\Gamma \vdash \varphi_1$，$\Gamma \vdash \varphi_2$，$\cdots$，$\Gamma \vdash \varphi_n$ 并且 $\varphi_1 \to \varphi_2 \to \cdots \to \varphi_n \to \psi$ 是一阶意义下的重言式，则 $\Gamma \vdash \psi$。

证明 依照定理 4.1.1，$\varphi_1 \to \varphi_2 \to \cdots \to \varphi_n \to \psi$ 是一个内定理，只需对这个内定理使用 n 次分离规则即可。   □

例 4.2.2 由于 $\{\varphi \to \psi, \psi \to \varphi\}$ 重言蕴涵 $\varphi \leftrightarrow \psi$，因此若想证明 $\Gamma \vdash \varphi \leftrightarrow \psi$，则只需证明 $\Gamma \vdash \varphi \to \psi$ 并且 $\Gamma \vdash \psi \to \varphi$。

定理 4.2.3（演绎定理） $\Gamma \cup \{\gamma\} \vdash \varphi$ 当且仅当 $\Gamma \vdash (\gamma \to \varphi)$。

证明 与命题逻辑中的演绎定理的证明相同。 □

推论 4.2.4（逆否命题） $\Gamma \cup \{\varphi\} \vdash \neg\psi$ 当且仅当 $\Gamma \cup \{\psi\} \vdash \neg\varphi$。

同命题逻辑一样，称一个公式集为**不一致的**，如果存在公式 ψ，ψ 和 $\neg\psi$ 都是它的定理。在这种情形下，任何公式 φ 都是它的定理。

推论 4.2.5（反证法 (RAA)） 如果 $\Gamma \cup \{\varphi\}$ 不一致，则 $\Gamma \vdash \neg\varphi$。

两个推论的证明留给读者。

例 4.2.6 证明 $\vdash \exists x \forall y \varphi \to \forall y \exists x \varphi$。

证明（的思路） 我们尝试以反推的方式去证明。

要证明以上命题，只需证明 $\exists x \forall y \varphi \vdash \forall y \exists x \varphi$。（为什么？）

而这只需证明 $\exists x \forall y \varphi \vdash \exists x \varphi$，（为什么？）即 $\neg \forall x \neg \forall y \varphi \vdash \neg \forall x \neg \varphi$。

这又只需证明 $\forall x \neg \varphi \vdash \forall x \neg \forall y \varphi$。（为什么？）

这只需证明 $\forall x \neg \varphi \vdash \neg \forall y \varphi$。（为什么？）

这只需证明 $\{\forall x \neg \varphi, \forall y \varphi\}$ 是不一致的，（为什么？）而这很容易证明。（为什么？） □

上面的这些例子鼓励我们去寻找由 Γ 证明 φ 的一般方法。这里先总结由 Γ 证明 φ 的一些有用技巧，这些技巧帮助我们利用 φ 的句法形式来寻找证明。

(1) 假设 φ 是 $(\psi \to \theta)$，则根据演绎定理，只需证明 $\Gamma \cup \{\psi\} \vdash \theta$。

这是最为常用也最为有效的方法，几乎每一个形式推演的构造都会用到。演绎定理的好处是既减少了待证结论的复杂性，又增加了可用的前提。

例 4.2.7 令 $\Gamma = \emptyset$，$\varphi = \forall x(\varphi \to \psi) \to (\exists x \varphi \to \exists x \psi)$。根据上面的方法，要证明

$$\emptyset \vdash \forall x(\varphi \to \psi) \to (\exists x \varphi \to \exists x \psi),$$

只需证明

$$\forall x(\varphi \to \psi) \vdash \exists x \varphi \to \exists x \psi。$$

利用重言规则将右边取逆否命题，只需要证明

$$\forall x(\varphi \to \psi) \vdash \forall x \neg \psi \to \forall x \neg \varphi.$$

而再次运用以上的方法，只需要证明

$$\{\forall x(\neg \psi \to \neg \varphi), \forall x \neg \psi\} \vdash \forall x \neg \varphi. \tag{4.1}$$

而这可由分离规则以及公理容易得到。

(2) 假设 φ 是 $\forall x \psi$。如果 x 不在 Γ 中自由出现，则根据概括定理，只需证明 $\Gamma \vdash \psi$。读者在后面（定理 4.3.4）会看到：即使 x 在 Γ 中自由出现，仍可以找到一个变元 y，使得 $\Gamma \vdash \forall y \psi_y^x$ 且 $\forall y \psi_y^x \vdash \forall x \psi$。

依然考虑例 4.2.7，当我们进行到 (4.1) 这步，根据现在的方法，只需证明

$$\{\forall x(\neg \psi \to \neg \varphi), \forall x \neg \psi\} \vdash \neg \varphi.$$

而由于 $\forall x(\neg \psi \to \neg \varphi) \vdash \neg \psi \to \neg \varphi$ 且 $\forall x \neg \psi \vdash \neg \psi$，根据重言规则，只需要证明

$$\{\neg \psi \to \neg \varphi, \neg \psi\} \vdash \neg \varphi.$$

而这又是显然的。

(3) 假设 φ 是另一个公式的否定。

(a) 如果 φ 是 $\neg(\psi \to \theta)$，那就只需证明 $\Gamma \vdash \psi$ 和 $\Gamma \vdash \neg \theta$。

(b) 如果 φ 是 $\neg\neg\psi$，那就只需证明 $\Gamma \vdash \psi$。

(c) 如果 φ 是 $\neg \forall x \psi$。尝试找到项 t，它在 ψ 中可以无冲突地替换 x，并且 $\Gamma \vdash \neg \psi_t^x$。注意到这当然是充分的，但可惜它不是必要条件，因此并非总是能做到。因为虽然 $\Gamma \vdash \neg \varphi_t^x$ 一定蕴涵 $\Gamma \vdash \neg \forall x \varphi$，反过来并不总是成立。如果不能做到，可以尝试换位，然后尝试归谬法等。

例 4.2.8 证明 $\forall x \neg(\varphi \to \psi) \vdash \neg(\varphi \to \exists x \psi)$。根据 (3) (a) 中的建议，只需证明

$$\forall x \neg(\varphi \to \psi) \vdash \varphi \quad \text{并且} \quad \forall x \neg(\varphi \to \psi) \vdash \neg \exists x \psi.$$

根据 $\forall x \neg(\varphi \to \psi) \vdash \neg(\varphi \to \psi)$ 并且 $\neg(\varphi \to \psi)$ 重言蕴涵 φ，前式成立。再看后式，$\neg \exists x \psi$ 是 $\neg\neg\forall x \neg \psi$ 的缩写，利用 (3) (b) 和概括定理，只需证明 $\forall x \neg(\varphi \to \psi) \vdash \neg \psi$，而这显然与前式的证明类似。

上面的总结仍然不够理想。理想的情形是找到一个算法，使得对任何可证的 φ，都提供一个证明。要是有这样的算法的话，一阶逻辑就是可判定的。但在后续章节中会证明丘奇定理（推论 9.4.9）：一阶逻辑是不可判定的。因此这种理想的算法是不存在的。

习题 4.2

4.2.1 给出一个从空集 $\emptyset$ 到 $\forall x\varphi \to \exists x\varphi$ 的一个推演。【**注意**：*本题要求给出推演序列，不准使用任何元定理。*】

4.2.2 假设有一个从公式集 Γ 到 φ 长度为 n 的推演序列，并且 x 不在 Γ 中自由出现，概括定理告诉我们，存在一个从 Γ 到 $\forall x\varphi$ 的推演序列，令函数 $f(n)$ 表示该序列的长度。找出一个函数增长速度尽可能慢的 f。

4.2.3 证明：

(1) 如果 $\vdash \varphi \to \psi$，则 $\vdash \forall x\varphi \to \forall x\psi$；

(2) $\varphi \to \psi \vdash \forall x\varphi \to \forall x\psi$ 不一定总成立。

4.2.4 证明：

(1) $\vdash \exists x(Px \to \forall xPx)$；

(2) $\{Qy, \forall y(Qy \to \forall zPz)\} \vdash \forall xPx$。

4.2.5 证明内定理：

(1) $\exists x\varphi \vee \exists x\psi \leftrightarrow \exists x(\varphi \vee \psi)$；

(2) $\forall x\varphi \vee \forall x\psi \to \forall x(\varphi \vee \psi)$；

(3) $\exists x(\varphi \wedge \psi) \to \exists x\varphi \wedge \exists x\psi$；

(4) $\forall x(\varphi \wedge \psi) \leftrightarrow \forall x\varphi \wedge \forall x\psi$；

(5) $\exists x(Py \wedge Qx) \leftrightarrow Py \wedge \exists xQx$（$x \neq y$）。

4.3　其他元定理

下面介绍几个后面要用到的元定理。首先是常数概括定理，在一阶逻辑完全性定理的证明中会用到它。回忆一下概括定理及其证明，我们会发现变

元 x 起到仅仅是占位的作用，因此如果把变元 x 换成常数 c，类似的证明大概也可以通过。当然不能直接对常数符号使用量词，而要用另一个新的变元 y 来作为被概括的变元。

定理 4.3.1（常数概括定理） *假设* $\Gamma \vdash \varphi$，*而* c *是一个不在* Γ *中出现的常数符号，则存在变元* y，y *不在* Γ *和* φ *中出现，使得* $\Gamma \vdash \varphi_y^c$[①]。*更进一步，存在一个从* Γ *到* $\forall y \varphi_y^c$ *的不含* c *的推演。*

证明 令 $(\varphi_0, \varphi_1, \cdots, \varphi_n)$ 为一个由 Γ 到 φ 的推演序列，令 y 是不出现于任一 φ_i 中的变元，则

$$((\varphi_0)_y^c, (\varphi_1)_y^c, \cdots, (\varphi_n)_y^c) \tag{$*$}$$

是由 Γ 到 φ_y^c 的推演。

情形 1：φ_k 属于 Γ。此时 $(\varphi_k)_y^c$ 是 φ_k，因为 c 不在 φ_k 中出现。

情形 2：φ_k 是逻辑公理。此时 $(\varphi_k)_y^c$ 仍是逻辑公理。例如，如果 φ_k 形如 $\forall x \psi \to \psi_t^x$，则 $(\varphi_k)_y^c$ 是 $\forall x (\psi)_y^c \to (\psi_t^x)_y^c$，注意到 $(\psi_t^x)_y^c$ 正是 $(\psi_y^c)_{t_y^c}^x$，所以它仍是逻辑公理。其他组的公理也容易验证。

情形 3：φ_k 是从 φ_i 和 $\varphi_j = \varphi_i \to \varphi_k$ 施行分离规则而得到的，其中 $i, j < k$。则 $(\varphi_j)_y^c$ 为 $(\varphi_i)_y^c \to (\varphi_k)_y^c$。因而 $(\varphi_k)_y^c$ 也是从 $(\varphi_i)_y^c$ 和 $(\varphi_j)_y^c$ 施行分离规则而得到的。

下面验证"更进一步"部分。令 Γ_0 为推演 $(*)$ 中用到的 Γ 中的公式的集合。Γ_0 显然是一个有穷集。有 $\Gamma_0 \vdash \varphi_y^c$ 并且 y 不在 Γ_0 中出现。根据概括定理，$\Gamma_0 \vdash \forall y \varphi_y^c$，所以 $\Gamma \vdash \forall y \varphi_y^c$。注意到概括定理的证明中并没有引进新的常数符号，这样就得到一个从 Γ 到 $\forall y \varphi_y^c$ 的推演，c 不出现于其中。 $\square$

引理 4.3.2（循环替换引理） *如果变元* y *完全不在公式* φ *中出现，则变元* x *可以在公式* φ_y^x *中无冲突地替换* y *并且* $(\varphi_y^x)_x^y = \varphi$。

证明 见习题 4.3。 $\square$

推论 4.3.3 *假定* $\Gamma \vdash \varphi_c^x$，*其中常数符号* c *在* Γ *和* φ *中都不出现，则* $\Gamma \vdash \forall x \varphi$，*并且存在一个从* Γ *到* $\forall x \varphi$ *的不含* c *的推演。*

证明 根据常数概括定理，有一个从 Γ 到 $\forall y (\varphi_c^x)_y^c$ 的推演，其中不出现常数符号 c。由于 c 不在 φ 中出现，$\forall y (\varphi_c^x)_y^c$ 就是 $\forall y \varphi_y^x$。再根据循环替换定理和概括定理，就有 $\forall y \varphi_y^x \vdash \forall x \varphi$。（为什么？） $\square$

[①] 这里 φ_y^c 表示将 φ 中出现的 c 都替换为 y。

下面一个定理在前面已经间接地涉及不止一次了。直观上很容易理解。由于在完全性定理的证明中也要用到它，让我们给出详细证明。

定理 4.3.4（约束变元替换定理） 令 φ 为一公式，t 为一个项，还有 x 为一个变元。总可以找到一个公式 φ'，它和 φ 的差别仅在于约束变元，使得

(1) $\varphi \vdash \varphi'$ 并且 $\varphi' \vdash \varphi$；

(2) t 可以在 φ' 中无冲突地替换 x。

证明 固定项 t 和变元 x，递归地从 φ 构造 φ'。如果 φ 是原子公式，则令 φ' 为 φ。如果 φ 是 $\neg\psi$，则令 φ' 为 $\neg\psi'$。如果 φ 是 $(\psi_1 \to \psi_2)$，则令 φ' 为 $\psi_1' \to \psi_2'$。

再来看最重要的情形，即 φ 是 $\forall y\psi$。选一个在 ψ'，t 和 x 中都不出现的变元 z。定义 $(\forall y\psi)'$ 为 $\forall z(\psi')^y_z$。

显然（或用归纳证明）φ 和 φ' 的区别仅在于约束变元。对 φ 施行归纳来证明 (1) 和 (2)。这里只验证最重要的量词情形，因为其他的都很简单。根据归纳假设和变元 z 的选取，(2) 成立。（为什么？）

下面验证 (1)。

根据归纳假设，有 $\psi \vdash \psi'$。所以 $\forall y\psi \vdash \forall y\psi'$。由于 z 不在 ψ' 中出现，又有 $\forall y\psi' \vdash (\psi')^y_z$。根据概括规则，得到 $\forall y\psi' \vdash \forall z(\psi')^y_z$。所以 $\forall y\psi \vdash \forall z(\psi')^y_z$。

再看另一方向。首先 $\forall z(\psi')^y_z \vdash ((\psi')^y_z)^z_y$。根据循环替换定理，后者就是 ψ'。根据归纳假设，有 $\psi' \vdash \psi$。所以 $\forall z(\psi')^y_z \vdash \psi$。通过分析 y 是否等于 z 很容易看出，变元 y 不在左端自由出现。由概括定理，得 $\forall z(\psi')^y_z \vdash \forall y\psi$。 $\square$

最后，让我们列出几个有关等词 $\approx$ 的几个内定理。这些等词的性质是很显然的，而且在证明完全性定义时也会用到。它们的证明留作习题。

(Eq1) $\forall x\, x \approx x$；

(Eq2) $\forall x\forall y(x \approx y \to y \approx x)$；

(Eq3) $\forall x\forall y\forall z(x \approx y \to y \approx z \to x \approx z)$。

（在第五章学了语义之后就会看到）这 3 条性质说明 $\approx$ 的解释一定是一个等价关系。事实上，它还与所有的谓词和函数"相容"：

(Eq4) 对所有 n-元谓词符号 P 有

$$\forall x_1 \cdots \forall x_n \forall y_1 \cdots \forall y_n$$

$$(x_1 \approx y_1 \to \cdots \to x_n \approx y_n \to Px_1 \cdots x_n \to Py_1 \cdots y_n)；$$

(Eq5) 对所有 n-元函数符号 f 有

$$\forall x_1 \cdots \forall x_n \forall y_1 \cdots \forall y_n$$
$$(x_1 \approx y_1 \to \cdots \to x_n \approx y_n \to f x_1 \cdots x_n \approx f y_1 \cdots y_n).$$

习题 4.3

4.3.1

(1) 给出两个 $(\varphi_y^x)_x^y$ 不等于 φ 的例子，要求在一个例子中 x 出现在 $(\varphi_y^x)_x^y$ 中而不出现在 φ 中；在另一个例子中 x 出现在 φ 中而不出现在 $(\varphi_y^x)_x^y$ 中。

(2)（循环替换引理）如果变元 y 完全不在公式 φ 中出现，则变元 x 可以在公式 φ_y^x 中无冲突地替换 y 并且 $(\varphi_y^x)_x^y = \varphi$。

4.3.2 证明：

$$\forall x \forall y P x y \vdash \forall y \forall x P y x。$$

4.3.3 证明 (Eq3)：

$$\vdash \forall x \forall y \forall z (x \approx y \to y \approx z \to x \approx z)。$$

4.3.4 证明下述等价替换定理：假定公式 φ' 是由把公式 φ 中的某个子公式 ψ 替换成 ψ' 而得到的。如果 $\vdash \psi \leftrightarrow \psi'$，则

$$\vdash \varphi \leftrightarrow \varphi'。$$

4.4　前束范式

　　一般说来，范式或标准型的存在会给我们的研究带来一些方便，因为可以只注意某种特殊的（即规范的或标准的）形式，从而避免处理较为杂乱的一般形式。在命题逻辑中讨论过所谓析取范式和合取范式。现在，进一步讨论一阶逻辑中的前束范式。所谓前束范式，就是把所有的量词都提到前面。精确地说，称具有

$$Q_1 x_1 \cdots Q_n x_n \varphi$$

形式的公式为一个**前束公式**，其中 n 是自然数，Q_i 是量词 $\forall$ 或者 $\exists$，并且 φ 不含量词。前束范式的概念在计算机科学中常常被用到。此外量词的多少（尤

其是由相同量词组成的量词块的多少）天然地向我们提供了一个衡量公式复杂性的度量，这在后继课程中（如集合论中的绝对性和递归论中的可计算性）会经常谈到。

定理 4.4.1（前束范式定理）　对于任何公式都可以找到与之语法等价的前束公式。

证明　可以利用下列规则来做量词操作，规则的正确性留作练习：

(Q1a)　$\neg\forall x\varphi \vdash\dashv \exists x\neg\varphi$；

(Q1b)　$\neg\exists x\varphi \vdash\dashv \forall x\neg\varphi$；

(Q2a)　$(\varphi \to \forall x\psi) \vdash\dashv \forall x(\varphi \to \psi)$，假定 x 不在 φ 中自由出现；

(Q2b)　$(\varphi \to \exists x\psi) \vdash\dashv \exists x(\varphi \to \psi)$，假定 x 不在 φ 中自由出现；

(Q3a)　$(\forall x\varphi \to \psi) \vdash\dashv \exists x(\varphi \to \psi)$，假定 x 不在 ψ 中自由出现；

(Q3b)　$(\exists x\varphi \to \psi) \vdash\dashv \forall x(\varphi \to \psi)$，假定 x 不在 ψ 中自由出现。

下面对公式施行归纳来证明任何公式都有与之语法等价的前束公式。

(1)　如果 φ 是原子公式，则它本身已经是前束公式。

(2)　如果 φ 等价于前束公式 φ'，则 $\forall x\varphi$ 等价于前束公式 $\forall x\varphi'$。

(3)　如果 φ 等价于前束公式 φ'，则 $\neg\varphi$ 等价于 $\neg\varphi'$，再用 (Q1) 即可将 $\neg\varphi'$ 变为前束公式。

(4)　考察形为 $\varphi \to \psi$ 的公式。根据归纳假设，存在分别等价于 φ 和 ψ 的前束公式 φ' 和 ψ'。通过适当的约束变元替换，可以进一步假定 φ' 中的约束变元不在 ψ' 中出现，反之亦然。再用 (Q2) 和 (Q3) 即可得到一个与 $\varphi' \to \psi'$ 等价的前束公式，从而也与 $\varphi \to \psi$ 等价。　　　□

例 4.4.2　公式 $\forall x\exists yPxy \to \exists xQx$ 的前束范式可以是 $\exists x\forall y\exists z(Pxy \to Qz)$，也可以是 $\exists x\exists z\forall y(Pxy \to Qz)$，还可以是 $\exists z\exists x\forall y(Pxy \to Qz)$。

习题 4.4

4.4.1 假定 x 不在 φ 中自由出现，证明 (Q2b) 和 (Q3a)：

$$\vdash \quad (\varphi \to \exists x\psi) \leftrightarrow \exists x(\varphi \to \psi),$$
$$\vdash \quad (\forall x\psi \to \varphi) \leftrightarrow \exists x(\psi \to \varphi)。$$

4.4.2 分别找出一个与下列公式语法等价的前束公式:

(1) $(\exists x Ax \wedge \exists x Bx) \to Cx$;

(2) $\forall x Ax \leftrightarrow \exists x Bx$。

4.5 自然推演

我们见过命题逻辑中的一个自然推演系统。不难想象一阶逻辑中也有（很多）类似的系统。本节继续第二章 2.7 节的话题，把那里的自然推演系统扩展成为适用于一阶逻辑的系统，后面会用它来证明完全性定理和切割消去定理[①]。注意：我们的目的仍然是作为主线的补充，因此下面介绍的都是简化了的版本。

首先仍从规定语言开始，为了简单起见，假定语言中没有函数符号和常数符号，也没有等词。语言包括：

(0) 括号："(" 和 ")";

(1) 谓词符号：$P_0, \bar{P}_0, P_1, \bar{P}_1, \cdots$，其中每个 P_i 可以包含若干元，并且 P_i 和 $\bar{P}_i$ 成对出现;

(2) 逻辑符号：$\vee$, $\wedge$, $\exists$, $\forall$;

(3) 变元：$v_1, v_2, \cdots$。

语言中原子公式为 $P_i(v_{i_1}, v_{i_2}, \cdots, v_{i_k})$ 和 $\bar{P}_i(v_{i_1}, v_{i_2}, \cdots, v_{i_k})$。其他公式则是由原子公式和 $\vee$, $\wedge$, $\exists x$, $\forall x$ 生成的。

注意：同命题逻辑中的做法一样，$\neg$ 和 $\to$ 仍是被定义的符号。只不过在定义 $\neg$ 时，要添上 $\neg \forall x \varphi =_{df} \exists x \neg \varphi$ 和 $\neg \exists x \varphi =_{df} \forall x \neg \varphi$。这样做的目的仍然是最大限度地利用 $\vee$ 和 $\wedge$ 以及 $\exists$ 和 $\forall$ 的对偶性，从而减少推理规则的个数。

推理规则如下，其中 Γ 和 Δ 为任意的有穷公式集。

公理：
$$\Gamma, P(v_{i_1}, \cdots, v_{i_k}), \bar{P}(v_{i_1}, \cdots, v_{i_k});$$

规则 $(\vee)$:
$$\frac{\Gamma, \varphi_i}{\Gamma, (\varphi_0 \vee \varphi_1)}, \quad i = 0, 1;$$

[①] 切割消去定理，英文为 cut elimination theorem。

规则 (∧):

$$\frac{\Gamma, \varphi_0 \quad \Gamma, \varphi_1}{\Gamma, (\varphi_0 \wedge \varphi_1)} \ ;$$

规则 (∃):

$$\frac{\Gamma, \varphi(x')}{\Gamma, \exists x \varphi(x)} \ ;$$

规则 (∀):

$$\frac{\Gamma, \varphi(x')}{\Gamma, \forall x \varphi(x)} \ , \quad x' \ \text{不在} \ \Gamma \ \text{中自由出现;}$$

切割规则:

$$\frac{\Gamma, \varphi \quad \Gamma, \neg \varphi}{\Gamma} \ 。$$

与命题逻辑类似, 仍用 ⊢ Γ 表示存在 Γ 的一个自然推演。具体定义留给读者。我们仍只讨论 ⊢ Γ 这种弱形式, 暂不讨论 Δ ⊢ Γ 这样的一般形式。

与命题逻辑的情形类似, 下面针对所有公式的一般情况成立。

例 4.5.1 用自然推演证明: 对所有的有穷公式集 Γ 和 φ, 有 ⊢ Γ, $\neg\varphi$, φ。今后我们会把它称为 (公理′) 或直接当作公理来用。

证明 固定 Γ, 对公式 φ 施行归纳:

如果 φ 为原子公式 $P(v_{i_1}, \cdots, v_{i_k})$, 则 $\neg\varphi$ 为 $\bar{P}(v_{i_1}, \cdots, v_{i_k})$。所以 Γ, $\neg\varphi$, φ 是公理。φ 为 $\bar{P}(v_{i_1}, \cdots, v_{i_k})$ 的情形与此类似。

如果 φ 形如 $\varphi_0 \vee \varphi_1$ 或 $\varphi_0 \wedge \varphi_1$, 则证明与命题逻辑的证明相同。

如果 φ 形如 $\exists x \psi(x)$, 则 $\neg\varphi$ 形如 $\forall x \neg\psi(x)$。由于 Γ 是有穷集, 可以选一个在 Γ 中完全不出现的变元 y。根据归纳假定, 存在 Γ, $\neg\psi(y)$, $\psi(y)$ 的自然推演 $\mathcal{D}$。因而, 有

$$\begin{array}{c} \mathcal{D} \\ \vdots \\ \hline \dfrac{\Gamma, \psi(y), \neg\psi(y)}{\dfrac{\Gamma, \exists x \psi(x), \neg\psi(y)}{\Gamma, \exists x \psi(x), \forall x \neg\psi(x)}} \ (\forall) \end{array},$$

φ 为 $\forall x \psi(x)$ 的证明类似。 □

回忆一下, 我们把 $\{a, b, c\}$ 转写成 $\{a, b\}, c$ 或 $\{a\}, b, c$ 的做法记为 (rw)。尽管转写不是推理规则, 为了读者方便, 把转写"规则"写成

$$\frac{\{a, b, c\}}{\{a, b\}, c} \ (rw) \ 。$$

例 4.5.2 用自然推演证明：$\vdash \forall x \varphi(x) \to (\forall x \psi(x) \to \forall x(\varphi(x) \wedge \psi(x)))$。

证明 首先要把 $p \to q$ 用 $\neg p \vee q$ 代替，并且用 $\neg$ 的定义把 $\neg$ 推到最里层。由此，要证的是

$$\vdash \exists x \varphi(x) \vee (\exists x \psi(x) \vee (\forall x(\varphi(x) \wedge \psi(x))))。$$

固定一个新变元 y，即 $y \neq x$ 并且 y 在 φ 和 ψ 中都不出现，推演树如下：

$$\dfrac{\dfrac{\dfrac{\{\exists x \neg \psi(x)\}, \varphi(y), \neg \varphi(y)}{\{\exists x \neg \psi(x), \varphi(y)\}, \neg \varphi(y)} (rw)}{\dfrac{\{\exists x \neg \psi(x), \varphi(y)\}, \exists x \neg \varphi(x)}{\exists x \neg \varphi(x), \exists x \neg \psi(x), \varphi(y)} (rw)} (\exists) \qquad \dfrac{\dfrac{\dfrac{\{\exists x \neg \varphi(x)\}, \psi(y), \neg \psi(y)}{\{\exists x \neg \varphi(x), \psi(y)\}, \neg \psi(y)} (rw)}{\dfrac{\{\exists x \neg \varphi(x), \psi(y)\}, \exists x \neg \psi(x)}{\exists x \neg \varphi(x), \exists x \neg \psi(x), \psi(y)} (rw)} (\exists)}{\dfrac{\exists x \neg \varphi(x), \exists x \neg \psi(x), \varphi(y) \wedge \psi(y)}{\dfrac{\exists x \neg \varphi(x), \exists x \neg \psi(x), \forall x(\varphi(x) \wedge \psi(x))}{\exists x \varphi(x) \vee (\exists x \psi(x) \vee (\forall x(\varphi(x) \wedge \psi(x))))} (\vee')} (\forall)} (\wedge)。$$

$\square$

再看另一个例子。希望通过它一方面说明怎样对证明树进行归纳；另一方面也暗示自然推演有子公式性质，即证明中用到的公式都是所证公式的子公式。

例 4.5.3 证明：如果 $\vdash \Gamma, (\varphi_0 \wedge \varphi_1)$，则 $\vdash \Gamma, \varphi_0$ 并且 $\vdash \Gamma, \varphi_1$。

证明 这里证明一个稍微特殊的情形，即假定 $(\varphi_0 \wedge \varphi_1) \notin \Gamma$。一般情形只要进行弱化即可（见习题 4.5.1）。

令 $\mathcal{D}$ 为 $\Gamma, (\varphi_0 \wedge \varphi_1)$ 的一个自然推演。对 $\mathcal{D}$ 的长度（即证明树的高度[①]）进行归纳。

如果 $\mathcal{D}$ 的长度为 1，则 $\Gamma, (\varphi_0 \wedge \varphi_1)$ 是公理。因此存在原子公式 $P(v_{i_1}, \cdots, v_{i_k})$ 和 $\bar{P}(v_{i_1}, \cdots, v_{i_k})$ 包含在 Γ 中。所以 Γ, φ_0 和 Γ, φ_1 都是公理，命题成立。

假定命题对长度小于或等于 k 的自然推演成立。考虑一个长度为 $k+1$ 的 $\Gamma, (\varphi_0 \wedge \varphi_1)$ 的自然推演 $\mathcal{D}$。如果 $\mathcal{D}$ 的最后一步是公理，则与前面的证明相同。

如果 $\mathcal{D}$ 的最后一步使用了规则 $(\vee)$ 或 $(\exists)$ 或 $(\forall)$ 或切割，我们以规则 $(\vee)$ 为例。假定 $\mathcal{D}$ 的最后一步为

$$\dfrac{\Gamma', \psi_0}{\Gamma', (\psi_0 \vee \psi_1)} \quad 。$$

[①] 这里不打算给出证明树的高度的严格定义，请读者模仿二岔树高度的定义自行补上。

注意到 $\Gamma' \cup \{(\psi_0 \vee \psi_1)\} = \Gamma \cup \{(\varphi_0 \wedge \varphi_1)\}$，如果令 $\Delta = \Gamma' \setminus \{(\varphi_0 \wedge \varphi_1)\}$，则 $\Delta \cup \{(\psi_0 \vee \psi_1)\} = \Gamma$。所以有一个长度小于或等于 k 的关于 $\Delta \cup \{\psi_0\}, (\varphi_0 \wedge \varphi_1)$ 的自然推演。根据归纳假定，$\vdash \Delta, \psi_0, \varphi_0$ 并且 $\vdash \Delta, \psi_0, \varphi_1$。再分别使用规则 $(\vee)$，有 $\vdash \Delta, \psi_0 \vee \psi_1, \varphi_0$ 和 $\vdash \Delta, \psi_0 \vee \psi_1, \varphi_1$。由于 $\Delta \cup \{(\psi_0 \vee \psi_1)\} = \Gamma$，就有 $\vdash \Gamma, \varphi_0$ 并且 $\vdash \Gamma, \varphi_1$。

剩下的情形为 $\mathcal{D}$ 的最后一步使用了规则 $(\wedge)$：

$$\frac{\Gamma', \psi_0 \quad \Gamma', \psi_1}{\Gamma', (\psi_0 \wedge \psi_1)} \quad 。$$

如果对某个 $i = 0, 1$，ψ_i 不等于 φ_i，则证明与 $(\vee)$ 情形类似。最后的可能是 $\Gamma' = \Gamma$，$\psi_0 = \varphi_0$，$\psi_1 = \varphi_1$，此时显然有 $\vdash \Gamma, \varphi_0$ 并且 $\vdash \Gamma, \varphi_1$。 $\square$

习题 4.5

4.5.1 证明弱化定理[①]的下列弱形式：对所有的有穷公式集 Γ 和公式 φ，如果 $\vdash \Gamma$ 则 $\vdash \Gamma, \varphi$。

4.5.2 证明：如果 $\vdash \Gamma, \forall x \varphi(x)$，则对于任意项 t（在简化了的版本里只有变元 v_i），$\vdash \Gamma, \varphi(t)$。为什么这里没有 t 可在 φ 中无冲突地替换 x 的条件呢？

[①] 弱化定理（weakening）的一般形式为 $\Delta \vdash \Delta, \Gamma$。但如何在自然推理中定义 $\Delta \vdash \Gamma$ 我们没有讲，所以暂不要求大家证明弱化定理。

第五章　结构与真

5.1　一阶语言的结构

到现在为止我们都在讨论一阶逻辑的语法部分，所有的公式等都可以被视为毫无意义的字符串。现在开始讨论它们的"意义"。首先要解释语言中每一个符号的意义。粗略地说，这个解释是通过挑选"外部的"一个数学"结构"来完成的。结构挑选的过程，也就是规定量词的范围，并指定谓词、函数和常数符号意义的过程。

定义 5.1.1　一阶语言的一个**结构** $\mathfrak{A}$ 是定义域包括非逻辑符号和量词符号的函数，并且满足下列条件：

(1) $\mathfrak{A}$ 给量词符号 $\forall$ 指定一个非空集 $|\mathfrak{A}|$，称作 $\mathfrak{A}$ 的**论域** ①。

(2) 对每个 n-元谓词符号 P，$\mathfrak{A}$ 都指定一个 n-元关系 $P^{\mathfrak{A}} \subseteq |\mathfrak{A}|^n$，即 $P^{\mathfrak{A}}$ 是由论域中 n-元组所组成的集合。

(3) 对每个常数符号 c，$\mathfrak{A}$ 都指定论域 $|\mathfrak{A}|$ 中的一个元素 $c^{\mathfrak{A}}$。

(4) 对每个 n-元函数符号 f，$\mathfrak{A}$ 都指定论域 $|\mathfrak{A}|$ 上的一个 n-元函数 $f^{\mathfrak{A}}$，即 $f^{\mathfrak{A}} : |\mathfrak{A}|^n \to |\mathfrak{A}|$。

注意：选非空集作为论域是必要的，原因是第四章中的有些公理对空集不适用。读者可以尝试指出是哪一条公理在论域为空的结构中不成立。

例 5.1.2　考察集合论的语言 $\mathcal{L}_{Set} = \{\approx, \in\}$，其中 $\in$ 为一个二元谓词符号。尽管我们的初衷是研究"真正的"集合论，但按照以上结构的定义，仍有很大的自由来挑选 $\mathcal{L}$ 的结构。例如，令 $\mathfrak{A}$ 的论域 $|\mathfrak{A}|$ 为全体自然数的集合 $\mathbb{N}$，符号 $\in$ 在 $\mathfrak{A}$ 中的解释 $\in^{\mathfrak{A}}$ 定义为"小于"关系 $\{(m,n) : m < n\}$。下列

---

① 论域，英文为 universe，也被译为**宇宙**。

问题会帮助我们理解后面要谈到的真值理论。在上述解释下，怎样解读语句 $\exists x \forall y \neg y \in x$，以及

$$\forall x \forall y \exists z \forall t(t \in z \rightarrow (t \approx x \vee t \approx y))?$$

接下来将定义"一个语句 σ 在结构 $\mathfrak{A}$ 中为真"这一概念。

虽然我们的目标是语句，但由于定义是对语句归纳完成的，对于形如 $\forall x \psi(x)$ 的语句，必须先讨论 $\mathfrak{A} \vDash \varphi(x)$，而 $\varphi(x)$ 可能含有自由变元，因而不是语句。也就是说，我们不可避免地要处理带有自由变元的公式。

由于结构 $\mathfrak{A}$ 中没有规定变元的解释，因此无法讨论含自由变元的公式的真假。例如，在结构 $(\mathbb{N}, 0)$ 中，由于变元 x 的值不确定，讨论 $x \approx 0$ 是否为真是毫无意义的。为此，这里需要一个赋值 s 确定变元在结构 $\mathfrak{A}$ 的论域中的取值。

令 $\mathcal{V}$ 为语言 $\mathcal{L}$ 中所有自由变元的集合，$\mathfrak{A}$ 为 $\mathcal{L}$ 的结构。所谓**赋值** s 指的是任意由 $\mathcal{V}$ 到 $\mathfrak{A}$ 的论域上的函数 $s: \mathcal{V} \rightarrow |\mathfrak{A}|$。

接下来定义"$\mathfrak{A}$ 和 s 满足 φ"这个短语。直观上说，"$(\mathfrak{A}, s) \vDash \varphi$"的含义如下：先把符号串 φ 里的谓词符号、函数符号和常数符号按照结构 $\mathfrak{A}$ 的规定来解释，把量词的论域限制在集合 $|\mathfrak{A}|$ 上，把自由变元 x 解释成它的赋值 $s(x)$，从而把公式 φ 翻译成一个元语言中的关于结构 $\mathfrak{A}$ 的命题，而利用关于 $\mathfrak{A}$ 的知识，就可以判定这个命题的真假。

定义 5.1.3 令 $\mathfrak{A}$ 为语言 $\mathcal{L}$ 的结构，$s: \mathcal{V} \rightarrow |\mathfrak{A}|$ 为赋值，φ 为 $\mathcal{L}$ 公式。$\mathfrak{A}$ 和 s **满足** φ，用符号表示为 $(\mathfrak{A}, s) \vDash \varphi$，递归定义如下：

(1) **项的解释** 把对变元的赋值 s 扩展为对所有项的赋值。令 $\mathcal{T}$ 表示所有项的集合。递归定义一个项的赋值函数 $\bar{s}: \mathcal{T} \rightarrow |\mathfrak{A}|$ 如下：

(a) 对每一个变元符号 x，$\bar{s}(x) = s(x)$；

(b) 对每一个常数符号 c，$\bar{s}(c) = c^{\mathfrak{A}}$；

(c) 如果 $t_1, t_2, \cdots, t_n$ 是项，并且 f 是一个 n 元函数符号，则

$$\bar{s}(f t_1 t_2 \cdots t_n) = f^{\mathfrak{A}}(\bar{s}(t_1), \bar{s}(t_2), \cdots, \bar{s}(t_n)).$$

(2) **原子公式**

(a) $(\mathfrak{A}, s) \vDash \approx t_1 t_2$ 当且仅当 $\bar{s}(t_1) = \bar{s}(t_2)$；

(b) 对每一个 n 元谓词符号 P，$(\mathfrak{A}, s) \vDash Pt_1 t_2, \cdots t_n$ 当且仅当

$$(\overline{s}(t_1), \overline{s}(t_2) \cdots, \overline{s}(t_n)) \in P^{\mathfrak{A}}。$$

(3) 非原子公式

(a) $(\mathfrak{A}, s) \vDash \neg\varphi$ 当且仅当 $\mathfrak{A}$ 和 s 不满足 φ，记作 $(\mathfrak{A}, s) \nvDash \varphi$；

(b) $(\mathfrak{A}, s) \vDash (\varphi \to \psi)$ 当且仅当 $(\mathfrak{A}, s) \nvDash \varphi$ 或者 $(\mathfrak{A}, s) \vDash \psi$；

(c) $(\mathfrak{A}, s) \vDash \forall x\varphi$ 当且仅当对任何的 $d \in |\mathfrak{A}|$，有 $(\mathfrak{A}, s_d^x) \vDash \varphi$，其中 s_d^x 为一个由 s，x 和 d 诱导出来新的赋值函数，定义为

$$s_d^x(y) = \begin{cases} s(y), & \text{如果 } y \neq x; \\ d, & \text{如果 } y = x。 \end{cases}$$

下面是对定义 5.1.3 的几点说明：

• 第 (3) 条 (c) 的本意是把 $\varphi(x)$ 中的变元 x 用 d 来取代，非正式的写法为 $\varphi(d)$。但严格讲这样写没有意义，因为 d 不是对象语言中的符号。因此只有采用赋值的方法把变元 x 赋值为 d。有的教科书把它简记成 $\varphi[d]$。当我们熟悉这些概念之后，也可以采用这种简记。

• 定义 5.1.3 是一阶逻辑真值理论的核心。它是由逻辑学家塔斯基在 1933 年给出的。

• 对初学者来说，需要清楚一个定义是用什么在定义什么，或者说它是否是循环定义。事实上，这里是用关于结构（元语言中）的知识来定义（对象语言中）一阶语句的真假。

例如，固定域的语言 $\mathcal{L} = \{+, \cdot, 0, 1\}$。考察一阶语句 φ：$\forall x(x \cdot x \not\approx 1 + 1)$。就 φ 本身而言，它只是一个字符串，到现在为止尚不具有任何意义。只有当固定好 $\mathcal{L}$ 的一个结构 $\mathfrak{A}$ 时，才能决定 φ 的真假。就 φ 而言，它在有理数域 $\mathbb{Q}$ 中为真，而在实数域 $\mathbb{R}$ 中为假。至于为什么它在有理数域 $\mathbb{Q}$ 为真，则是关于 $\mathbb{Q}$ 的知识告诉我们的。因此我们是用数学中关于 $\mathfrak{A}$ 的知识来定义一个形式语句 φ（在确定了赋值 s 的情况下）在 $\mathfrak{A}$ 中的真假。

• 从上面的讨论可以看出，在这一点上用数学语言比用自然语言要清晰。自然语言中常用的例子为："雪是白的"为真当且仅当雪是白的。与 $(\mathfrak{A}, s) \vDash \varphi$ 的定义类似，我们是利用关于物理世界的知识来确定"雪是白的"这一语句的真值。

定义 5.1.4 令 Γ 为一个公式集并且 φ 为一个公式。称 Γ **语义蕴涵**[①] φ，记作 $\Gamma \vDash \varphi$，如果对每一个结构 $\mathfrak{A}$ 和每个赋值函数 $s : V \to |\mathfrak{A}|$，都有：如果 $\mathfrak{A}$ 和 s 满足 Γ 中的所有公式，则 $\mathfrak{A}$ 和 s 也满足 φ。

定义 5.1.4 是本课程中最重要的概念之一。语义蕴涵的目标是严格定义"必然地得出"这一概念。前面的语法蕴涵概念尽管非常精确，但人们多少会怀疑它是否过于依赖形式系统的选取。而语义蕴涵则没有这一缺陷。因此一个"好的"推演系统从假设集 Γ 能"推"出的命题应该不多不少恰恰是 Γ 语义蕴涵的那些命题，这就是后面要讲的所谓可靠性和完全性。

在命题逻辑中曾用符号 $\vDash$ 表示过重言蕴涵，但从现在起，除非特别声明，符号 $\vDash$ 只表示语义蕴涵。我们仍然沿用过去的一些约定，例如，用 $\psi \vDash \varphi$ 来表示 $\{\psi\} \vDash \varphi$。

我们说两个公式 φ 和 ψ 是**语义等价的**[②]，如果 $\varphi \vDash \psi$ 并且 $\psi \vDash \varphi$。

一个公式 φ 被称为**普遍有效的**[③]，如果 $\emptyset \vDash \varphi$，记作 $\vDash \varphi$。

注意：公式 φ 是普遍有效的当且仅当对所有的结构 $\mathfrak{A}$ 和所有的赋值 $s : V \to |\mathfrak{A}|$，$\mathfrak{A}$ 和 s 都满足 φ。（为什么？）因此普遍有效的公式在一阶逻辑中与重言式在命题逻辑中的地位类似。

最后相信大家不会把 $(\mathfrak{A}, s) \vDash \varphi$（还有后面马上定义的 $\mathfrak{A} \vDash \varphi$）与 $\Gamma \vDash \varphi$ 搞混，虽然都用了 $\vDash$ 这个符号。有的教科书（例如，安德顿（Enderton, 2001））也会把 $(\mathfrak{A}, s) \vDash \varphi$ 记作 $\vDash_{\mathfrak{A}} \varphi[s]$，并且把 $\mathfrak{A} \vDash \varphi$ 记作 $\vDash_{\mathfrak{A}} \varphi$。

定理 5.1.5 假定 s_1 和 s_2 为两个从 V 到 $|\mathfrak{A}|$ 的赋值函数，并且它们在公式 φ 中所有自由出现的变元上取值相同，则 $(\mathfrak{A}, s_1) \vDash \varphi$ 当且仅当 $(\mathfrak{A}, s_2) \vDash \varphi$。

证明 固定结构 $\mathfrak{A}$，对公式 φ 施行归纳证明。

情形 1：φ 是原子公式 $Pt_1 t_2 \cdots t_n$。此时 φ 中出现的变元都是自由的，因此对 φ 中任意变元 x，都有 $s_1(x) = s_2(x)$。借此不难验证：

$$对 \varphi 中每个项 \ t_i, \ 1 \leq i \leq n, \ 都有 \ \bar{s}_1(t_i) = \bar{s}_2(t_i)。 \tag{5.1}$$

证明这一点需要对项做归纳，细节留给读者。

[①] 语义蕴涵，英文为 logically imply，也被译为**逻辑蕴涵**，或说 φ 是 Γ 的**语义后承**。

[②] 语义等价，英文为 logically equivalent，也被译为**逻辑等价**。

[③] 普遍有效的，英文为 valid。通常直译为**有效的**。

有了命题 (5.1)，就可以证明：

$$(\mathfrak{A}, s_1) \vDash Pt_1 t_2 \cdots t_n \quad \text{当且仅当} \quad (\bar{s}_1(t_1), \bar{s}_1(t_2), \cdots, \bar{s}_1(t_n)) \in P^{\mathfrak{A}}$$
$$\text{当且仅当} \quad (\bar{s}_2(t_1), \bar{s}_2(t_2), \cdots, \bar{s}_2(t_n)) \in P^{\mathfrak{A}}$$
$$\text{当且仅当} \quad (\mathfrak{A}, s_2) \vDash Pt_1 t_2 \cdots t_n。$$

情形 2：φ 为原子公式 $t_1 \approx t_2$。证明与情形 1 类似。

情形 3：φ 为 $\neg\psi$。

情形 4：φ 为 $\psi_1 \to \psi_2$。

以上两种情形可由归纳假设立得，实际上与赋值 s_1 和 s_2 无关。我们把验证留给读者。

情形 5：φ 是 $\forall x\psi$。此时，ψ 中自由出现的变元至多是 x 加上 φ 中自由出现的变元。所以对任意 $d \in |\mathfrak{A}|$，d 诱导出的赋值函数 $(s_1)_d^x$ 和 $(s_2)_d^x$ 在 ψ 中所有自由出现的变元上取值相同。根据归纳假设，$(\mathfrak{A}, (s_1)_d^x) \vDash \psi$ 当且仅当 $(\mathfrak{A}, (s_2)_d^x) \vDash \psi$。所以 $(\mathfrak{A}, s_1) \vDash \varphi$ 当且仅当 $(\mathfrak{A}, s_2) \vDash \varphi$。 $\square$

推论 5.1.6 对任何语句 σ，以下命题有且只有一个成立。

(1) 对所有函数 $s: \mathcal{V} \to |\mathfrak{A}|$，都有 $(\mathfrak{A}, s) \vDash \sigma$；

(2) 对所有函数 $s: \mathcal{V} \to |\mathfrak{A}|$，都有 $(\mathfrak{A}, s) \nvDash \sigma$。

当情形 (1) 成立时，就称 **σ 在 $\mathfrak{A}$ 中为真**，记作 $\mathfrak{A} \vDash \sigma$；也经常使用下列短语：$\sigma$ 在 $\mathfrak{A}$ 中成立；**$\mathfrak{A}$ 满足 σ** 和 **$\mathfrak{A}$ 是 σ 的一个模型**。

推论 5.1.6 说明对语句来说，赋值函数是不重要的。类似地，如果公式 φ 中仅有一个自由变元 v_1，对赋值函数来说，重要的只是它在 v_1 上的赋值。

例 5.1.7 给定一阶语言 $\mathcal{L}$，它包含一个二元谓词符号 P、一个一元函数符号 f 和一个常数符号 c，考察它的如下结构：

$$\mathfrak{A} = (\mathbb{N}, \leq, S, 0)。$$

令 $s: \mathcal{V} \to \mathbb{N}$ 使得 $s(v_i) = i - 1$，即：$s(v_1) = 0$，$s(v_2) = 1$，等等。什么是 $\bar{s}(ffv_3)$？$\bar{s}(ffc)$ 又是什么？结构 $\mathfrak{A}$ 和赋值 s 满足下列公式吗？

(1) $Pcfv_1$；

(2) $\forall v_1 Pcv_1$；

(3) $\forall v_1 Pv_2 v_1$。

解答 首先，$s(v_3) = 2$，而 $SS2 = 4$，所以 $\bar{s}(ffv_3) = 4$。类似地，$\bar{s}(ffc) = 2$。

其次，对于 (1) 中的公式 $Pcfv_1$，根据 $\mathfrak{A}$ 和 s，是说在 $\mathfrak{A}$ 中 $0 \leq S0$，这显然是对的，所以 $(\mathfrak{A}, s) \vDash Pcfv_1$。

(2) 中的 $\forall v_1 Pcv_1$ 则是说"0 小于等于任何自然数"，这当然也是对的，所以 $(\mathfrak{A}, s) \vDash \forall v_1 Pcv_1$。注意：这里 v_1 是一个约束变元，不需要也不能够用 $s(v_1)$ 来确定这个语句的真值。

类似地，(3) 是说"1 小于等于任何自然数"，而这显然不对，所以 $(\mathfrak{A}, s) \nvDash \forall v_1 Pv_2 v_1$。

例 5.1.8 证明或否证下列命题：

(1) $\forall v_1 Qv_1 \vDash Qv_1$；

(2) $Qv_1 \vDash \forall v_1 Qv_1$。

解答 (1) 根据题意，首先确定语言 $\mathcal{L}$ 中至少有一个一元谓词符号 Q。当然，$\mathcal{L}$ 可能包含其他非逻辑符号，但这不影响对 Qv_1 和 $\forall v_1 Qv_1$ 的解释。因此，不妨假定 $\mathcal{L} = \{Q\}$。

需要证明：对任意 $\mathcal{L}$ 结构 $\mathfrak{A}$、任意赋值 s，如果 $(\mathfrak{A}, s) \vDash \forall v_1 Qv_1$，则 $(\mathfrak{A}, s) \vDash Qv_1$。

任意给定 $\mathcal{L}$ 的结构 $\mathfrak{A}$ 和赋值 $s : \mathcal{V} \to |\mathfrak{A}|$。如果 $(\mathfrak{A}, s) \vDash \forall v_1 Qv_1$，则论域中的所有元素都有性质 $Q^{\mathfrak{A}}$，即 $Q^{\mathfrak{A}} = |\mathfrak{A}|$。所以，不论 $s(v_1) \in |\mathfrak{A}|$ 为何值，都有 $s(v_1) \in Q^{\mathfrak{A}}$，故 $(\mathfrak{A}, s) \vDash Qv_1$。这样就证明了 $\forall v_1 Qv_1 \vDash Qv_1$。

(2) 直观上这个命题显然不成立。与 (1) 一样，不妨假设语言为 $\mathcal{L} = \{Q\}$。为了证明其不成立，需要构造一个 $\mathcal{L}$ 模型 $\mathfrak{A}$、一个赋值 s，使得 $(\mathfrak{A}, s) \vDash Qv_1$，但 $(\mathfrak{A}, s) \nvDash \forall v_1 Qv_1$。不难看出，这只需要令 $Q^{\mathfrak{A}} \subsetneq |\mathfrak{A}|$，$s(v_1) \in Q^{\mathfrak{A}}$ 即可。

习题 5.1

5.1.1 前面说过，公式 $\varphi \vee \psi$，$\varphi \wedge \psi$ 和 $\exists x \varphi$ 是分别作为 $((\neg \varphi) \to \psi)$，$(\neg(\varphi \to (\neg \psi)))$ 和 $(\neg \forall x(\neg \varphi))$ 的缩写而引入的。根据定义找出 $(\mathfrak{A}, s) \vDash (\varphi \vee \psi)$，$(\mathfrak{A}, s) \vDash (\varphi \wedge \psi)$ 和 $(\mathfrak{A}, s) \vDash \exists x \varphi$ 的意义。

5.1.2 证明：$\vDash \forall x \varphi(x) \to \exists x \varphi(x)$。【**注意**：这似乎是"无中生有"。你在证明中用到了结构是非空的这个约定吗？】

5.1.3 判断下列命题的对错并给出证明或反例。固定一个一阶语言 $\mathcal{L}$。

    (1) 对于任意 $\mathcal{L}$ 的结构 $\mathfrak{A}$ 和语句 σ，或者 $\mathfrak{A} \vDash \sigma$ 或者 $\mathfrak{A} \vDash \neg\sigma$；

    (2) 对任意的语句 σ，或者 $\vDash \sigma$ 或者 $\vDash \neg\sigma$。

5.1.4 证明 $\Gamma \cup \{\varphi\} \vDash \psi$ 当且仅当 $\Gamma \vDash (\varphi \to \psi)$。

5.1.5 举例说明：在 $\vDash \varphi$ 当且仅当 $\vDash \psi$ 的条件下，不一定有 $\vDash \varphi \leftrightarrow \psi$。

5.1.6 证明下列的任何语句都不被其他两个语义蕴涵。

    (1) $\forall x \forall y \forall z (Pxy \to (Pyz \to Pxz))$；

    (2) $\forall x \forall y (Pxy \to (Pyx \to x \approx y))$；

    (3) $\forall x \exists y Pxy \to \exists y \forall x Pxy$。

【提示：可以构造一个结构，使得一个语句在该结构为假，但其他两个语句为真。】

5.1.7 假定 v_1 是公式 $\varphi(v_1)$ 中唯一的自由变元并且 d 是论域 $|\mathfrak{A}|$ 中的元素。用符号 $\mathfrak{A} \vDash \varphi[d]$ 表示对所有赋值函数 s，$(\mathfrak{A}, s_d^{v_1}) \vDash \varphi(v_1)$。证明

$$\mathfrak{A} \vDash \forall v_2 Q v_1 v_2 [c^{\mathfrak{A}}] \text{ 当且仅当 } \mathfrak{A} \vDash \forall v_2 Q c v_2,$$

这里 Q 为一个二元谓词符号并且 c 为常数符号。【注意：本题的目的是适应一下新的符号，它是模型论中常用的，在谈论可定义性时也会用到。】

5.1.8 证明 $\{\forall x (\varphi \to \psi), \forall x \varphi\} \vDash \forall x \psi$。【注意：这是后面可靠性定理证明的一部分。】

5.1.9 证明：如果 x 不在 φ 中自由出现，则 $\varphi \vDash \forall x \varphi$。【注意：这也是后面可靠性定理证明的一部分。】

5.1.10 证明：公式 $x \approx y \to Pzfx \to Pzfy$ 是普遍有效的，其中 f 是一个一元函数符号并且 P 是一个二元谓词符号。

5.1.11 证明公式 φ 是普遍有效的当且仅当 $\forall x \, \varphi$ 是普遍有效的。【注意：这也是后面可靠性定理证明的一部分。】

5.1.12 证明：$\vDash \exists x(Px \rightarrow \forall xPx)$。【**注意**：在习题 4.2.4 中，我们证明了它在语法中相应的命题 $\vdash \exists x(Px \rightarrow \forall xPx)$，这种语义和语法的对应是可靠性和完全性定理的一个特例。】

5.2 可定义性

有了 $\mathfrak{A} \vDash \sigma$ 的概念之后，就可以利用它来讨论所谓的可定义性。一方面可以固定一个（或一族）公式 σ（或 Σ）来探讨什么样的结构可以满足它（或它们）；另一方面，也可以固定一个结构 $\mathfrak{A}$ 来探讨 $|\mathfrak{A}|$ 的哪些子集或 $|\mathfrak{A}|$ 上的哪些关系可以被公式 φ 描述。前者在数学中很常见；后者则在数理逻辑中非常重要。

对一个语句集 Σ，用 Mod Σ 来表示由 Σ 的模型所组成的类①。如果 Σ 是单个语句的集合 $\{\tau\}$，则用"Mod τ"而不用"Mod $\{\tau\}$"。

称（同一个一阶语言上的）结构类 $\mathcal{K}$ 为一个**初等类**（EC）②，如果存在语句 τ，使得 $\mathcal{K} = $ Mod τ。

称 $\mathcal{K}$ 为一个**广义初等类**（EC$_\Delta$），如果存在语句集 Σ，使得 $\mathcal{K} = $ Mod Σ。

例 5.2.1 令一阶语言 $\mathcal{L} = \{\approx, P\}$，其中 P 是一个二元谓词符号。令 τ 为下列 3 个语句的合取：

$$\forall x \forall y \forall z \quad (xPy \rightarrow yPz \rightarrow xPz);$$
$$\forall x \forall y \quad (xPy \vee x \approx y \vee yPx);$$
$$\forall x \forall y \quad (xPy \rightarrow \neg yPx),$$

则任何 τ 的模型都是一个（严格的）线序。所以，所有非空的线序集构成的类是一个初等类。

从例 5.2.1 可以看出：如果 Σ 是一个有穷的语句集，则 $\mathcal{K} = $ Mod Σ 是一个初等类。

例 5.2.2 前面提到过"群"这个概念。接下来证明所有的群构成一个初等类，而且可以选择不同的语言来证明这一点。

---

① 这里的类是相对集合而言，一般说来，Mod Σ 不是一个集合，不然会有悖论。但类和集合的差异对我们的讨论影响不大，初学者可以暂时忽略。

② 初等类，英文为 elementary class；广义初等类，英文为 elementary class in a wider sense。有人也把 elementary 翻译成基本。大致上说，初等也好，基本也好，都指的是一阶逻辑所表达的性质，而非所谓的用"高阶"语言描述的"高阶"性质。

在第三章 3.1 节中，选取的语言为 $\mathcal{L}_0 = (e, +)$。现在选取 $\mathcal{L}_1 = \{\approx, \circ, ^{-1}, e\}$，其中 $\circ$ 和 $^{-1}$ 分别是一个二元和一元函数符号，e 是一个常数符号。在 $\mathcal{L}_1$ 上，所有群的类可以被下列语句描述，因而是一个初等类：

(1)　　$\forall x \forall y \forall z (x \circ (y \circ z) \approx (x \circ y) \circ z)$;

(2)　　$\forall x (x \circ e \approx e \circ x \approx x)$;

(3)　　$\forall x (x \circ x^{-1} \approx x^{-1} \circ x \approx e)$.

也可以选取 $\mathcal{L}_2 = \{\approx, \circ\}$，其中 $\circ$ 是一个二元函数符号。在 $\mathcal{L}_2$ 上，所有群的类仍是一个初等类，因为它可以被下列语句描述（见习题 5.2.1）：

(1′)　　$\forall x \forall y \forall z (x \circ (y \circ z) \approx (x \circ y) \circ z)$;

(2′)　　$\forall x \forall y \exists z (x \circ z \approx y)$;

(3′)　　$\forall x \forall y \exists z (z \circ x \approx y)$.

说明：选取不同的语言对本课程关系不大。但如果对句法复杂性感兴趣的话，我们会注意到在 $\mathcal{L}_1$ 上只用到全称量词，而在 $\mathcal{L}_2$ 中需要两种不同的量词。这样的细微差别有时会产生一些影响。

例 5.2.3　如果语言中有等词的话，可以令语句 $\exists_n$ 表示"结构中至少有 n 个不同的元素"：

$\exists_2$　　$\exists x \exists y (x \not\approx y)$,

$\exists_3$　　$\exists x \exists y \exists z (x \not\approx y \wedge y \not\approx z \wedge x \not\approx z)$,

　　　　······

假设 Γ 是群的公理并上这无穷多个语句得到的语句集，则所有满足 Γ 的结构都既是群，又是无限的。所以，所有的无限群组成的类是一个广义初等类。后面我们会证明它不是一个初等类。

接下来讨论结构中的可定义性。

这种可定义性在数理逻辑中很普遍，例如，熟悉集合论的读者知道，在哥德尔可构成集的类 L 中，可定义性是最重要的概念。此外，模型论学家也经常研究可定义的集合或关系，因为同没有限制的任意集合相比，人们更愿意讨论自然的集合，而可定义的集合可以说是自然的。至少退一步说，不可定义的集合是不太自然的。熟悉集合论公理的读者可以比较分离公理和选择公理，由分离公理得到的集合是由某个公式定义出来的，而由选择公理得到的集合往往是不可定义的，因而分离公理比选择公理显得自然。

固定语言 $\mathcal{L}$ 和 $\mathcal{L}$ 上的一个结构 $\mathfrak{A}$。不妨先引进一个写法来避免 s_d^x 之类的繁琐（该写法在习题 5.1.7 中已经出现过）。假定 $\varphi(v_1, v_2, \cdots, v_k)$ 为 $\mathcal{L}$ 的一个公式，并且 $v_1, v_2, \cdots, v_k$ 包括了 φ 中的所有自由变元。对于 $|\mathfrak{A}|$ 中的元素 $a_1, a_2, \cdots, a_k$，我们想说 "$\varphi(a_1, a_2, \cdots, a_k)$ 成立"，但严格地说，那些 a_i 不在语言 $\mathcal{L}$ 里面，因此上面的写法没有意义。为此这里引入一个新的记法。令

$$\mathfrak{A} \vDash \varphi[a_1, a_2, \cdots, a_k],$$

表示存在某个赋值 $s : V \to |\mathfrak{A}|$，使得 $s(v_i) = a_i$ （$1 \le i \le k$），并且 $(\mathfrak{A}, s) \vDash \varphi$。

为了证明这一记法是合理的，必须说明 s 的选取无关。而由于 $v_1, v_2, \cdots, v_k$ 包括了 φ 中的所有自由变元，根据定理5.1.5，对任意赋值 s'，只要对任意 $1 \le i \le n$，$s'(v_i) = a_i$，则一定有 $(\mathfrak{A}, s) \vDash \varphi$ 当且仅当 $(\mathfrak{A}, s') \vDash \varphi$。

另一个常见的做法是扩张语言 $\mathcal{L}$，令 $\mathcal{L}_A = \mathcal{L} \cup \{c_a : a \in |\mathfrak{A}|\}$，即为结构 $\mathfrak{A}$ 论域中的每个元素添加一个新的常数符号。同时，令 $c_a^{\mathfrak{A}} = a$。这样，上述 $\mathfrak{A} \vDash \varphi[a_1, \cdots, a_n]$ 就可以写成

$$\mathfrak{A} \vDash \varphi(c_{a_1}, \cdots, c_{a_n}),$$

$\varphi(c_{a_1}, \cdots, c_{a_n})$ 是扩张后的语言 $\mathcal{L}_A$ 中的语句。

称 $|\mathfrak{A}|$ 上的 k-元关系

$$\{(a_1, a_2, \cdots, a_k) \in |\mathfrak{A}|^k : \mathfrak{A} \vDash \varphi[a_1, a_2, \cdots, a_k]\}$$

为公式 φ 在 $\mathfrak{A}$ 中**定义**的关系。称一个 $|\mathfrak{A}|$ 上的 k- 元关系为**可定义的**，如果存在某个公式 φ 在 $\mathfrak{A}$ 中定义它。

例 5.2.4 考察关于数论的语言 $\mathcal{L}_{ar} = \{0, S, +, \cdot\}$。令结构 $\mathfrak{A}$ 的论域为自然数集 $\mathbb{N}$，其他的符号都按照自然的解释，则序关系 $\{(m, n) : m < n\}$ 在 $\mathfrak{A}$ 中是可定义的。（为什么？）对每一个自然数 n，单点集 $\{n\}$ 都是 $\mathfrak{A}$ 中可定义的。（为什么？）所有素数的集合在 $\mathfrak{A}$ 中是可定义的。（为什么？）

习题 5.2

5.2.1 证明满足下列语句的结构为一个群：

$$\forall x \forall y \forall z \quad (x \circ (y \circ z) \approx (x \circ y) \circ z);$$
$$\forall x \forall y \exists z \quad (x \circ z \approx y);$$
$$\forall x \forall y \exists z \quad (z \circ x \approx y)。$$

【**提示**：假定 $x \circ e_x = x$ 且 $y \circ e_y = y$。利用存在 z 使得 $z \circ y = x$，可以得到 $x \circ e_y = x$，即大家共享一个右单位 e。】

5.2.2 找出一个语句 σ 使得对任何正整数 n，σ 都有一个恰好具有 $2n$ 个元素的模型；并且 σ 没有恰好奇数个元素的有穷模型。可以假定语言中含有等词，并可随意挑选其他符号。

5.2.3 假定语言 $\mathcal{L}$ 中有等词，并且有两个二元函数符号 $+$ 和 $\times$。对下列的集合和关系，分别找出在结构 $(\mathbb{N}, +, \times)$ 中定义它的公式。

(1) $\{0\}$；

(2) $\{1\}$；

(3) $\{(m, n) : n$ 是 m 在 $\mathbb{N}$ 中的后继$\}$；

(4) $\{(m, n) : m < n\}$，其中 $<$ 是 $\mathbb{N}$ 上的自然序。

5.2.4 假定语言 $\mathcal{L}$ 中包含等词并且有一个二元谓词 P。对下列条件分别找出 $\mathcal{L}$ 中的语句 σ，使得结构 $\mathfrak{A}(= (|\mathfrak{A}|, P^{\mathfrak{A}}))$ 是 σ 的一个模型当且仅当该条件成立。

(1) $|\mathfrak{A}|$ 有且仅有两个元素；

(2) $P^{\mathfrak{A}}$ 是一个从 $|\mathfrak{A}|$ 到 $|\mathfrak{A}|$ 的函数；

(3) $P^{\mathfrak{A}}$ 是 $|\mathfrak{A}|$ 到自身的一个一一对应。

5.3 同态和同构

先看两段小故事：

　　一个女画家在飞机上被谋杀了。机上有好几个人都和她有过节。空姐和她的男朋友还有张三一起侦破。在 5 个小时的飞行途中，他们终于确定凶手是副驾驶员。案情明朗后，凶手试图劫机冲向大海，但在驾驶员的帮助下，大家齐心制服了凶手，成功降落。

　　一个雕塑家在长途车上被谋杀了。车上有好几个人都和他有仇。售票员和他的女朋友还有李四一起侦破。在 8 个小时的车程中，他们终于确定凶手是副司机。案情明朗后，凶手试图将车冲下悬崖，但在司机的帮助下，大家齐心制服了凶手，转危为安。

这两段故事原本是讨论创意抄袭的例子。①它与我们要讲的内容有什么关系？留给读者思考。

定义 5.3.1 令 $\mathfrak{A}$ 和 $\mathfrak{B}$ 为同一语言 $\mathcal{L}$ 的两个结构。称函数 $h : |\mathfrak{A}| \to |\mathfrak{B}|$ **为从 $\mathfrak{A}$ 到 $\mathfrak{B}$ 的一个同态**，如果它满足下列条件：

(1) 对每个（不是等词 $\approx$）的 n 元谓词符号 P 和每组 $|\mathfrak{A}|$ 中的元素 $a_1, a_2, \cdots, a_n$，都有

$$(a_1, a_2, \cdots, a_n) \in P^{\mathfrak{A}} \text{ 当且仅当 } (h(a_1), h(a_2), \cdots, h(a_n)) \in P^{\mathfrak{B}}。$$

(2) 对每个 n 元函数符号 f 和每组 $|\mathfrak{A}|$ 中的元素 $a_1, a_2, \cdots, a_n$，都有

$$h(f^{\mathfrak{A}}(a_1, a_2, \cdots, a_n)) = f^{\mathfrak{B}}(h(a_1), h(a_2), \cdots, h(a_n))。$$

(3) 对每个常数符号 c，都有 $h(c^{\mathfrak{A}}) = c^{\mathfrak{B}}$。

在上述定义中，如果 h 是一个双射，则称 h 为从 $\mathfrak{A}$ 到 $\mathfrak{B}$ 上的一个**同构**，并称 $\mathfrak{A}$ 和 $\mathfrak{B}$ **同构**，记作 $\mathfrak{A} \cong \mathfrak{B}$。

下面对定义 5.3.1 做一些说明。

(1) 学过抽象代数的读者立刻可以看出，这里定义的同态是群同态、环同态、偏序的同态和图的同态等的抽象。但这里的条件 (1) 要求"当且仅当"，这比代数中通常要求的"如果……则……"要强，是所谓的"强同态"。但基本思想是相同的，即：同态是"保持结构"的映射。

(2) 有些参考书把是单射的同态称为"同构"，而把双射的同态称为"映上的同构"。由于我们关于同构的讨论不多，为了避免混乱，我们所谈的同构都是映上的同构。

下面的同态定理告诉我们，公式的真假是怎样通过同态从一个结构传到另一个结构中的。

定理 5.3.2（同态定理） 假定 h 为从 $\mathfrak{A}$ 到 $\mathfrak{B}$ 的一个同态，并且 $s : \mathcal{V} \to |\mathfrak{A}|$ 是一个赋值。

(1) 对任意项 t，$h(\bar{s}(t)) = \overline{h \circ s}(t)$；

(2) 对任何不含量词且不含等词的公式 φ，$(\mathfrak{A}, s) \vDash \varphi$ 当且仅当 $(\mathfrak{B}, h \circ s) \vDash \varphi$；

---

① 改编自 Mace, Vincent-Northam, *The Writer's abc checklist*, Accent Press, 2010。

(3) 如果 h 是单射，则 (2) 中的公式 φ 可以包含等词；

(4) 如果 h 是 $\mathfrak{A}$ 到 $\mathfrak{B}$ 的满射，则 (2) 中的公式 φ 可以包含量词。

证明　(1) 留作习题 5.3.1。

(2) 令 φ 为一个不含等词和量词的公式，对 φ 施行归纳来证明：$(\mathfrak{A}, s) \vDash \varphi$ 当且仅当 $(\mathfrak{B}, h \circ s) \vDash \varphi$。

如果 φ 是一个原子公式 $Pt_1t_2 \cdots t_n$，其中 P 是 n-元谓词符号，$t_1, t_2, \cdots,$ t_n 是项，则

$$
\begin{aligned}
& (\mathfrak{A}, s) \vDash Pt_1t_2 \cdots t_n \\
\Leftrightarrow\ & (\bar{s}(t_1), \bar{s}(t_2), \cdots, \bar{s}(t_n)) \in P^{\mathfrak{A}} \\
\Leftrightarrow\ & (h(\bar{s}(t_1)), h(\bar{s}(t_2)), \cdots, h(\bar{s}(t_n))) \in P^{\mathfrak{B}} \\
\Leftrightarrow\ & (\overline{h \circ s}(t_1), \overline{h \circ s}(t_2), \cdots, \overline{h \circ s}(t_n)) \in P^{\mathfrak{B}} \\
\Leftrightarrow\ & (\mathfrak{B}, h \circ s) \vDash Pt_1t_2 \cdots t_n。
\end{aligned}
$$

如果 φ 形如 $\neg\psi$ 或者形如 $\psi \to \gamma$，则利用归纳假设即可得到证明。

(3) 无论 h 是不是单射，总有

$$
\begin{aligned}
(\mathfrak{A}, s) \vDash u \approx t\ &\Leftrightarrow\ \bar{s}(u) = \bar{s}(t) \\
&\Rightarrow\ h(\bar{s}(u)) = h(\bar{s}(t)) \\
&\Leftrightarrow\ \overline{h \circ s}(u) = \overline{h \circ s}(t) \\
&\Leftrightarrow\ (\mathfrak{B}, h \circ s) \vDash u \approx t。
\end{aligned}
$$

如果 h 是单射，则第二步的 "$\Rightarrow$" 反过来也成立。

(4) 无论 h 是不是满射，总有

$$
\begin{aligned}
(\mathfrak{A}, s) \vDash \forall x\psi\ &\Leftrightarrow\ \text{对所有的 } d \in |\mathfrak{A}|,\ (\mathfrak{A}, s_d^x) \vDash \psi \\
&\Leftrightarrow\ \text{对所有的 } d \in |\mathfrak{A}|,\ (\mathfrak{B}, h \circ (s_d^x)) \vDash \psi \\
&\Leftrightarrow\ \text{对所有的 } d \in |\mathfrak{A}|,\ (\mathfrak{B}, (h \circ s)_{h(d)}^x) \vDash \psi \\
&\Leftarrow\ \text{对所有的 } e \in |\mathfrak{B}|,\ (\mathfrak{B}, (h \circ s)_e^x) \vDash \psi \\
&\Leftrightarrow\ (\mathfrak{B}, h \circ s) \vDash \forall x\psi。
\end{aligned}
$$

如果 h 是满射，则倒数第二步的 "$\Leftarrow$" 反过来也成立。也许还需要说明的是，第三步中的 "$\Leftrightarrow$" 之所以成立，是因为赋值函数 $h \circ (s_d^x)$ 和 $(h \circ s)_{h(d)}^x$ 作为从 $\mathcal{V}$ 到 $\mathfrak{B}$ 的函数是相等的，证明留给读者练习。　　□

定义 5.3.3 固定一个语言 $\mathcal{L}$ 和其上的两个结构 $\mathfrak{A}$ 和 $\mathfrak{B}$。称它们为**初等等价的**，记作 $\mathfrak{A} \equiv \mathfrak{B}$，如果对 $\mathcal{L}$ 中的任何一个语句 σ，都有 $\mathfrak{A} \vDash \sigma$ 当且仅当 $\mathfrak{B} \vDash \sigma$。

对定义 5.3.3 的说明如下：

(1) 初等等价是一个非常重要的概念，只有在数理逻辑里面，人们才会如此重视研究对象的性质对其描述语言的依赖程度。

(2) 同态定理告诉我们：任何两个同构的模型都是初等等价的。这在直观上很好理解，因为同构的两个结构本质上就是同一个，只不过是"标签"不同而已。因此在一个结构里成立的事实在与它同构的结构中自然也成立。

(3) 一个有意思的问题是，以上命题的逆命题是否成立？即初等等价的结构是否都是同构的？后面会给出反例说明它不成立。道理也不难理解，两个结构初等等价只不过说明，用我们规定的语言无法描述出它们的区别，并不意味着它们实际上没有别的区别。换句话说，结构的有些差别可能在语言中无法表达。

结构 $\mathfrak{A}$ 上的一个**自同构**就是从 $\mathfrak{A}$ 到 $\mathfrak{A}$ 自身的一个同构。由同态定理，可以得出下列推论，说明任何自同构都保持可定义的关系。

推论 5.3.4 令 h 为结构 $\mathfrak{A}$ 上的一个自同构，并且 R 是 $|\mathfrak{A}|$ 上的一个 $\mathfrak{A}$ 中可定义的 n-元关系，则对任意 $|\mathfrak{A}|$ 中的元素 $a_1, a_2, \cdots, a_n$，有

$$(a_1, a_2, \cdots, a_n) \in R \Leftrightarrow (h(a_1), h(a_2), \cdots, h(a_n)) \in R。$$

证明 令 φ 为 $\mathfrak{A}$ 中定义 R 的公式。根据同态定理，（为什么？）有

$$\mathfrak{A} \vDash \varphi[a_1, a_2, \cdots, a_n] \Leftrightarrow \mathfrak{A} \vDash \varphi[h(a_1), h(a_2), \cdots, h(a_n)]。$$

因此，

$$(a_1, a_2, \cdots, a_n) \in R \Leftrightarrow (h(a_1), h(a_2), \cdots, h(a_n)) \in R$$

（而这正是"保持" R 的意思）。   □

如果一个结构上有很多自同构，经常用推论 5.3.4 的逆否命题来证明某些集合或关系的不可定义性。

例 5.3.5 考察由全体实数和其上的自然序组成的结构 $(\mathbb{R}, <)$。定义 $h : \mathbb{R} \to \mathbb{R}$ 为 $h(x) = x^3$，则 h 是该结构的一个自同构。（为什么？）$h^{-1}(x) = \sqrt[3]{x}$ 也是自同构。利用 h^{-1} 可以证明 $\mathbb{N}$ 在结构 $(\mathbb{R}, <)$ 中是不可定义的。（为什么？）

习题 5.3

5.3.1 证明同态定理中的 (1) 部分。

5.3.2 找出所有在结构 $(\mathbb{R}, <)$ 中可定义的

(1) $\mathbb{R}$ 的子集；

(2) $\mathbb{R}$ 上的二元关系，

并证明你的结论。

5.3.3 证明加法函数的图像 $\{(m, n, p) : p = m + n\}$（作为三元关系）在结构 $(\mathbb{N}, \cdot)$ 中不可定义。【**提示**：找一个结构 $(\mathbb{N}, \cdot)$ 上的把两个素数"互换"的自同构。】

5.3.4 令 $\mathcal{L} = \{\approx, \circ\}$，其中 $\circ$ 为一个二元函数符号。对下列 $\mathcal{L}$ 的结构分别给出一个语句，使其在一个结构内成立，而在另 3 个结构中不成立。因此它们两两互不初等等价。

(1) $(\mathbb{R}; \times)$，其中 $\times$ 是实数上通常的乘法；

(2) $(\mathbb{R}^*; \times^*)$，其中 $\mathbb{R}^*$ 是非零实数的集合，$\times^*$ 是 $\times$ 在 $\mathbb{R}^*$ 上的限制；

(3) $(\mathbb{N}; +)$，其中 $+$ 是自然数上通常的加法；

(4) $(\mathbb{P}; +^*)$，其中 $\mathbb{P}$ 是正整数的集合，$+^*$ 是 $+$ 在 $\mathbb{P}$ 上的限制。

5.3.5 令 $\mathcal{L} = \{\approx, P\}$，其中 P 为一个二元谓词符号。考察结构 $(\mathbb{P}, |)$，其中 $\mathbb{P}$ 是正整数的集合，并且 $|$ 为整除关系。

(1) 所有素数的集合在该结构中可定义吗？为什么？

(2) 通常的小于关系 $a < b$ 在该结构中可定义吗？为什么？

5.3.6

(1) 假定语言 $\mathcal{L}$ 中除了等词之外仅有一个二元谓词 P。证明如果 $\mathfrak{A}$ 是一个 $\mathcal{L}$ 上的有穷结构，并且 $\mathfrak{A} \equiv \mathfrak{B}$，则 $\mathfrak{A}$ 与 $\mathfrak{B}$ 同构。

(2) 证明 (1) 对任何包含等词的语言都成立。

【这说明我们有能力"完全刻画"有穷的结构。】

5.3.7 令 $\mathcal{L}$ 为一个固定的语言，$\mathfrak{A}$ 为 $\mathcal{L}$ 的一个结构并且 B 是论域 $|\mathfrak{A}|$ 的一个子集。称 $|\mathfrak{A}|$ 的一个子集 D 为 $\mathfrak{A}$ **中用 B 里的参数可定义的**，如果存在一个自然数 k、一个 $\mathcal{L}$-公式 $\varphi(x, y_0, y_1, \cdots, y_{k-1})$，其中 $x, y_0, y_1, \cdots, y_{k-1}$ 为 φ 的全部自由变元，并且存在元素 $b_0, b_1, \cdots, b_{k-1} \in B$，使得

$$D = \{a \in |\mathfrak{A}| : \vDash_{\mathfrak{A}} \varphi[a, b_0, b_1, \cdots, b_{k-1}]\}。$$

考察结构 $(\mathbb{R}, <)$。固定 $\mathbb{R}$ 的一个子集 B。证明一个集合 A 是 $(\mathbb{R}, <)$ 中用 B 里的参数可定义的，当且仅当 A 是有穷多个以 B 里的元素为端点的区间的并。【**注意**: 这里"区间"和"端点"的定义留给读者。证明中如果需要某些自同构的性质，也希望读者自行将其表达清楚并予以证明。】

5.3.8 假定 X 为 $|\mathfrak{A}|$ 的一个子集并且在结构 $\mathfrak{A}$ 的所有自同构下不变，X 一定是 $\mathfrak{A}$ 上可定义的吗？

第六章 哥德尔完全性定理

如果一个一阶语句在所有的模型中都成立，那一定是因为有一个统一的原因（证明），而不是完全偶然地让它在不同的模型内或在不同的情形下因不同的原因而成立。

——布拉斯[①]

6.1 可靠性定理

定理 6.1.1（可靠性定理） 如果 $\Gamma \vdash \varphi$，则 $\Gamma \vDash \varphi$。

我们把证明分成一些小的步骤。首先注意到：如果 $\Gamma \vDash \psi$ 并且 $\Gamma \vDash \psi \to \varphi$，则 $\Gamma \vDash \varphi$。（为什么？）换句话说，分离规则保持真确性。因此只需验证所有公理都是普遍有效的。

根据习题 5.1.11，一个公式 φ 是普遍有效的当且仅当 $\forall x \varphi$ 是普遍有效的。由此得到：一个普遍有效公式的概括仍是普遍有效的。所以只要检查 6 组公理，验证每一组中的公式都是普遍有效的。

习题 5.1.8 和 5.1.9 分别告诉我们，$\{\forall x(\varphi \to \psi), \forall x \varphi\} \vDash \forall x \psi$，以及当 x 不在 φ 中自由出现时，$\varphi \vDash \forall x \varphi$。因而第三和第四组公理都是普遍有效的。

我们把第一组公理的普遍有效性留做习题 6.1.1。

第五组公理 $x \approx x$ 的普遍有效性是显然的。

再来看第六组公理的普遍有效性：$x \approx y \to (\varphi \to \varphi')$，其中 φ 为原子公式并且 φ' 是将 φ 中出现若干个 x 用 y 替换所得到的。这里只需验证 $\{x \approx y, \varphi\} \vDash \varphi'$。固定一个结构 $\mathfrak{A}$ 和赋值 s，满足 $(\mathfrak{A}, s) \vDash x \approx y$，即 $s(x) = s(y)$。通过对项 t 施行归纳（具体步骤省略），可以证明 $\bar{s}(t) = \bar{s}(t')$，其中 t' 是将 t 中出现若干个 x 用 y 替换所得到的。如果 φ 是 $t_1 \approx t_2$，则 φ'

[①] 布拉斯（Andreas Blass，1947— ），美国逻辑学家、数学家。

为 $t'_1 \approx t'_2$，因而 $(\mathfrak{A}, s) \vDash \varphi$ 当且仅当 $\overline{s}(t_1) = \overline{s}(t_2)$ 当且仅当 $\overline{s}(t'_1) = \overline{s}(t'_2)$ 当且仅当 $(\mathfrak{A}, s) \vDash \varphi'$。类似的证明对形如 $Pt_1 \cdots t_n$ 的原子公式 φ 也适用。

现在只剩下验证第二组替换公理的普遍有效性。先证明一个引理。

引理 6.1.2（替换引理） 如果项 t 可以在公式 φ 中无冲突地替换变元 x，则 $(\mathfrak{A}, s) \vDash \varphi_t^x$ 当且仅当 $(\mathfrak{A}, s_{\overline{s}(t)}^x) \vDash \varphi$。

证明 对公式 φ 施行归纳。

初始情形：φ 是原子公式。首先对项 u 施行归纳，很容易证明：对任何项 u 和 t，都有 $\overline{s}(u_t^x) = \overline{s_{\overline{s}(t)}^x}(u)$。这里只证明当 φ 为 $Pu_1u_2\cdots u_n$ 的情形，而把 φ 为 $u_1 \approx u_2$ 的验证留给读者。

$$(\mathfrak{A}, s) \vDash (Pu_1u_2\cdots u_n)_t^x$$

当且仅当 $(\overline{s}((u_1)_t^x), \overline{s}((u_2)_t^x), \cdots, \overline{s}((u_n)_t^x)) \in P^{\mathfrak{A}},$

当且仅当 $(\overline{s_{\overline{s}(t)}^x}(u_1), \overline{s_{\overline{s}(t)}^x}(u_2), \cdots, \overline{s_{\overline{s}(t)}^x}(u_n)) \in P^{\mathfrak{A}},$

当且仅当 $(\mathfrak{A}, s_{\overline{s}(t)}^x) \vDash Pu_1u_2\cdots u_n。$

归纳情形：这里只处理量词的情形，而把 φ 为 $\neg\psi$ 或者 $\psi \to \theta$ 的情形留给读者。

如果 φ 为 $\forall y\psi$ 并且 x 不在 φ 中自由出现，只需注意 s 和 $s_{\overline{s}(t)}^x$ 对出现在 φ 中的自由变元的赋值相同，还有 φ_t^x 就是 φ，立刻可得知结论成立。

剩下的情形是 φ 为 $\forall y\psi$ 并且 x 的确在 φ 中自由出现。由于 t 可以在 φ 中无冲突地替换 x，必然有 y 不在 t 中出现并且 t 可以在 ψ 中无冲突地替换 x。所以，对论域 $|\mathfrak{A}|$ 中的任何 d 都有 $\overline{s}(t) = \overline{s_d^y}(t)$。由于 $x \neq y$，$\varphi_t^x = \forall y\psi_t^x$，因此

$$(\mathfrak{A}, s) \vDash \varphi_t^x$$

当且仅当 对所有 d，$(\mathfrak{A}, s_d^y) \vDash \psi_t^x$， 根据归纳假设

当且仅当 对所有 d，$(\mathfrak{A}, (s_d^y)_{\overline{s_d^y}(t)}^x) \vDash \psi,$

当且仅当 对所有 d，$(\mathfrak{A}, (s_d^y)_{\overline{s}(t)}^x) \vDash \psi,$

当且仅当 对所有 d，$(\mathfrak{A}, (s_{\overline{s}(t)}^x)_d^y) \vDash \psi,$

当且仅当 $(\mathfrak{A}, s_{\overline{s}(t)}^x) \vDash \varphi。$

这就完成了对替换引理的归纳证明。 $\square$

返回到对第二组公理可靠性的验证。假定 t 在 φ 中可以无冲突地替换 x 并且 $(\mathfrak{A}, s) \vDash \forall x \varphi$。需要证明 $(\mathfrak{A}, s) \vDash \varphi_t^x$。我们知道对 $|\mathfrak{A}|$ 中的任意元素 d，都有 $(\mathfrak{A}, s_d^x) \vDash \varphi$。特别地，取 d 为 $\overline{s}(t)$，就有 $(\mathfrak{A}, s_{\overline{s}(t)}^x) \vDash \varphi$。根据替换引理，$(\mathfrak{A}, s) \vDash \varphi_t^x$。

到此可靠性定理验证完毕。下面陈述可靠性定理的两个常用推论。

推论 6.1.3　如果 $\vdash (\varphi \leftrightarrow \psi)$，则 φ 和 ψ 语义等价。

推论 6.1.4　如果 Γ 是可满足的，即存在结构 $\mathfrak{A}$ 和赋值 s 满足 Γ 中的所有公式，则 Γ 是一致的。

习题 6.1

6.1.1

(1) 令 $\mathfrak{A}$ 为一个结构并且 $s: V \to |\mathfrak{A}|$ 为一个给变元的赋值。由此诱导出一个真值指派 v 定义在素公式（所形成的命题符号）上：

$$v(\varphi) = T \text{ 当且仅当 } (\mathfrak{A}, s) \vDash \varphi。$$

证明对任意公式 φ（不一定为素公式），都有

$$\overline{v}(\varphi) = T \text{ 当且仅当 } (\mathfrak{A}, s) \vDash \varphi。$$

(2) 由 (1) 导出：如果 φ 是第一组公理中的公式（事实上，对任何一阶意义下的重言式 φ），则 $\vDash \varphi$。【**注意**：这是可靠性定理证明的一部分。】

6.2　完全性定理

接下来证明可靠性定理的逆定理——完全性定理。最初的证明是哥德尔在 1929 年得到并于 1930 年发表的。下面采用的证明是亨金[①]在 1949 年给出的。这里只考虑一阶语言是可数的情形，即语言中所有的符号组成一个可数集。[②]

定理 6.2.1（完全性定理）

(1) 如果 $\Gamma \vDash \varphi$，则 $\Gamma \vdash \varphi$；

[①] 亨金（Leon Henkin，1921—2006），美国逻辑学家。

[②] 完全性定理对不可数语言也成立，只不过证明要用到选择公理等集合论工具。

(2) 任何一致的公式集都是可满足的。

根据引理 2.8.7, (1) 与 (2) 等价。(虽然引理 2.8.7 讨论的是命题逻辑，但证明稍加改动便对一阶逻辑也适用。) 所以我们只证明 (2)。首先考虑语言中没有等词的情况。假定 Γ 是一个一致的公式集。证明的思路与命题逻辑的完全性定理相似。首先把 Γ 扩充成一个极大一致集 Δ，还包括一族新的"亨金公理"，以帮助我们处理量词。所谓亨金公理的形式如下：

$$\neg\forall x\varphi \to \neg\varphi_c^x,$$

其中 c 是"新的"常数符号。我们要做的其实是添加 $\exists x\psi \to \psi_c^x$，即对每一个存在性的语句都添加一个直接证据 c。写成以上的等价形式是因为后面用起来更直接。从本质上说，亨金公理其实就是量词消去，代价是添加新的常数。有了这样的 Δ 之后，很容易"读出"一个满足 Δ 中（除了带等词的）所有公式的结构和赋值。

首先向语言 $\mathcal{L}$ 中添加可数多个新的常数符号 $C = \{c_0, c_1, \cdots\}$。把扩展后的语言记作 $\mathcal{L}_C$。这里需要验证 Γ 在新的语言中仍然是一致的。这听起来是显然的，但添加了常数符号后，公理变多了，因而有必要验证一下。(这实际上是后面归纳验证亨金公理一致性的一部分。) 假如在扩张语言之后 Γ 变得不一致，则存在（$\mathcal{L}_C$ 内的）公式 ψ 和某个（$\mathcal{L}_C$ 内的）从 Γ 到 $\psi \wedge \neg\psi$ 的证明序列。注意：证明序列中包含的新常数符号为有穷多。因此，可以用常数概括定理把它们都替换成变元，从而得到一个从 Γ 到 $(\psi' \wedge \neg\psi')$（在 $\mathcal{L}$ 中）的证明序列，其中 ψ' 是从 ψ 中把新常数符号替换成变元而得到的。由于 ψ' 是 $\mathcal{L}$ 中的公式，这与 Γ 的一致性矛盾。

接下来添加所谓**亨金公理**，即对所有（$\mathcal{L}_C$ 中的）公式 φ 和所有变元 x 的组合，都向 Γ 中添加公式

$$\neg\forall x\varphi \to \neg\varphi_c^x,$$

其中 c 是某个新常数符号。具体做法如下[①]：固定一个（$\mathcal{L}_C$ 中）公式和变元有序对 (φ, x) 的枚举：

$$(\varphi_1, x_1), (\varphi_2, x_2), \cdots,$$

枚举存在性是由语言的可数性保证的。令 θ_1 为

$$\neg\forall x_1\varphi_1 \to \neg(\varphi_1)_{c_{i_1}}^{x_1},$$

[①] 另一种常见的做法是：从语言 $\mathcal{L}_0 = \mathcal{L}$ 出发，添加可数多常数 C_0，使得 $\mathcal{L}_0$ 中的公式都有亨金公理相配，但语言扩展成 $\mathcal{L}_1 = L_0 \cup C_0$ 之后，还要添加新的常数 C_1，使得 $\mathcal{L}_1$ 中的公式都有亨金公理与之相配，如此下去，需要扩充 ω 步才能达到目的。

其中 c_{i_1} 为第一个不在 φ_1 中出现的新常数符号。假如已经处理完了前 k 个有序对，并且定义了亨金公理 $\{\theta_1, \theta_2, \cdots, \theta_k\}$，则令 θ_{k+1} 为

$$\neg \forall x_{k+1} \varphi_{k+1} \to \neg (\varphi_{k+1})^{x_{k+1}}_{c_{i_{k+1}}},$$

其中 $c_{i_{k+1}}$ 为第一个在 $\varphi_1, \cdots, \varphi_k, \varphi_{k+1}, \theta_1, \cdots, \theta_k$ 中都不出现的新常数符号。这样不断地做下去，最终得到一个公式集 $\Theta = \{\theta_1, \theta_2, \cdots\}$。我们验证 $\Gamma \cup \Theta$ 仍然是一致的：如果不一致的话，则根据证明序列的有限性和前面验证的 Γ 的一致性，就存在某个 $m \geq 0$，使得

$$\Gamma \cup \{\theta_1, \cdots, \theta_{m+1}\}$$

为不一致的。选取最小的这样的 m。根据（RAA），有

$$\Gamma \cup \{\theta_1, \cdots, \theta_m\} \vdash \neg \theta_{m+1}。$$

假设 θ_{m+1} 为

$$\neg \forall x \varphi \to \neg \varphi^x_c。$$

根据重言规则，有

$$\Gamma \cup \{\theta_1, \cdots, \theta_m\} \vdash \neg \forall x \varphi,$$

并且

$$\Gamma \cup \{\theta_1, \cdots, \theta_m\} \vdash \varphi^x_c。$$

注意到 c 在表达式左边不出现，根据常数概括定理，有

$$\Gamma \cup \{\theta_1, \cdots, \theta_m\} \vdash \forall x \varphi,$$

这与 m 的极小性矛盾。

我们在一致公式集 $\Gamma \cup \Theta$ 继续扩张，以得到一个极大一致 的公式集 Δ，即对任何公式 φ 或者 $\varphi \in \Delta$ 或者 $(\neg \varphi) \in \Delta$。具体做法与命题逻辑中林登鲍姆引理的证明完全类似，这里不再重复。注意任何的极大一致集 Δ 都对语法后承封闭：如果 $\Delta \vdash \varphi$，则一致性告诉我们 $\Delta \nvdash \neg \varphi$，所以 $(\neg \varphi) \notin \Delta$，再根据极大性，就有 $\varphi \in \Delta$。

小结：我们扩充了语言，添加了亨金公理集 Θ，并把 $\Gamma \cup \Theta$ 扩充成一个极大一致集 Δ。

下一步将从 Δ 中"读出"新语言 $\mathcal{L}_C$ 上的一个结构 $\mathfrak{A}$，但把等词 $\approx$ 暂时替换成一个新的二元谓词 E。（等词将在下一步处理。）结构 $\mathfrak{A}$ 的定义如下：

(1) 论域 $|\mathfrak{A}|$ 为语言 $\mathcal{L}_C$ 上所有项的集合；

(2) 定义二元关系 $E^{\mathfrak{A}}$ 为 $(u,t) \in E^{\mathfrak{A}}$ 当且仅当公式 $u \approx t$ 属于 Δ；

(3) 对每个 n-元谓词符号 P，定义 n-元关系 $P^{\mathfrak{A}}$ 为

$$(t_1, t_2, \cdots, t_n) \in P^{\mathfrak{A}} \text{ 当且仅当 } Pt_1t_2 \cdots t_n \in \Delta;$$

(4) 对每个 n-元函数符号 f，定义 $f^{\mathfrak{A}}$ 为 $f^{\mathfrak{A}}(t_1, t_2, \cdots, t_n) = ft_1t_2 \cdots t_n$；

(5) 对每个常数符号 c，定义 $c^{\mathfrak{A}} = c$。

定义赋值函数 $s : \mathcal{V} \to |\mathfrak{A}|$ 为等同函数，即对所有的变元 v，$s(v) = v$。

引理 6.2.2 对任意项 t，$\bar{s}(t) = t$。对任意公式 φ，$(\mathfrak{A}, s) \vDash \varphi^*$ 当且仅当 $\varphi \in \Delta$，其中 φ^* 是将 φ 中的等词用 E 替换而得到的。

证明 通过对项 t 施行归纳，不难证明 $\bar{s}(t) = t$。细节留给读者练习。

下面对公式 φ 施行归纳，证明 $(\mathfrak{A}, s) \vDash \varphi^*$ 当且仅当 $\varphi \in \Delta$。

初始情形：φ 为原子公式。如果 φ 为 $Pt_1t_2 \cdots t_n$，则

$$(\mathfrak{A}, s) \vDash \varphi^*$$
当且仅当 $\quad (\mathfrak{A}, s) \vDash Pt_1t_2 \cdots t_n$，
当且仅当 $\quad (\bar{s}(t_1), \bar{s}(t_2), \cdots, \bar{s}(t_n)) \in P^{\mathfrak{A}}$，
当且仅当 $\quad (t_1, t_2, \cdots, t_n) \in P^{\mathfrak{A}}$，
当且仅当 $\quad Pt_1t_2 \cdots t_n \in \Delta$。

如果 φ 为 $u \approx t$，则

$$(\mathfrak{A}, s) \vDash \varphi^*$$
当且仅当 $\quad (\mathfrak{A}, s) \vDash uEt$，
当且仅当 $\quad (\bar{s}(u), \bar{s}(t)) \in E^{\mathfrak{A}}$，
当且仅当 $\quad (u, t) \in E^{\mathfrak{A}}$，
当且仅当 $\quad u \approx t \in \Delta$。

归纳情形：φ 有 3 种可能性：$\neg\psi$，$\varphi \to \psi$ 和 $\forall x \psi$，且命题对 ψ，φ 和 ψ 已经成立。

φ 为 $\neg\psi$ 的情形易证，细节留给读者练习。

若 φ 为 $\varphi \to \psi$，则

$$(\mathfrak{A}, s) \vDash (\varphi \to \psi)^*$$

当且仅当 $(\mathfrak{A}, s) \nvDash \varphi^*$ 或者 $(\mathfrak{A}, s) \vDash \psi^*$，

当且仅当 $\varphi \notin \Delta$ 或者 $\psi \in \Delta$， $\qquad$ (6.1)

当且仅当 $\neg\varphi \in \Delta$ 或者 $\psi \in \Delta$。

无论 $\neg\varphi \in \Delta$ 还是 $\psi \in \Delta$，都有 $\Delta \vdash (\varphi \to \psi)$。根据 Δ 对推导的封闭性，有 $(\varphi \to \psi) \in \Delta$。另一方面，如果 $(\varphi \to \psi) \in \Delta$，则或者 $\varphi \notin \Delta$ 或者 "$\varphi \in \Delta$ 并且 $\Delta \vdash \psi$"。因而或者 $\neg\varphi \in \Delta$ 或者 $\psi \in \Delta$，在命题 (6.1) 中自下而上，就得到 $(\mathfrak{A}, s) \vDash (\varphi \to \psi)^*$。

假设 φ 为 $\forall x\psi$。接下来要证明 $(\mathfrak{A}, s) \vDash \forall x\psi^*$ 当且仅当 $\forall x\psi \in \Delta$。（注意：我们用了 $(\forall x\psi)^*$ 就是 $\forall x\psi^*$ 这一事实。）先证从左向右的方向。令 θ：$\neg\forall x\psi \to \neg\psi_c^x$ 为 ψ 对应的亨金公理，令 c 为 θ 中的那个常数符号，则

$$
\begin{aligned}
(\mathfrak{A}, s) \vDash \forall x\psi^* &\Rightarrow (\mathfrak{A}, s_c^x) \vDash \psi^* \\
&\Rightarrow (\mathfrak{A}, s) \vDash (\psi^*)_c^x \quad \text{（根据替换引理）} \\
&\Rightarrow (\mathfrak{A}, s) \vDash (\psi_c^x)^* \\
&\Rightarrow \psi_c^x \in \Delta \\
&\Rightarrow \neg\psi_c^x \notin \Delta \\
&\Rightarrow (\neg\forall x\psi) \notin \Delta \quad \text{（因为 $\theta \in \Delta$ 并且 Δ 对推导封闭）} \\
&\Rightarrow \forall x\psi \in \Delta。
\end{aligned}
$$

再证从右向左的方向。这里还需要处理一个技术性的问题。我们要证明的是：如果 $\forall x\psi \in \Delta$，则 $(\mathfrak{A}, s) \vDash \forall x\psi^*$。采用的策略是证明它的逆否命题：如果 $(\mathfrak{A}, s) \nvDash \forall x\psi^*$，则 $\forall x\psi \notin \Delta$。而这就需要利用替换公理 $\forall x\psi \to \psi_t^x$，找到 $\forall x\psi \in \Delta$ 的反例，即某个 t 使得 $\psi_t^x \notin \Delta$。但另一方面，由 $(\mathfrak{A}, s) \nvDash \forall x\psi^*$，只能得到存在（而不是任意）一个 $t \in |\mathfrak{A}|$，当 $s(x) = t$ 时，$\psi^*(x)$ 不成立。由于 t 不是任意的，所以不能保证这个 t 可以在 ψ 中无冲突地替换 x。

为了解决这个问题，需要利用约束变元替换引理选则一个公式 ψ'，使得 ψ' 和 ψ 的差别仅在于约束变元，并且 t 在 ψ' 中可以无冲突地替换 x。根据约束变元替换引理，$\Delta \vdash \psi$ 当且仅当 $\Delta \vdash \psi'$。而且对任意 $(\mathfrak{B}, s')$，$(\mathfrak{B}, s') \vDash \psi$ 当且仅当 $(\mathfrak{B}, s') \vDash \psi'$。所以归纳假设也对这样的 ψ' 成立。

这样就有

$$(\mathfrak{A}, s) \not\models \forall x \psi^* \quad \Rightarrow \quad (\mathfrak{A}, s_t^x) \not\models \psi^* \qquad (\text{对某个 } t,\ \text{选好并固定})$$

$$\Rightarrow \quad (\mathfrak{A}, s_t^x) \not\models (\psi')^* \qquad (\text{因为 } \psi^* \text{ 和 } (\psi')^* \text{ 语义等价})$$

$$\Rightarrow \quad (\mathfrak{A}, s) \not\models ((\psi')_t^x)^* \qquad (\text{根据替换引理})$$

$$\Rightarrow \quad (\psi')_t^x \notin \Delta \qquad (\text{根据归纳假设})$$

$$\Rightarrow \quad \forall x \psi' \notin \Delta$$

$$\Rightarrow \quad \forall x \psi \notin \Delta \qquad (\text{根据约束变元替换引理}).$$

这就完成了对归纳情形的证明。 □

这样，我们实际上构造了一个结构 $\mathfrak{A}$ 和一个赋值 s，它们满足 Δ 里所有不含等词 $\approx$ 的公式。

接下来处理等词。首先看看等词到底带来什么问题。问题出在人们对等词的解释的特殊要求。例如，假定我们的语言中本来有常数符号 d，在添加亨金公理时，会把 $\exists x(x \approx d) \rightarrow c \approx d$ 添加进去，其中 c 是一个新的常数符号，特别地，$c \neq d$。所以 $c \approx d \in \Delta$。可是在结构 $\mathfrak{A}$ 中，$\mathfrak{A} \models c \approx d$ 当且仅当 $c^{\mathfrak{A}} = d^{\mathfrak{A}}$，即 $c = d$，也就是 c 和 d 是同一个常数符号，这显然是不对的。

解决的方案是考虑商结构 $\mathfrak{A}/E$。大致上说，就是把像 c, d 这样的满足 $c \approx d \in \Delta$ 的项等同起来，看成一个对象，问题就解决了。具体细节如下：

引理 6.2.3 $E^{\mathfrak{A}}$ 是论域 $|\mathfrak{A}|$ 上的一个合同关系，也就是说，

(1) $E^{\mathfrak{A}}$ 是论域 $|\mathfrak{A}|$ 上的一个等价关系；

(2) 对语言中的任何一个不是等词的 n-元谓词符号 P，任何的项 t_i 和 u_i $(i = 1, 2, \cdots, n)$，如果对所有的 $i \leq n$，$t_i E^{\mathfrak{A}} u_i$，则

$$(t_1, t_2, \cdots, t_n) \in P^{\mathfrak{A}} \text{ 蕴涵 } (u_1, u_2, \cdots, u_n) \in P^{\mathfrak{A}};$$

(3) 对语言中的任何一个 n-元函数符号 f、任何的项 t_i 和 u_i $(i = 1, 2, \cdots, n)$，如果对所有的 $i \leq n$，$t_i E^{\mathfrak{A}} u_i$，则

$$f^{\mathfrak{A}}(t_1, t_2, \cdots, t_n) E^{\mathfrak{A}} f^{\mathfrak{A}}(u_1, u_2, \cdots, u_n).$$

证明 引理的证明本质上是第四章中那些关于等词的内定理。留作习题 6.2.1。 □

对每个 $|\mathfrak{A}|$ 中的元素 t，令 $[t]$ 表示包含它的等价类。定义**商结构** $\mathfrak{A}/E$ 如下：

(a) 论域 $|\mathfrak{A}/E| = \{[t] : t \in |\mathfrak{A}|\}$，即由 t 的等价类 $[t]$ 形成的集合。

(b) 对每个 n-元谓词符号 P，

$$([t_1], [t_2], \cdots, [t_n]) \in P^{\mathfrak{A}/E} \text{当且仅当} (t_1, t_2, \cdots, t_n) \in P^{\mathfrak{A}}。$$

(c) 对每个 n-元函数符号 f，

$$f^{\mathfrak{A}/E}([t_1], [t_2], \cdots, [t_n]) = [f^{\mathfrak{A}}(t_1, t_2, \cdots, t_n)]。$$

(d) 对每个常数符号 c，$c^{\mathfrak{A}/E} = [c^{\mathfrak{A}}]$。

引理 6.2.4 对任意公式 φ，$(\mathfrak{A}/E, S) \vDash \varphi$ 当且仅当 $\varphi \in \Delta$，其中赋值 S 为 $S(v) = [v]$。

可以把 S 看成由等同赋值 s 诱导出的赋值。更一般地，每一个赋值 r 都自然诱导出一个商结构的赋值 R，即对每一个变元 v，$R(v) = [r(v)]$。证明的思路是依照引理 6.2.2 和商结构的定义，进行惯常的归纳验证。

证明 根据引理 6.2.2，只需证明：$(\mathfrak{A}/E, S) \vDash \varphi$ 当且仅当 $(\mathfrak{A}, s) \vDash \varphi^*$。

对 φ 施行归纳，证明下列略微强一点的命题：对任意赋值 r，$(\mathfrak{A}/E, R) \vDash \varphi$ 当且仅当 $(\mathfrak{A}, r) \vDash \varphi^*$，其中 R 为由 r 诱导出的赋值。

首先，通过对项 t 施行归纳，很容易证明：对任意项 t，$\overline{R}(t) = [\overline{r}(t)]$，而且对所有项 u，r^x_u 诱导出的赋值为 $R^x_{[u]}$。

初始情形：φ 为原子公式。如果 φ 为 $Pt_1 t_2 \cdots t_n$，其中 P 为不是等词的 n-元谓词符号，则

$$(\mathfrak{A}/E, R) \vDash Pt_1 t_2 \cdots t_n$$

当且仅当 $\quad (\overline{R}(t_1), \overline{R}(t_2), \cdots, \overline{R}(t_n)) \in P^{\mathfrak{A}/E}$，

当且仅当 $\quad ([\overline{r}(t_1)], [\overline{r}(t_2)], \cdots, [\overline{r}(t_n)]) \in P^{\mathfrak{A}/E}$，

当且仅当 $\quad (\overline{r}(t_1), \overline{r}(t_2), \cdots, \overline{r}(t_n)) \in P^{\mathfrak{A}}$，

当且仅当 $\quad (\mathfrak{A}, r) \vDash Pt_1 t_2 \cdots t_n。$

如果 φ 是原子公式 $t \approx t'$，则

$$(\mathfrak{A}/E, R) \vDash t \approx t'$$

当且仅当 $\quad \overline{R}(t) = \overline{R}(t')$，

当且仅当 $\quad [\overline{r}(t)] = [\overline{r}(t')]$，

当且仅当 $\quad \overline{r}(t) E^{\mathfrak{A}} \overline{r}(t')$，

当且仅当 $\quad (\mathfrak{A}, r) \vDash (t \approx t')^*。$

归纳情形：把联词 ¬ 和 → 的处理留给读者，只考察 φ 为 $\forall x\psi$ 的情形，

$$(\mathfrak{A}/E, R) \vDash \varphi$$

当且仅当　对每一个项 u，$(\mathfrak{A}/E, R^x_{[u]}) \vDash \psi$，

当且仅当　对每一个项 u，$(\mathfrak{A}, r^x_u) \vDash \psi^*$　（归纳假设），

当且仅当　$(\mathfrak{A}, r) \vDash \forall x\psi^*$，

当且仅当　$(\mathfrak{A}, r) \vDash \varphi$。

这就完成了对引理的归纳证明。　　　　　　　　　　　　　　　□

引理 6.2.4 似乎完成了完全性定理的证明。但实际上还差一点。完全性定理需要的是一个语言 $\mathcal{L}$ 上的结构，即一个定义域为 $\mathcal{L}$ 中符号的（解释）函数，而这里得到的是一个扩充后的语言 $\mathcal{L}_C$ 上的结构。因此，还需要将结构 $\mathfrak{A}/E$ 限制在扩充前的语言 $\mathcal{L}$ 上，那样所得到的结构就是完全性定理所需要的。

习题 6.2

6.2.1　证明引理 6.2.3。

6.2.2　令 Λ 为前面选定了的一阶逻辑的公理集。下面对 Λ 进行一些改动，看看它对语法和语义有什么影响。

(1) 假如向 Λ 添加一个非普遍有效的公式 ψ，证明可靠性定理不再成立。

(2) 假如走向另一个极端，令 $\Lambda = \emptyset$，即没有任何的逻辑公理，证明完全性定理不再成立。

(3) 假如向 Λ 添加一个新的普遍有效公式 ψ，证明此时可靠性定理和完全性定理都依然成立。

6.2.3　（本练习讨论存在量词例化规则的两种形式，请不要用可靠性和完全性定理。）

(1) 规则的语法形式：假定常数符号 c 在公式 φ，ψ 和公式集 Γ 中都不出现，并且 $\Gamma \cup \{\varphi^x_c\} \vdash \psi$，则 $\Gamma \cup \{\exists x\varphi\} \vdash \psi$。

(2) 规则的语义形式：假定常数符号 c 在公式 φ，ψ 和公式集 Γ 中都不出现，并且 $\Gamma \cup \{\varphi^x_c\} \vDash \psi$，则 $\Gamma \cup \{\exists x\varphi\} \vDash \psi$。

6.3　自然推演系统的可靠性和完全性

我们沿用第四章 4.5 节的自然推演系统。其可靠性是不难证明的，我们留给读者。下面证明它的弱完全性，即它可以证明所有的普遍有效式。至于自然推演中一般形式的完全性定理也是成立的，有兴趣的读者可以参考（Pohlers，2009）或其他证明论的参考书。

在 6.2 节中介绍了亨金的证明，该证明在模型论中非常有用，因为利用常数符号来构造模型是模型论中最基本的方法。在后面谈到紧致性定理和它的应用时，用到的方法本质上都是亨金构造。下面给出的搜寻证明树的构造模型方法虽然也利用了项，但它提供给我们一些新的信息。一是可以得到一些证明论学家关心的性质。例如，切割消去和所谓子公式性质，即如果一个公式是可证的，则存在一个（自然推演系统的）证明，其中出现的都是它的子公式。二是它提供给我们一些能行性的信息。这一点有些超前，这里点到为止。有些读者可能会关心哥德尔的完全性定理是否能在"有穷数学"中得到证明。从下面的证明可以清楚地看到，人们需要在某棵树上拿到一个无穷支。因此完全性定理不能在"有穷数学"中得到证明。精确的版本是反推数学中如下的定理：完全性定理等价于弱的柯尼西引理[①]。

下面证明：如果 $\nvdash \Gamma$，则 Γ 不是普遍有效的。证明思路如下：试图从 Γ 出发，寻找它的一个证明树。在寻找过程中，不用切割规则，而把其他推理规则倒过来用，并把 Γ 里的公式分解成其子公式。由于 Γ 不是可证的，我们的寻找注定失败，但从失败当中可以读出一个让 Γ 不成立的模型（反模型）。细节如下：

首先把 Γ 中的公式排成一个序列，原子公式（如果有的话）在前。令 φ 为序列中第一个非原子公式，Δ 为其余部分，则序列 Γ 形如

$$\Gamma = 若干原子公式, \varphi, \Delta。$$

然后用下述规则把 φ 拆成其子公式，从而产生新的公式序列 Γ'，在 $(\wedge)$ 情形中会得到两个新序列 Γ'_0 和 Γ'_1。

$(\vee)$ $\Gamma = 若干原子公式, (\varphi_0 \vee \varphi_1), \Delta$，则 $\Gamma' = 同样原子公式, \varphi_0, \varphi_1, \Delta$；

$(\wedge)$ $\Gamma = 若干原子公式, (\varphi_0 \wedge \varphi_1), \Delta$，则对 $i = 0, 1$，$\Gamma'_i = 同样原子公式, \varphi_i, \Delta$；

[①] 弱的柯尼西引理，英文为 weak König lemma（WKL）。柯尼西（Dénes König, 1884—1944），匈牙利数学家。

(∀) $\Gamma = $ 若干原子公式，$\forall x\psi(x), \Delta$，则 $\Gamma' = $ 同样原子公式，$\psi(v_j), \Delta$，其中 v_j 为一个迄今为止没有用到过的变元；

(∃) $\Gamma = $ 若干原子公式，$\exists x\psi(x), \Delta$，则 $\Gamma' = $ 同样原子公式，$\psi(v_k), \Delta$，$\exists x\psi(x)$，其中 v_k 为 $v_0, v_1, \cdots$ 中第一个尚未被用作 $\exists x\psi(x)$ 证据的变元。

重复上述过程，就得到一个序列 $\Gamma, \Gamma', \Gamma'', \cdots$，并且可以排成树状，将 Γ 排在最下面，然后自下而上，依次添加 $\Gamma', \Gamma'', \cdots$，等等。例如，它有可能是

$$\dfrac{\dfrac{\Gamma_0'' \quad \Gamma_1''}{\Gamma'}}{\Gamma} \text{。}$$

注意到我们的生成规则恰好是把推理规则倒过来，因此在这棵树上，排在下面的 Γ^* 可以视为从排在它上面的 Γ^{**} 按照自然推演规则导出的（在 (∧) 情形中则是从 Γ_0^{**} 和 Γ_1^{**} 中导出的）。如果发现树的某个节点上的公式集是一个公理，则停止这一支的构造。根据 Γ 不可证的假定，这棵树至少有一支，记为 p，或者 (i) 终结于一个由原子公式组成的但不是公理的序列；或者 (ii) 永不终结，即形成一个无穷支。

从分支 p 中可以定义一个 Γ 的"反模型" $\mathfrak{A}$ 如下：论域 $|\mathfrak{A}|$ 为自然数集 $\mathbb{N}$；对每个谓词符号 P_j 定义：

$(i_1, i_2, \cdots, i_n) \in P_j^{\mathfrak{A}}$ 当且仅当

原子公式 $P_j(v_{i_1}, v_{i_2}, \cdots, v_{i_n})$ 不在分支 p 中出现。

引理 6.3.1 令赋值函数 s 为 $s(v_i) = i$。对任意在分支 p 中出现的公式 φ，都有 $(\mathfrak{A}, s) \not\vDash \varphi$。

证明 对公式 φ 施行归纳。

初始情形：φ 为原子公式 $P_j(v_{i_1}, v_{i_2}, \cdots, v_{i_n})$，则根据定义，$(\mathfrak{A}, s) \not\vDash \varphi$。

归纳情形：分成如下子情形来讨论。

子情形 1：φ 为 $\overline{P}_j(v_{i_1}, v_{i_2}, \cdots, v_{i_n})$。由于 p 中不含公理，因此公式 $P_j(v_{i_1}, v_{i_2}, \cdots, v_{i_n})$ 在 p 中不出现，所以 $(\mathfrak{A}, s) \vDash P_j(v_{i_1}, v_{i_2}, \cdots, v_{i_n})$，因而 $(\mathfrak{A}, s) \not\vDash \varphi$。

子情形 2：φ 为 $\varphi_0 \vee \varphi_1$。当处理 φ 时，φ_0 和 φ_1 都被添进 p 中。根据归纳假定，有 $(\mathfrak{A}, s) \not\vDash \varphi_0$ 和 $(\mathfrak{A}, s) \not\vDash \varphi_1$。所以 $(\mathfrak{A}, s) \not\vDash \varphi$。

子情形 3：φ 为 $\varphi_0 \wedge \varphi_1$。当处理 φ 时，φ_0 和 φ_1 至少有一个被添进 p 中。根据归纳假定，至少有 $(\mathfrak{A}, s) \not\vDash \varphi_0$ 或 $(\mathfrak{A}, s) \not\vDash \varphi_1$。所以 $(\mathfrak{A}, s) \not\vDash \varphi$。

子情形 4：φ 为 $\forall x \psi(x)$。当处理 φ 时，某个 $\psi(v_j)$ 被添进 p 中。根据归纳假定，有 $(\mathfrak{A}, s) \not\vDash \psi(v_j)$。所以 $(\mathfrak{A}, s) \not\vDash \varphi$。

子情形 5：φ 为 $\exists x \psi(x)$。根据构造，会处理 φ 无穷多次，在每次处理它时，j-最小的那个还不在 p 中的 $\psi(v_j)$ 被添进 p 中。所以，对每一个自然数 i，$\psi(v_i)$ 都在 p 中出现。根据归纳假定，对每一个自然数 i，有 $(\mathfrak{A}, s) \not\vDash \psi(v_i)$。所以 $(\mathfrak{A}, s) \not\vDash \varphi$。

这就完成了引理的归纳证明。 □

推论 6.3.2（根岑 1936） 如果 Γ 是自然推演系统的一个定理，则有一个 Γ 的证明树，其中没有用到切割规则。

证明 假定 $\vdash \Gamma$。根据可靠性定理，$\vDash \Gamma$。所以如果使用完全性定理证明中的方法来搜索，结果一定找不到 Γ 的反模型。因此一定得到 Γ 的一个证明树。根据构造，这棵证明树显然没有用到切割规则。 □

习题 6.3

6.3.1 证明自然推演系统的可靠性。

6.3.2 证明自然推演系统的子公式性质：如果 $\vdash \Gamma$，则存在一个证明树，其中出现的公式都是 Γ 的子公式。

6.4 紧致性定理及其应用

定理 6.4.1（紧致性定理）

(1) 如果 $\Gamma \vDash \varphi$，则存在 Γ 的某个有穷子集 Γ_0，使得 $\Gamma_0 \vDash \varphi$。

(2) 如果 Γ 的每个有穷子集 Γ_0 都是可满足的，则 Γ 也是可满足的。

证明 见习题 6.4.1。 □

下面看一些紧致性定理的应用。

定理 6.4.2 假定语言中包含等词。如果一个语句集 Σ 有任意大的有穷模型，则它一定有一个无穷模型。

证明 在第五章 5.2 节中，对任意整数 $k \geq 2$，都给出了一个语句 $\exists_k$ 表达 "至少存在 k 个元素"。例如，

$$\exists_2 \qquad \exists v_1 \exists v_2 \, v_1 \not\approx v_2,$$
$$\exists_3 \qquad \exists v_1 \exists v_2 \exists v_3 \, (v_1 \not\approx v_2 \wedge v_2 \not\approx v_3 \wedge v_1 \not\approx v_3).$$

考察公式集 $\Gamma = \Sigma \cup \{\exists_2, \exists_3, \cdots\}$。根据假定，$\Gamma$ 的任何一个有穷子集都是可满足的。紧致性定理告诉我们，Γ 本身也是可满足的。显然，任何满足 Γ 的模型都必须是 Σ 的一个无穷模型。 $\square$

推论 6.4.3 固定一个有等词的语言 $\mathcal{L}$。$\mathcal{L}$ 上的所有有穷结构形成的类不是广义初等类 EC_Δ。所有无穷结构形成的类不是初等类 EC。

注：

(1) 定理 6.4.2 和推论 6.4.3 很好地阐明了逻辑学是研究 "方法的边界" 的主旨。虽然在数学内所有的有穷结构显然是可以表述的，但如果把语言限制在一阶语言上，则无法划清有穷与无穷的界限，哪怕允许用无穷多条描述。在习题中读者还会看到一些一阶逻辑无法表达的概念，它们多少都有些 "有穷对无穷" 的影子在里面。

(2) 推论 6.4.3 也回答了前面留下的问题，即所有的无限群不形成一个初等类。

再看紧致性定理的另外一个重要应用——非标准算术模型的存在性，它也回答了前面遗留的另一个问题，即存在初等等价但不同构的模型。

例 6.4.4 考察标准算术模型 $\mathfrak{A} = (\mathbb{N}, 0, S, <, +, \cdot)$。存在一个可数模型 $\mathfrak{B}$ 与 $\mathfrak{A}$ 初等等价但不同构。

这样的与 $\mathfrak{A}$ 初等等价但不同构的（可数或不可数）模型称为**非标准算术模型**。

让我们先引入一个今后常用的概念。对任何一个结构 $\mathfrak{A}$，称所有在 $\mathfrak{A}$ 中成立的语句为 $\mathfrak{A}$ **的理论**，记作 $\mathrm{Th}\,\mathfrak{A}$，即

$$\mathrm{Th}\,\mathfrak{A} = \{\sigma : \mathfrak{A} \models \sigma\}.$$

下面的简单命题向我们提供了一个构造初等等价模型的方法。

引理 6.4.5 如果（同一个语言上的）结构 $\mathfrak{B}$ 满足 $\mathrm{Th}\,\mathfrak{A}$，则 $\mathfrak{B} \equiv \mathfrak{A}$。

证明 见习题 6.4.2。 $\square$

让我们再回到非标准模型的构造。

首先扩展语言，添加一个新的常数符号 c。令

$$\Sigma = \{0 < c, S0 < c, SS0 < c, \cdots\}。$$

验证任何一个 $\Sigma \cup \mathrm{Th}\,\mathfrak{A}$ 的有穷子集 Σ_0 都是可满足的：注意到 Σ_0 最多只有有穷条 Σ 中的语句，因而可以找一个充分大的自然数 k，并在标准模型中添上 c 的解释为 k 即可。$\mathrm{Th}\,\mathfrak{A}$ 中的语句不牵扯到 c，因此在标准模型中依然成立。

依照紧致性定理，$\Sigma \cup \mathrm{Th}\,\mathfrak{A}$ 也有一个模型。完全性定理的证明告诉我们，这个模型可以取为可数的。我们所要的模型 $\mathfrak{B}$ 就是该模型在算术语言上的限制。由于 $\mathfrak{B}$ 是 $\mathrm{Th}\,\mathfrak{A}$ 的模型，$\mathfrak{A} \equiv \mathfrak{B}$。现在只剩下验证 $\mathfrak{B}$ 和 $\mathfrak{A}$ 不同构。假定存在一个同构 $h : \mathfrak{B} \to \mathfrak{A}$。令 $m = h(c^{\mathfrak{A}})$。由于 $0 < c, S0 < c, \cdots, \underbrace{SS\cdots S}_{m\ \text{多个}}0 < c$ 在模型 $\mathfrak{B}$ 中成立，因此 h 诱导出一个从 $m+1$ 到 m 的一个单射，这与抽屉原则（习题 1.7）矛盾。

紧致性定理还有更深刻的应用，例如，林德斯特罗姆[①]利用紧致性定理（和一些其他性质）给出了一个对一阶逻辑的完全刻画。虽然这里把紧致性定理当作完全性定理的一个推论，但从某种意义上讲，林德斯特罗姆定理告诉我们，紧致性定理才是一阶逻辑更根本的特征。

习题 6.4

6.4.1　证明紧致性定理。

6.4.2　证明引理 6.4.5。

6.4.3　假定语句 σ 在 Γ 的所有无穷模型中都成立。证明：存在一个自然数 k，使得 σ 在 Γ 的所有多于 k 个元素的模型中都成立。

6.4.4　假定语言中有一个二元谓词符号 $<$。令结构 $\mathfrak{A} = (\mathbb{N}, <)$ 为自然数集和其上的通常的序。证明：存在一个与 $\mathfrak{A}$ 初等等价的模型 $\mathfrak{B}$，使得 $<^{\mathfrak{B}}$ 有一个无穷降链，即存在 $|\mathfrak{B}|$ 中的元素 $a_0, a_1, \cdots$，使得对任意自然数 i，$(a_{i+1}, a_i) \in <^{\mathfrak{B}}$。【**注意**：本题可以解读成"良序不是一个一阶的概念"。】

6.4.5　考察一阶逻辑可靠性和完全性的下列弱形式：$\vdash \varphi$ 当且仅当 $\vDash \varphi$。利用紧致性定理，从上述弱形式推导出一阶逻辑可靠性和完全性的一般形式。

[①] 林德斯特罗姆（Per Lindström，1936—2009），瑞典逻辑学家、数学家。

第七章　递归论的基本知识

递归论是递归函数论的简称，它是数理逻辑的一个重要分支。由于递归函数是直观上的可计算函数概念的精确化，人们也把递归论称为可计算性理论。

递归论创立于 20 世纪 30 年代。最初的工作集中在可计算性（即可判定性）的精确定义上；有了可计算性（可判定性）的精确定义，人们才可以证明什么是不可计算的或不可判定的。很多经典的不可判定性结果，如停机问题和一阶逻辑的普遍有效性的不可判定性，都是在 20 世纪 30 年代建立的。之后人们的注意力转向了各种相对可计算性和由此产生的（不可解）度的研究。然而，如果要选一个词来作为现代递归论的研究目标的话，"可定义性"会比"可计算性"更合适，因为可定义性是可计算性的一种自然推广。依照对可定义性中涉及的逻辑元素的调整，如语言的选择、论域的限制等，理论计算机科学（尤其是计算复杂性）、经典递归论、描述集合论和集合论的一部分（如有关可构成集的理论），都属于现代递归论的研究范围。

在这里介绍递归论的动机除了让读者了解可计算性概念之外，在系统内"表示"递归关系也是证明哥德尔不完全性定理的重要组成部分。

7.1　原始递归函数

7.1.1　原始递归函数的定义

定义 7.1.1　以下 3 类函数称为**初始函数**：零函数 $Z(x)$，后继函数 $S(x)$ 和投射函数 $\pi_i^n(x_1,\cdots,x_n)=x_i$，其中 n 为正整数且 $1\le i\le n$。

令 n 为正整数，且 $g:\mathbb{N}^n\to\mathbb{N}$ 和 $h:\mathbb{N}^{n+2}\to\mathbb{N}$ 分别为 n-元和 $(n+2)$-元函数。称 $(n+1)$-元函数 $f:\mathbb{N}^{n+1}\to\mathbb{N}$ 为从 g 和 h 经**原始递归** 得到的，如果

$$f(x_1,\cdots,x_n,0) = g(x_1,\cdots,x_n),\quad \text{且}$$
$$f(x_1,\cdots,x_n,y+1) = h(x_1,\cdots,x_n,y,f(x_1,\cdots,x_n,y)).$$

（注意：这里的 $y+1$ 实际上是 y 的后继 $S(y)$，并不是加法。）

为方便起见，规定一个0-**元函数** g 就是一个固定的常数 $c \in$，这样一个一元函数 f 也可以像上面一样从 g 和 h 经原始递归得到：

$$f(0) = c, \quad 且 \quad f(y+1) = h(y, f(y))。 \tag{7.1}$$

定义 7.1.2 全体**原始递归函数**的集合 $\mathcal{C}$ 是最小的满足下列条件的自然数上函数的集合：

(1) 所有的初始函数都在 $\mathcal{C}$ 中；

(2) $\mathcal{C}$ 对函数复合封闭，即：如果

$$f(x_1, \cdots, x_n) = g(h_1(x_1, \cdots, x_n), \cdots, h_r(x_1, \cdots, x_n)),$$

并且 $g(y_1, \cdots, y_r)$ 和 $h_i(x_1, \cdots, x_n)$（$1 \leq i \leq r$）都在 $\mathcal{C}$ 中，则 f 也在 $\mathcal{C}$ 中；

(3) $\mathcal{C}$ 对原始递归封闭。

$\mathcal{C}$ 中的元素又称**原始递归函数**。

在第二章 2.2 节中讨论过关于闭包的"自上而下"和"自下而上"的定义方式，并且论证了它们是等价的。定义7.1.2是"自上而下"的，也可以换成"自下而上"的等价形式：每个原始递归函数 f 都有一个有穷的**生成序列** $\langle f_1, f_2, \cdots, f_n \rangle$，其中 $f_n = f$ 并且对任意 $1 \leq i \leq n$，f_i 或者是初始函数，或者是由前面的函数通过复合或原始递归得到的。注意生成序列是不唯一的。人们可以沿着生成序列做归纳。例如，可以证明所有的原始递归函数都是**全函数**，即：如果 $f: \mathbb{N}^n \to \mathbb{N}$ 是原始递归的，则 $\mathrm{dom} f = \mathbb{N}^n$（留给读者练习）。此外，也请读者思考：是否所有的原始递归函数都是直观上可计算的。

例 7.1.3 自然数的加法是原始递归的。通常是利用后继函数由下列递归方程定义的：

$$\begin{aligned} x + 0 &= x, \\ x + (y+1) &= S(x+y)。 \end{aligned}$$

作为例子，这里给出它的一个生成序列：（今后将只给出递归方程，而将生成序列留给对方程有疑义的读者。）

第一项：$S(x_1)$（后继函数）；

第二项：$\pi_1^1(x_1) = x_1$（一元投射函数）；

122

第三项：$\pi_3^3(x_1, x_2, x_3) = x_3$（三元投射函数）；

第四项：$h(x_1, x_2, x_3) = S \circ \pi_3^3(x_1, x_2, x_3) = S(x_3)$（第一项与第三项的复合）；

第五项：$f(x_1, x_2)$（由第二项和第四项经下列原始递归得到）

$$
\begin{aligned}
f(x_1, 0) &= \pi_1^1(x_1); \\
f(x_1, y+1) &= h(x_1, y, f(x_1, y)).
\end{aligned}
$$

显然，$f(x, y) = x + y$。

引理 7.1.4　下列函数都是原始递归的：

(1) 常数函数 $C_k^n(x_1, \cdots, x_n) = k$，其中 k 是一个固定的自然数；

(2) 乘法函数 $x \cdot y$、指数函数 x^y 和阶乘函数 $x!$；

(3) 如下定义的非零检测函数 σ 和零检测函数 δ：

$$
\sigma(x) = \begin{cases} 0, & \text{如果 } x = 0, \\ 1, & \text{如果 } x \neq 0; \end{cases} \qquad
\delta(x) = \begin{cases} 1, & \text{如果 } x = 0, \\ 0, & \text{如果 } x \neq 0; \end{cases}
$$

(4) 前驱函数 $\text{pred}(x)$；

(5) 如下定义的截断减法（或仍简称为减法）：

$$
x \mathbin{\dot-} y = \begin{cases} 0, & \text{如果 } x < y; \\ x - y, & \text{否则}。 \end{cases}
$$

证明　留给读者练习。　　　　　　　　　　　　　　　　□

利用投射函数，人们可以将一个原始递归函数的自变量任意重排，所得到的仍是原始递归函数。具体地说，可以得到下面的引理。

引理 7.1.5　令 $f : \mathbb{N}^k \to \mathbb{N}$ 为一个原始递归函数。定义一个新的函数 $g : \mathbb{N}^r \to \mathbb{N}$ 为

$$
g(x_1, \cdots, x_r) = f(y_1, \cdots, y_k),
$$

其中每个 y_j 或者是 x_i（$1 \leq i \leq r$）或者是一个常数，则 g 也是原始递归的。

不难看出，g 可以通过复合从 f 和投影或常数函数得到。严格的证明留给有兴趣的读者。这条引理的具体实例有：如果 $f(x, y)$ 是原始递归的，则 $g(x) = f(x, x)$ 和 $h(x, y, z) = f(z, y)$ 也是。

7.1.2 原始递归集合和谓词

在数学中，人们常常利用特征函数把集合"转化"成函数。对一个 k-元谓词 R，也可以定义它的特征函数为

$$\chi_R(\boldsymbol{x}) = \begin{cases} 1, & \text{如果 } R(\boldsymbol{x}) \text{ 成立}; \\ 0, & \text{否则}。 \end{cases}$$

为了简明，在上式中我们用 $\boldsymbol{x}$ 表示变元的 k-元组 $(x_1, \cdots, x_k)$，今后我们将继续使用这种方式（参见习题3.1.5）。

利用特征函数，可以很自然地把原始递归的概念从函数扩展到集合和谓词。

对任意 $k \geq 1$，称 $\mathbb{N}^k$ 的一个子集 A，或等价地，一个 k-元谓词 P 为**原始递归的**，如果它的特征函数是一个原始递归函数。一个 k-元谓词 P 为原始递归的也可等价地定义为集合 $\{\boldsymbol{x} : P(\boldsymbol{x})\}$ 是一个原始递归的集合。

例如，二元谓词 $=$ 和 $\leq$ 都是原始递归的（留给读者练习）。

引理 7.1.6

(1) 如果 $A, B \subseteq \mathbb{N}^k$ 都是原始递归的集合，则 $\mathbb{N}^k \setminus A, A \cup B$ 和 $A \cap B$ 也是；

(2) 如果 P 和 Q 都是原始递归的谓词，则 $\neg P$，$P \vee Q$ 和 $P \wedge Q$ 也是。

引理 7.1.7（分情形定义） 如果 f_1 和 f_2 都是原始递归函数，并且 P 是原始递归谓词，则函数

$$f(x) = \begin{cases} f_1(x), & \text{如果 } P(x) \text{ 成立}, \\ f_2(x), & \text{否则} \end{cases}$$

也是原始递归的。

用程序语言来说，人们可以执行条件判断的指令。

证明 $f(x) = f_1(x)\chi_P(x) + f_2(x)(1 \dotdiv \chi_P(x))$。 $\qquad\square$

现在可以处理四则运算的最后一则运算——除法，在自然数上，除法是用商和余数来体现的。首先用符号 $\mathrm{quo}(x, y)$ 和 $\mathrm{rem}(x, y)$ 分别表示用 x 去除 y 而得到的商和余数。为了使它们成为全函数，规定 $\mathrm{quo}(0, y) = 0$ 以及 $\mathrm{rem}(0, y) = 0$。

124

引理 7.1.8 函数 $\mathrm{quo}(x,y)$ 和 $\mathrm{rem}(x,y)$ 都是原始递归的。

证明 基本思路是利用下面的递归定义，我们把对定义的仔细分析留给读者练习。

$$\mathrm{rem}(x,y+1) = \begin{cases} \mathrm{rem}(x,y)+1, & \text{如果 } \mathrm{rem}(x,y)+1 \neq x; \\ 0, & \text{否则} \end{cases}$$

和

$$\mathrm{quo}(x,y+1) = \begin{cases} \mathrm{quo}(x,y)+1, & \text{如果 } \mathrm{rem}(x,y)+1 = x; \\ \mathrm{quo}(x,y), & \text{否则。} \end{cases}$$

$\square$

回忆一下关于**有界量词**的定义。一般用 $(\exists x < a)\varphi(x)$ 表示 $\exists x(x < a \wedge \varphi(x))$，用 $(\forall x < a)\varphi(x)$ 表示 $\forall x(x < a \rightarrow \varphi(x))$。

接下来引进**有界极小算子**。下文中的希腊字母 μ 可以读作"最小的"。

定义 7.1.9 令 $P(\boldsymbol{x}, z)$ 为一个 $(k+1)$-元的性质。定义

$$(\mu z \leq y)P(\boldsymbol{x}, z) = \begin{cases} \text{最小的满足 } P(\boldsymbol{x},z) \text{ 且} \leq y \text{ 的 } z, & \text{如果它存在;} \\ y+1, & \text{否则。} \end{cases}$$

引理 7.1.10 如果 $f(\boldsymbol{x}, y)$ 是原始递归的，则有界和 $\sum_{y \leq z} f(\boldsymbol{x}, y)$ 与有界积 $\prod_{y \leq z} f(\boldsymbol{x}, y)$ 都是原始递归的。

证明 留作习题 7.1.4。 $\square$

下面用符号 $X := Y$ 表示 X 是按照 Y 来定义的，或按照 Y 定义的那个 X。

引理 7.1.11 假定 $P(\boldsymbol{x}, z)$ 是一个原始递归的谓词。则

(1) 谓词 $E(\boldsymbol{x}, y) := (\exists z \leq y)P(\boldsymbol{x}, z)$ 和 $A(\boldsymbol{x}, y) := (\forall z \leq y)P(\boldsymbol{x}, z)$ 都是原始递归的;

(2) 函数 $f(\boldsymbol{x}, y) := (\mu z \leq y)P(\boldsymbol{x}, z)$ 也是原始递归的。

证明 (1) 根据特征函数的定义，有 $(\forall z \leq y)P(\boldsymbol{x}, z)$ 为真当且仅当 $\prod_{z \leq y} \chi_P(\boldsymbol{x}, z) = 1$；并且 $(\exists z \leq y)P(\boldsymbol{x}, z)$ 等价于 $\neg(\forall z \leq y)\neg P(\boldsymbol{x}, z)$。由此可以得到 (1)。

(2) 只需注意 $(\mu z \leq y)P(\boldsymbol{x}, z) = \sum_{z=0}^{y} \prod_{r=0}^{z} \chi_{\neg P}(\boldsymbol{x}, r)$ 即可。特别注意：当满足条件的 z 不存在时，等式右边恰恰等于 $y+1$。 $\square$

7.1.3 编码

下面讨论一些有关素数的可计算性问题，目的是利用自然数的唯一分解定理来编码。

引理 7.1.12

(1) 谓词"x 整除 y"是原始递归的；

(2) 谓词"x 是合数"和"x 是素数"都是原始递归的；

(3) 函数 $p(n) :=$ 第 n 个素数是原始递归的。这个函数今后经常会用到。$p(n)$ 也常被写作 p_n，例如，$p_0 = 2, p_1 = 3, p_2 = 5, \cdots$，等等。

证明 留作习题 7.1.6。 □

以下定理是初等数论中的一个基本定理，通常称为"算术基本定理"，也叫"自然数的唯一分解定理"。我们只引用这个定理本身，关于它的证明则不是本书讨论的范围，有兴趣的读者可以在任何一本初等数论的教科书中找到。

定理 7.1.13 对任意自然数 a，都存在唯一的自然数序列 $(a_0, \cdots, a_n)$，使得
$$a = p_0^{a_0} \cdots p_n^{a_n},$$
其中，p_i，$0 \leq i \leq n$，是第 i 个素数。

利用这个定理，可以将任何一个自然数的有穷序列"编码"为唯一的一个自然数，而且还能保证"编码"和"解码"的过程都是可计算的。这是哥德尔的发明。

定义 7.1.14

(1) 用尖括号 $\langle a_0, \cdots, a_n \rangle$ 来表示乘积 $p_0^{a_0+1} \cdots p_n^{a_n+1}$，并把它称为有穷序列 $(a_0, \cdots, a_n)$ 的**哥德尔数**。定义空序列 $\langle \, \rangle$ 的哥德尔数为 1。

(2) 定义函数 $\mathrm{lh} : \mathbb{N} \to \mathbb{N}$ 为 $\mathrm{lh}(a) = \mu k \leq a \, (p_k \nmid a)$。称 $\mathrm{lh}(a)$ 为**长度**函数，因为 $\mathrm{lh}(1) = 0$ 且对于任意的哥德尔数 $a = \langle a_0, \cdots, a_n \rangle$，都有 $\mathrm{lh}(a) = n + 1$。

(3) 定义关于 a 和 i 的二元函数 $(a)_i = \mu k \leq a \, [p_i^{k+2} \nmid a]$。称 $(a)_i$ 为**分量**函数，因为它刚好从编码为 a 的有穷序列中挑出第 i 项：对任意的哥德尔数 $a = \langle a_0, \cdots, a_n \rangle$，$(a)_i = a_i \, (0 \leq i \leq n)$。

(4) 对自然数 a, b, 定义**串接**函数 $a^\wedge b$ 如下:

$$a^\wedge b = a \cdot \prod_{i < \mathrm{lh}(b)} p_{\mathrm{lh}(a)+i}^{(b)_i+1} \circ$$

注意: 函数 $\mathrm{lh}(a)$ 和 $(a)_i$ 都是全函数。特别地, 函数 lh 对不是哥德尔数的自然数 a 也有定义, 只不过我们不关心它的值而已。对函数 $(a)_i$, 当 $i \geq \mathrm{lh}(a)$ 时也有定义, 我们同样不关心它们的值。

引理 7.1.15

(1) 全体有穷序列的哥德尔数构成的集合是原始递归的。

(2) 函数 $\mathrm{lh}(a)$ 和 $(a)_i$ 都是原始递归的。

(3) 函数 $a^\wedge b$ 是原始递归的且

$$\langle a_0, \cdots, a_n \rangle ^\wedge \langle b_0, \cdots, b_m \rangle = \langle a_0, \cdots, a_n, b_0, \cdots, b_m \rangle \circ$$

还有, 如果 a 和 b 都是某个有穷序列的哥德尔数, 则 $a^\wedge b$ 也是。

证明　留作习题 7.1.7。　　　　　　　　　　　　　　　　　　□

回忆一下原始递归的定义, 在定义 $f(y+1)$ 时, 仅仅用到 f 在前一点位的值 $f(y)$。类似于强归纳法之于归纳法, 读者可能很自然地会猜测, 也许并非只能用前一点的值, 只要是以前已经算过的值应该都可以用, 即: 在定义 $f(y+1)$ 时, 可以利用任何 $f(z)$ 的值, 只要 $z \leq y$ 即可。下面的引理说的就是这件事情。

首先引入两个自然的术语。对任何一个全函数 $f : \mathbb{N}^{k+1} \to \mathbb{N}$, 令 $F(\boldsymbol{x}, n) = p_0^{f(\boldsymbol{x},0)+1} p_1^{f(\boldsymbol{x},1)+1} \cdots p_n^{f(\boldsymbol{x},n)+1}$, 称为 f 的**历史函数**。

称函数 f 为从 g 和 h 经**强递归**得到的, 如果

$$\begin{aligned} f(\boldsymbol{x}, 0) &= g(\boldsymbol{x}); \\ f(\boldsymbol{x}, y+1) &= h(\boldsymbol{x}, y, F(\boldsymbol{x}, y))\circ \end{aligned}$$

引理 7.1.16　如果函数 f 为从 g 和 h 经强递归得到的, 且 g 和 h 都是原始递归的, 则 f 也是原始递归的。

证明　很容易看出 f 的历史函数 $F(\boldsymbol{x}, y)$ 是原始递归的:

$$\begin{aligned} F(\boldsymbol{x}, 0) &= 2^{g(\boldsymbol{x})+1}; \\ F(\boldsymbol{x}, y+1) &= F(\boldsymbol{x}, y) \cdot p_{y+1}^{h(\boldsymbol{x},y,F(\boldsymbol{x},y))+1}\circ \end{aligned}$$

所以, $f(\boldsymbol{x}, y) = (F(\boldsymbol{x}, y))_y$ 也是原始递归的。　　　　　　　　□

引理 7.1.16 在后面非常有用，尤其是在讨论语法算术化的时候。

习题 7.1

7.1.1 证明所有 0-元函数都不是原始递归的；但用 0-元函数按照 (7.1) 定义的函数都是原始递归的。

7.1.2 证明前驱函数 $\mathrm{pred}(x)$ 是原始递归的，并写出它的一个生成序列。

7.1.3 证明函数 $f(x) = x^x$ 是原始递归的。

7.1.4 证明引理 7.1.10。

7.1.5 证明二元谓词 $=$ 和 $\leq$ 都是原始递归的。

7.1.6 证明引理 7.1.12。

7.1.7 证明引理 7.1.15。

7.1.8 假设 $a\char`\^b$ 是某个有穷序列的哥德尔数，能断言 a 和 b 一定也是哥德尔数吗？

7.1.9 任何一个双射 $f : \mathbb{N}^2 \to \mathbb{N}$ 都可以被视为一种编码，它把一个自然数对 (m, n) 编码为一个自然数 $k = f(m, n)$。它的逆函数在两个分量上的（分别）投影 f_1 和 f_2 可视为对它的解码，即 $f_1(k) = m$ 和 $f_2(k) = n$，其中 $k = f(m, n)$。找出一个原始递归的编码函数 $f : \mathbb{N}^2 \to \mathbb{N}$，使得它的两个解码函数 f_1 和 f_2 也是原始递归的。

7.1.10 请回忆菲波那契序列的定义如下：$f(0) = f(1) = 1$ 且对任何 $n \in \mathbb{N}$，$f(n+2) = f(n) + f(n+1)$。证明菲波那契序列是原始递归的。【**提示**：这显然是强递归定理的一个特例。建议大家模仿强递归定理的证明方式，而不是直接引用强递归定理。】

7.2 递归函数

7.2.1 非原始递归函数

是不是所有的直观上可计算的函数都是原始递归的呢？答案是否定的。

可以用"对角线"方法来论证。首先注意：我们直观上有一个程序，它可以统一地①把所有原始递归函数枚举出来。例如，可以把所有可能的生成序列一一枚举出来。令 $g_0, g_1, \cdots$ 表示这样枚举出来的原始递归函数序列。定义函数 $F : \mathbb{N} \to \mathbb{N}$ 为 $F(n) = g_n(n) + 1$。这个函数 F 是直观上可计算的，但它不出现在原始递归函数的序列中，因而不是原始递归的。

一个更为具体的例子是所谓的阿克曼②函数 $A(x, y)$，定义如下：

$$A(0, y) = y + 1, \qquad A(x + 1, 0) = A(x, 1),$$
$$A(x + 1, y + 1) \;=\; A(x, A(x + 1, y))。$$

例如，$A(1, y) = y + 2$，$A(2, y) = 2y + 3$，还有 $A(3, y) = 2^{y+3} - 3$。粗略地说，$A(x + 1, y)$ 是通过 y 次叠代运算 $A(x, y)$ 而得到的。

利用双重归纳，不难证明 $A(x, y)$ 是一个全函数，即：对所有的自然数 x 和 y，$A(x, y)$ 都是有定义的。这个归纳的过程同时告诉我们直观上如何计算阿克曼函数。但它不是原始递归的，原因是它增长得太快了，任何一个原始递归函数最终都会被它超越。具体的断言和证明留作习题 7.2.1 和 7.2.2。

7.2.2　递归函数

从程序语言的角度看，原始递归函数可以处理所有的算术运算、条件判断，以及形如"从 $i = 1$ 到 n 执行……"这样的循环。请读者思考，与一般的程序语言相比，我们还缺什么呢？答案是我们还缺少"无（事先给定的）界的循环"，即处理"重复……直到……"这样的指令。下面的定义试图弥补这一缺陷。

定义 7.2.1　令 $f : \mathbb{N}^{n+1} \to \mathbb{N}$ 为一个全函数。称函数 $g(\boldsymbol{x})$ 是从 f 通过**正则极小化**或**由正则 μ-算子**得到的，如果 $\forall \boldsymbol{x} \exists y f(\boldsymbol{x}, y) = 0$（称为正则性条件），并且 $g(\boldsymbol{x})$ 是使得 $f(\boldsymbol{x}, y) = 0$ 的最小的 y。沿用记号 μ，可以把它写成 $g(\boldsymbol{x}) = \mu y [f(\boldsymbol{x}, y) = 0]$。

定义 7.2.2　全体**递归函数**的集合为最小的包含所有初始函数，并且对复合、原始递归和正则极小化封闭的函数集合。

---

① 英文为 uniformly，意思是说存在一个函数为每个原始递归函数"统一地"编码。与之相对的是"逐点地"编码，即给定一个原始递归函数，都能找到它的编码。详见定理 7.4.15 及其之后的讨论。这种区别在第九章和第十章显得格外重要。详见 177 页脚注①。中文常译作"一致地"，但与语句集的一致性，即无矛盾性无关。本书译作"统一地"。

② 阿克曼（Wilhelm Ackermann，1896—1962），德国逻辑学家、数学家。

同前面一样，如果一个集合（谓词）的特征函数是一个递归函数，则称该集合为一个**递归集（谓词）**。读者在后面会看到，根据"丘奇论题"，递归集（谓词）就是**能行可判定集合（谓词）**的精确说法。

定义 7.2.1 中的正则性条件 $\forall \boldsymbol{x} \exists y g(\boldsymbol{x}, y) = 0$ 从可计算的角度看是非常复杂的。我们无法能行地判断正则性条件是否成立。很难想象人们在设计一个算法或在写一个程序的时候需要时不时地检查正则性条件。我们希望能够把它删掉。删掉它的后果是对 y 的搜寻可能永远不停止，因此必须面对所谓的部分函数，即在某些点没有定义的函数。从现在起，当考虑函数 $f: A \to B$ 时，f 的定义域可以是 A 的一个真子集。对 A 中的一个点 x，用 $f(x) \downarrow$ 表示"函数 f 在 x 点有定义"（或称为"$f(x)$ 是收敛的"）；而 $f(x) \uparrow$ 表示"函数 f 在 x 点没有定义"（或称为"$f(x)$ 是发散的"）。

7.2.3 部分递归函数

定义 7.2.3 令 f 为一个部分函数。称函数 g 是从 f 通过**极小化**或由 μ-**算子**得到的，如果

$$g(\boldsymbol{x}) = \mu y \, [\forall z \leq y(f(\boldsymbol{x}, z) \downarrow) \wedge f(\boldsymbol{x}, y) = 0]。$$

我们解释一下条件 $\forall z \leq y(f(\boldsymbol{x}, z) \downarrow)$。首先，由于函数 $f(\boldsymbol{x}, y)$ 可以是部分函数，它可能在某些自然数上没有定义。但从对 g 的定义看，似乎要求 y 是最小的使得 $f(\boldsymbol{x}, y) = 0$ 的点就够了，为何还需要求 f 在 y 之前的点上都有定义呢？

假设我们"知道"y_0 是最小的使得 f 为 0 的自然数，但 f 在某些 y_0 之前的点（如 z_0）上没有定义。这时候应该如何处理？让我们参考编程时的做法。在那里，仍然只能耐心地一步一步地计算 $f(\boldsymbol{x}, z_0)$，而不能跳过 z_0。因为即使跳过 z_0，算出了 f 在 y_0 处收敛并且值为 0，人们也不敢断定这个 y_0 是最小的，因为我们不可能能行地知道 $f(\boldsymbol{x}, z_0)$ 是发散的（见后面停机问题的讨论）。因此，我们宁可达不到真正的使得 f 的函数值为 0 的最小点，也不能跳过发散点，这就是条件 $\forall z \leq y(f(\boldsymbol{x}, z) \downarrow)$ 的目的。

在后面的习题 7.5 中，我们会看到：如果允许跳过发散点，则定义出来的函数类比可计算函数类要大。最后再说明一点，后面的克林尼[①]正规型定理告诉我们，对部分函数使用极小算子是不那么重要的，每个部分递归函数本质上都可以通过对某个原始递归谓词使用一次极小算子产生出来。

[①] 克林尼（Stephen Kleene, 1909—1994），美国逻辑学家、数学家。

定义 7.2.4 全体**部分递归函数**的集合为最小的包含所有初始函数，并且对复合、原始递归和极小化封闭的函数集合。

对初学者来说，可能不容易接受部分函数的概念，尤其是我们关心的对象似乎主要是递归（全）函数。后面会提到部分函数所具有的一些优点。但研究部分函数最重要的原因是由可计算性的本质决定的：每一个算法（或程序）都天然地对应一个部分函数，而不是全函数；而且正是部分函数使得对角线方法"失效"，从而使人们有可能能行地列举所有的部分递归函数。

在本章中的部分递归函数自然可以是部分函数。但使用"递归函数"这个词时，指的是递归全函数。有时为了强调，也会用"递归全函数"。

引理 7.2.5 阿克曼函数是部分递归的全函数。

下面给出证明的梗概。基本思路是搜索一个"包含所有计算所需信息的编码"。这一方面说明极小算子带来的好处，另一方面，确认一个编码包含所有中间步骤的完整信息比确认最终答案要容易，这也是个有意思的事实，后面证明克林尼正规型定理时也会用到这一想法。当然，这也不难理解，确认一个定理的证明是对是错，要比确认一个猜想是真是假要容易得多。

证明 比照阿克曼函数的定义，称一个三元组的有穷集合 S 为**好的**，如果它满足下列条件：

(1)　如果 $(0, y, z) \in S$，则 $z = y + 1$；

(2)　如果 $(x+1, 0, z) \in S$，则 $(x, 1, z) \in S$；

(3)　如果 $(x+1, y+1, z) \in S$，则存在一个自然数 u 使得 $(x+1, y, u) \in S$ 且 $(x, u, z) \in S$。

注意：一个好的三元组集 S 具有如下性质：如果 $(x, y, z) \in S$，则

(i)　$z = A(x, y)$；

(ii)　S 包含计算 $A(x, y)$ 过程中所需的所有三元组 $(x', y', A(x', y'))$。

接下来把三元组 (x, y, z) 编码成 $\langle x, y, z \rangle = 2^{x+1} 3^{y+1} 5^{z+1}$；并把一个三元组的编码的有穷集 $\{u_1, \cdots, u_k\}$ 编码成 $\langle u_1, u_2, \cdots, u_k \rangle$。所以一个三元组的有穷集可以被编码成一个自然数 v。

令 S_v 表示编码为 v 的三元组集，则谓词 "$(x, y, z) \in S_v$" 是原始递归的，因为它等价于 "$\exists i < v((v)_i = \langle x, y, z \rangle)$"。更进一步，"$S_v$ 是一个好的三元组的集合" 也是一个原始递归谓词（留给读者练习）。所以谓词

$$R(x, y, v) := \text{"}v \text{ 是一个好的三元组集的编码并且 } \exists z < v\,((x, y, z) \in S_v)\text{"}$$

也是原始递归的。

于是函数 $f(x, y) = \mu v R(x, y, v)$ 是部分递归的。所以函数 $A(x, y) = \mu z((x, y, z) \in S_{f(x, y)})$ 也是部分递归的，并且 $f(x, y)$ 和 $A(x, y)$ 都是全函数。 $\square$

习题 7.2

7.2.1 证明阿克曼函数 $A(x, y)$ 是一个全函数。

7.2.2 证明对任何一个原始递归函数 $f(\boldsymbol{x})$ 都存在一个 $r \in \mathbb{N}$ 使得对所有的 $\boldsymbol{x}$，$f(\boldsymbol{x}) < A(r, \max\{\boldsymbol{x}\})$。由此证明阿克曼函数不是原始递归的。

7.3 图灵机

英国数学家图灵是 20 世纪最伟大的数理逻辑学家之一，也被称为计算机科学和人工智能之父。在 1936 年的文章中[1]，他提出了图灵机的概念（图 7.1），并且证明了停机问题是不可判定的，从而解决了希尔伯特提出的判定性问题。虽然哥德尔和丘奇等人在更早或差不多同时也给出了判定问题的否定答案，但图灵提出的被称为图灵机的计算模型可以被视为纯机械的物理机器，因而比形式系统更能代表任何的机械装置，从而在不可判定问题的解答上更为直观，也更有说服力。

7.3.1 图灵机的定义

先看图灵机的物理描述。图灵分析了一个 "计算机" 进行计算的过程（注意：在图灵的时代，计算机指的是从事计算的人），指出一台图灵机应该包括以下要素：

---

[1] Alan Turing, 1937. On Computable Numbers, with an application to the Entscheidungsproblem, *Proceedings of the London Mathematical Society*, s2-42 (1), 230–265.

(1) 一条两个方向都可**无限延长的纸带**，被分成一个个小的格子。这些格子中或者是空白的，用 0 表示；或者可以写上一个字符，这些字符来自一个事先给定的有穷的字母表 $A = \{a_1, a_2, \cdots, a_n, 0\}$。

(2) 一个**读写头**，每次可以扫描纸带上的一个格子。读写头可以识别格子是空白的还是有字的，它还能在空白格子中写上符号，也能将已有的字符抹去，使其重新成为空白的；读写头可以左右移动，但每次只能移动 1 格。

(3) 一个**有穷的状态集** $Q = \{q_1, \cdots, q_n\}$，在任何一个给定时刻，图灵机都处在当中的某个状态 q_i。

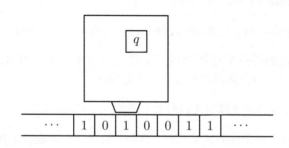

图 7.1　图灵机示意图

图灵机的数学定义则是根据它的"软件"而来的。

定义 7.3.1　**一台图灵机** 是由下面几个部分组成的：一个有穷的字母表 A、两个特殊的方向符号 L（左）和 R（右）、一个有穷的状态集 Q、一个有穷的指令集 δ，其中每个指令是一个具有下列形式的四元组：

(1) $qaa'q'$ 其中 $q, q' \in Q$ 并且 $a, a' \in A$；

(2) $qaLq'$ 其中 $q, q' \in Q$ 并且 $a \in A$；

(3) $qaRq'$ 其中 $q, q' \in Q$ 并且 $a \in A$。

此外，还假定对任意的状态 q 和字符 a，至多只有一个四元组以 qa 起头。

这个四元组集对应着一个从 $Q \times A$ 到 $(A \cup \{R, L\}) \times Q$ 的部分函数，不妨称它为一个转换函数。

对指令 $qaa'q'$ 的解读如下：如果图灵机的当前状态为 q，并且当前读写头在格子中看到的符号为 a，则将格子中的 a 改成 a'，并把状态改成 q'。指令 $qaLq'$ 和 $qaRq'$ 的解读与 $qaa'q'$ 类似，只不过是把读写头分别地向左和向右移动 1 格，而不改动格子内的符号。

注意：在不同的教科书中，对图灵机的描述和设计会有不同。但就计算能力来说，各种模型都是相同的，即：如果一个函数可以被一种模型的图灵机计算，那它也可以被另一种模型的图灵机计算。当然计算的效率（如所花费的时间）会很不一样。我们列出几种常见的变形，它们的等价性有些会在书中给出证明，有些留作练习，有些超出我们的讨论范围。

- 纸带的设计：单向无穷还是双向无穷的。

- 字母表的选取：仅用 $\{0,1\}$ 还是允许其他有穷多个字符。

- 图灵机的程序是用四元组还是用五元组来表达。例如，$qaa'q'D$ 中 $D = L$ 或者 R，甚至还可以是 S——原地不动。

- 允许不允许多个读写头以及多个纸带。

- 图灵机是确定性的还是非确定性的：对每一个由状态 q 和字符 a 形成的对，我们定义的图灵机只允许至多一个四元组以 qa 开头，因此是**确定性的**；非确定性的图灵机则允许多个以 qa 开头的四元组。

- 经典的图灵机还是量子的图灵机。

下面描述图灵机是如何进行计算的，顺带引入一些常见的与计算有关的概念和约定。

- **格局**：直观上说，在任何一个时刻，如果对着图灵机拍个快照，照片上的信息就是在那一刻的格局。精确地说，在某个时刻的图灵机格局包括以下 3 个部分：

(i) 当前纸带上所有有字符的格子的信息（注意：在任何时刻，纸带上至多有有穷个有字符的格子）；

(ii) 读写头的位置；

(iii) 目前图灵机所处的状态 q。

通常把一个格局简记成 $C = uqav$，其中 q 是目前的状态，u 和 v 是由字母表 A 中符号所组成的字符串，a 是 A 中的字符。注意：u 要从纸带上左边第一个非 0 的符号算起，而 v 则要以最右边一个非 0 的符号结束。

纸带上所有有字的格子自左向右依次为：字符串 u 位于读写头的左边，字符 a 位于读写头的下边，而字符串 v 位于读写头的右边。例如，图7.1中的格局就是：$uq1v$，其中 $u = 10$ 和 $v = 0011$。

• **格局的转换（单步计算）**：给定一个格局 $C = uqav$，如果在 δ 中不存在以 qa 开头的四元组，则称 C 是一个**终止格局**；否则，可以根据不同的指令，按下面的规则定义新的格局 C'，并称格局 C **产生**C'。

(i) 如果 $qaa'q' \in \delta$，则 $C' = uq'a'v$；

(ii) 如果 $qaRq' \in \delta$，则 $C' = (u^\wedge\langle a\rangle)q'bv'$，其中 $v = \langle b\rangle^\wedge v'$（这里仍用符号 $^\wedge$ 表示序列的串接）；

(iii) 如果 $qaLq' \in \delta$，则 $C' = u'q'b(\langle a\rangle^\wedge v$，其中 $u'^\wedge\langle b\rangle = u$。

• 图灵机的一个计算就是一个格局的序列（可以是有穷的，也可以是无穷的）$\langle C_i\rangle$，使得对每一个 i，如果 C_i 不是终止格局，则 C_i 产生 C_{i+1}。

• 为了方便起见，假定每个图灵机都包含两个特别的状态：一个是**初始状态**，记为 q_s，所有的计算都是以该状态开始的；另一个是**停机状态**q_h，每当遇到终止格局时，如果它不是处于停机状态，都要把它转换到停机状态（必要时可以增加一些四元组）。

• 为了确定地描述计算过程，先固定一个输入和输出的表示法。令 1^x 表示由连续 x 个 1 组成的串。规定输入向量 $\boldsymbol{x} = (x_1, x_2, \cdots, x_k)$ 的格局为

$$q_s 1^{x_1+1} 0 1^{x_2+1} 0 \cdots 0 1^{x_k+1}。$$

规定输出时的格局为 $q_h 1^y$（$y \geq 0$），表示输出为 y，这里省掉了格局中最左的空串。当然，输入输出的表示法不是唯一的。在表示输入时不用 1^{x_i} 表示 x_i，是因为当某些或全部 $x_i = 0$ 时，可能无法确知函数的具体元数。注意：这里对输出的格式要求较严，一般教科书往往不要求纸带上的 1 形成一个连续串，而只要有 y 个 1 在纸带上就可以了。

定义 7.3.2　称一个部分函数 $f : \mathbb{N}^k \to \mathbb{N}$ 是**被图灵机 M 所计算的**，或者说图灵机 M 计算函数 f，如果

$$f(\boldsymbol{x}) = \begin{cases} y, & \text{如果 } M \text{ 对输入 } \boldsymbol{x} \text{ 的输出为 } y; \\ \text{没有定义}, & \text{如果计算过程是无限的。} \end{cases}$$

称一个部分函数为**图灵可计算的**，如果存在一个图灵机 M 计算它。

例 7.3.3 设计一个计算函数 $f(x) = 2x$ 的图灵机程序。

解答 纸带上最初有 $x+1$ 个 1，可以先把它复制一遍，这样纸带上就有 $2x+2$ 个 1。最后再擦去两个 1 即可。（当然也可以先擦去一个 1 再复制，这没太大区别。）复制的时候，最重要的是区别已经复制的、还没复制的和新写上的 1 之间的区别，幸运的是我们可以利用不同的字符进行区分。例如，已经复制的就换成 a，还没复制的仍是 1，新写上的可以用 b。下面是具体的四元组：

$$q_s 1 a q_1, q_1 a R q_1, q_1 1 R q_1, q_1 b R q_1, q_1 0 b q_2,$$

（将 1 换成 a，右移至空白写一个 b。）

$$q_2 b b q_3, q_3 b L q_3, q_3 1 L q_3, q_3 a R q_4, q_4 1 1 q_s,$$

（左移到最右的 a，再右移一格，如果看到 1 则重复。）

$$q_4 b R q_4, q_4 0 L q_5, q_5 b 1 q_5, q_5 1 L q_5, q_5 a 1 q_5, q_5 0 R q_6,$$

（如果看到 b，则表示复制完毕，下一步是把 a 和 b 还原成 1。）

$$q_6 1 0 q_6, q_6 0 R q_7, q_7 1 0 q_7, q_7 0 R q_h。$$

（擦掉两个 1 后停机。）

7.3.2 用有向转移图来表示图灵机

图灵机最令人惊奇之处就是它的简单。只靠左移、右移、写上、擦掉这样的动作和有穷多个四元组，图灵机就能够在理论上完成一切人类所能进行的复杂计算，这似乎难以置信。然而，也正是因为它的简单，它的效率太低了。因此，写图灵机的程序没有任何实用价值。本书中所有的例子和练习，目的都是帮助大家理解图灵机的运作，而不是训练大家写图灵程序。

今后我们会越来越少地直接使用四元组，而更多地使用"高级"语言来描述对读写头和纸带内容的控制。中间路线是使用"有向转移图"，其节点为少数事先指定好的子程序，图的连接则告诉我们子程序之间的串联或并联关系。

我们先指定几个简单的子程序，后面会把它们当作部件组装起来。

例 7.3.4 假定字母表为 $\{0,1\}$。

(1) 图灵机 $R = \{q_s 0 R q_h, q_s 1 R q_h\}$ 和 $L = \{q_s 0 L q_h, q_s 1 L q_h\}$ 的动作（无论纸带上是什么内容）分别是把读写头向右和向左移动一格。

(2) 图灵机 $P_0 = \{q_s00q_h, q_s10q_h\}$ 和 $P_1 = \{q_s01q_h, q_s11q_h\}$ 的动作（无论纸带上是什么内容）分别是在当前扫描的格子中写一个 0（即擦去字符）和写一个 1。P_0 有时也直接写成 0。一般地，对任何字母表中的元素 a，有图灵机 P_a 或 a 做类似事情。

例 7.3.5 令字母表 $A = \{0, 1, a, b, c, d\}$。写一个图灵程序 R_a，把读写头移到严格在右边（即当前格子不算）的第一个写着 a 的格子（如果没有这样的格子，则 R_a 永不停机）。

解答 R_a 可以选为 $\{q_s0Rq_1, q_s1Rq_1, q_saRq_1, q_sbRq_1, q_scRq_1, q_sdRq_1\}$（先向右移一格）$\cup\{q_10Rq_1, q_11Rq_1, q_1aaq_h, q_1bRq_1, q_1cRq_1, q_1dRq_1\}$（除了见到 a 停机之外，见到其他符号均继续向右）。

下面描述两种常见的使用子程序的方法。

例 7.3.6 给定图灵机 M_1 和 M_2，设计一个新的图灵机 M，使得它先执行程序 M_1 之后继续执行程序 M_2。可以用 M_1M_2 来表示 M。

解答 重新命名 M_2 的状态集，使得它新的初始状态为 M_1 的停机状态，其他的状态都不在 M_1 的状态集中出现；同时，相应地修正 M_2 的四元组集即可。

例 7.3.7 给定图灵机 M_1 和 M_2，设计一个新的图灵机 M，使得它执行程序：“如果目前扫描的符号是 0 则执行 M_1，否则执行 M_2。”这样的 M 称为“条件判断”。可以用有向图（图7.2）来表示 M。

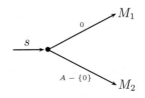

图 7.2 条件判断

在一张有向转移图中，一般用 $R \bullet Q$ 表示执行完子程序 R 后再执行 Q。在后面的图中，还会用 R^2 表示连续两次执行同一个子程序 R。

解答 不妨假定 M_1 和 M_2 的状态集交集为空，且它们的起始和停机状态分别为 $q_s^1, q_h^1, q_s^2, q_h^2$。还不妨假定 M_1 和 M_2 共享一个字母表 A。挑选两个不在 M_1 和 M_2 中出现的新的状态 q_s, q_h。定义 M 的四元组集为

$$\delta_1 \cup \delta_2 \cup \{q_s 00 q_s^1\} \cup \{q_s aa q_s^2 : a \in A \setminus \{0\}\} \cup \{q_h^1 aa q_h, q_h^2 aa q_h : a \in A\}$$

即可，其中 δ_1 和 δ_2 分别是 M_1 和 M_2 的四元组集。

 例 7.3.8 以有向转移图的方式设计一个计算函数 $f(x, y) = 2x + y$ 的图灵机。

解答 如图 7.3 所示。首先，初始格局是 $q_s 1^{x+1} 01^{y+1}$。用 $0R_0^2 L0$ 把最左和最右的 1 消成 0，执行完之后，纸带上的字符串为 $1^x 01^y$，并且读写头停在 y-串的最后一个 1（如果有的话，不然 $y = 0$，停在隔开原 $x+1$-串与 $y+1$-串的 0）的右侧。

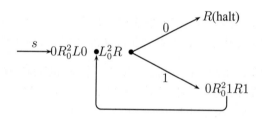

图 7.3 计算函数 $f(x, y) = 2x + y$

 接下来用 $L_0^2 R$ 把读写头移到 x-串的开头。这时有两种情况：如果看到的是 1，把它消去，并在输出串的末尾再添两个 1，这是 $0R_0^2 1R1$ 的作用，做完后再循环；如果看到 0，说明 x-串已经没有了，因此把读写头移到输出串的第一位，停机。

习题 7.3

7.3.1 分别编写计算零函数、后继函数和投射函数 π_i^n 的图灵机程序。

7.3.2 编写一个判定 "x 是否等于 y" 的图灵机程序，即：给定输入 x 和 y，$x = y$ 时该程序输出 1；否则输出 0。【提示：这道题请读者写出具体的四元组。】

7.3.3 证明：如果一个函数 $f(x)$ 可以被一台字母表为 $\{0, 1, a\}$ 的图灵机 M_1 计算，则它也可以被一台字母表为 $\{0, 1\}$ 的图灵机 M_2 计算。【注意：不难看出，对有穷的字母表也有类似的结论。此外，我们并没有断言 M_2 可以在任何格局上模拟 M_1。】

7.3.4 图灵机的转换函数也可以用形如 $qaa'q'L, qaa'q'R$ 的五元组来表示。证明用五元组表示的图灵机等价于某台用四元组表示的图灵机，反之亦然。【提示：习题中未加定义的概念请大家自行补上。】

7.3.5 用有向转移图的方式写一个图灵程序计算乘法 $f(x, y) = x \cdot y$。

7.4 图灵可计算函数与部分递归函数

这一节的中心内容是证明下面的定理。

定理 7.4.1 一个函数是图灵可计算的当且仅当它是部分递归的。

下面将定理的两个方向分开来证，每一小节证一个方向。

7.4.1 从部分递归函数到图灵可计算函数

引理 7.4.2 每个初始函数都是图灵可计算的。

证明 见习题 7.3。 □

接下来需要验证图灵可计算函数类具有我们想要的封闭性。从一般计算机程序的角度看，这是很自然的。由于图灵机的特殊性（特别是纸带的限制），仍有一些细节需要讨论。例如，在计算复合函数 $g(h_1(x_1, x_2), h_2(x_1, x_2))$ 的时候，就需要调用输入 x_1 和 x_2 两次，因此，需要保存一个备份（例如，存在纸带上某个指定的区域起到存储器的作用），使得图灵机在计算 $h_1(x_1, x_2)$ 时，不会动我们的备份。有些教科书以无穷存储机器作为计算的基本模型，最大的优越性就在这里。下面采取另一种方法。我们证明图灵机的纸带可以是单向无穷的，因而可以用 "一半" 纸带来保存必要的信息。当然这个命题本身也有它自己的意义。

引理 7.4.3 任何一台（标准的）图灵机 M_1 都可以被一台纸带是单向无穷的图灵机 M_2 所模拟。

证明 这里只给出证明概要。基本想法是先把双向无穷的纸带从中间剪开（图7.4）。

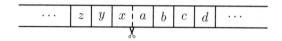

图 7.4 从中间剪开纸带

把左边的纸带反转，放到右边纸带的下方，并挑选一个不在 M_1 的字母表 A 中出现的新字符 \$，放置在最左端表示新纸带的左边界（图7.5）。

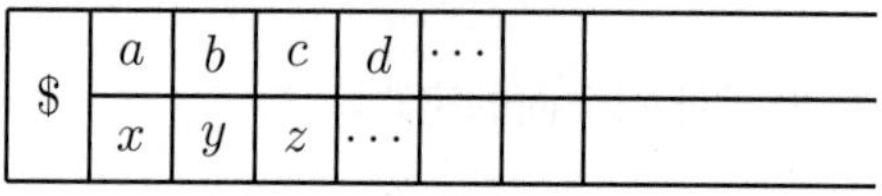

\$	a	b	c	d	$\cdots$		
	x	y	z	$\cdots$			

图 7.5 反转左边纸带

把这两条平行的纸带想象成一条纸带的两轨，再把同一位置上下轨道中的符号（如 a 和 x）改写成有序对（如 (a,x)），并且扩充旧的字母表，添上 $A \times A$ 以包含所有这样的有序对。图灵机 M_2 的单向无穷纸带看上去就如图7.6所示。

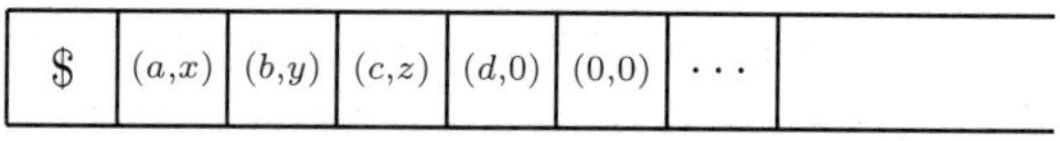

\$	(a,x)	(b,y)	(c,z)	$(d,0)$	$(0,0)$	$\cdots$	

图 7.6 改造后的单向无穷纸带

有了这些直观图像之后，就不难描述 M_2 应该怎样模拟 M_1 的计算过程了：

首先，把输入向右平移一格后，重新抄写到上半轨（例如，输入 1^{x+1} 就变成了 $(1,0)^{x+1}$），并在空出来的第一格写上左边界符号 $\$$。细节我们留给读者。

接下来在双轨上模拟 M_1 的（"双向"）计算。细节如下：对每一个 M_1 的状态 q，M_2 都有一对状态 $(q,1)$ 和 $(q,2)$ 与之相应。状态 $(q,1)$ 用来模拟上轨的计算，$(q,2)$ 模拟下轨的计算。假定 M_1 的四元组集为 δ_1。定义 M_2 的（用来模拟 M_1 计算的那部分）四元组集 δ_2 如下：

(1)（在上轨上模拟 M_1）如果 $qaa'q' \in \delta_1$，则对每一个 $b \in A$，都把四元组 $(q,1)(a,b)(a',b)(q',1)$ 放入 δ_2；如果 $qaLq' \in \delta_1$（或类似的，$qaRq' \in \delta_1$），则对每一个 $b \in A$，都把四元组 $(q,1)(a,b)L(q',1)$（或对应的，$(q,1)(a,b)R(q',1)$）放入 δ_2。

(2)（在下轨上模拟 M_1）如果 $qaa'q' \in \delta_1$，则对每一个 $b \in A$，都把四元组 $(q,2)(b,a)(b,a')(q',2)$ 放入 δ_2；如果 $qaLq' \in \delta_1$（或类似的，$qaRq' \in \delta_1$），则对每一个 $b \in A$，都把四元组 $(q,2)(b,a)R(q',2)$（或对应的，$(q,2)(b,a)L(q',2)$）放入 δ_2。注意：这里掉转了读写头的运动方向。

(3)（轨道转换）对 M_1 的每一个状态 q，都把四元组 $(q,1)\$R(q,2)$ 和 $(q,2)\$R(q,1)$ 放入 δ_2 中。

不难看出：M_2 可以一步一步地模拟 M_1 的计算，即：如果 M_1 可以从格局 C_1 中产生格局 C_2，则 M_2 也可以从与 C_1 相应的格局 D_1 中产生与 C_2 相应的格局 D_2。证明细节略去。

最后，一旦 M_1 的计算停机，M_2 就转入收尾状态：将纸带从双轨变回单轨，使得纸带上 1 的个数等于上下轨上原有的 1 的个数总和，删掉左边界符号 $\$$，将读写头移到第一个 1 之上（如果输出不是 0），停机。 □

推论 7.4.4 任何一个图灵可计算函数 h 都可以被一台加了如下限制的图灵机计算：在初始格局中，纸带上有一个不在字母表中的新字符 $\$$，它可以在事先给定的任何位置，只要不混在输入字符串中间。在计算完成后，$\$$ 左边的纸带内容不变；而且输出字符串的位置起始于 $\$$ 右边的第一格。

引理 7.4.5 图灵可计算函数类对复合运算封闭，即：令

$$f(x_1, x_2, \cdots, x_n) = g(h_1(x_1, x_2, \cdots, x_n), \cdots, h_r(x_1, x_2, \cdots, x_n)),$$

如果 g 和 $h_1, \cdots, h_r$ 都是图灵可计算的，则 f 也是。

141

证明概要 利用推论 7.4.4，并引入 $r + 1$ 个新字符，分别用来标记纸带上储存输入 $x_1, x_2, \cdots, x_n$ 和中间过渡的输出 $y_i = h_i(x_1, x_2, \cdots, x_n)$ $(i = 1, \cdots, r)$ 的区域。这些过渡输出是通过已给计算 h_i 的子程序而产生的。再调用已给计算 g 的程序来计算 $g(y_1, y_2, \cdots, y_r)$，并在计算完成后清理纸带，把它变成规定的输出格局即可。

类似地，也有如下引理，证明留给读者作为习题。

引理 7.4.6 图灵可计算函数类对原始递归和极小算子都是封闭的。

根据引理7.4.2、引理7.4.5和引理7.4.6，可以得到下面的定理。

定理 7.4.7 任何部分递归函数都是图灵可计算的。

7.4.2　从图灵可计算函数到部分递归函数

现在考虑另外一个方向，即：图灵可计算的函数都是部分递归的。

第一步：数字化。把一个图灵机 M 所有"硬件和软件"的重要信息（如格局和程序等）都通过编码的方式转换成自然数。用符号 $\ulcorner O \urcorner$ 表示对象 O 的编码。

首先，假定图灵机的字母表为 $A = \{0, 1\}$，其中 0 是空白。对表示两个方向的符号，定义 $\ulcorner L \urcorner = 2$ 和 $\ulcorner R \urcorner = 3$。规定 M 的状态集 Q 为自然数的子集 $\{4, 5, \cdots, n\}$，其中状态 4 代表初始状态 q_s，且状态集中最大的自然数 n 代表停机状态 q_h。

接下来把四元组 $qaa'q'$ 编码成 $\langle q, a, a', q' \rangle = 2^{q+1} 3^{a+1} 5^{a'+1} 7^{q'+1}$。如果 M 的四元组集为 $\delta = \{s_1, s_2, \cdots, s_m\}$，定义它的编码 $\ulcorner \delta \urcorner = \langle n, s_1, s_2, \cdots, s_m \rangle$，其中 n 是停机状态。事实上，$e = \ulcorner \delta \urcorner$ 包含了 M 中所有计算所需的信息，我们把它规定为 M 的编码，即，$e = \ulcorner M \urcorner$。

当然，具体的编码方式并不重要，重要的是编码和解码可以能行地进行，也就是说，可以能行地从编码 $\ulcorner M \urcorner$ 得到关于图灵机 M 全部程序。例如，可以得到下面的引理。

引理 7.4.8 下列关于图灵机编码的谓词都是原始递归的："e 是一个图灵机（程序）的编码"、"图灵机 e 中包含四元组 s"和"状态 q 是图灵机 e 的停机状态"。

证明 留给读者练习。　　　　　　　　　　　　　　　　　　　　　□

142

接着给格局编码。给定一个格局 $C = \cdots b_1 b_0 q a c_0 c_1 \cdots$。注意: 靠近读写头的脚标较小, 并且字母表只有 $\{0,1\}$。定义读写头左右两边纸带内容的编码分别为 $x = \sum b_i 2^i$ 和 $y = \sum c_i 2^i$。注意: 这里的和实际上是有穷和。定义格局 C 的编码「C」为

$$\ulcorner C \urcorner = \langle x, q, a, y \rangle = 2^{x+1} 3^{q+1} 5^{a+1} 7^{y+1}。$$

引理 7.4.9 谓词 "c 是一个格局的编码" 是原始递归的。

证明 留给读者练习。 □

第二步: 模拟计算过程。有了格局编码之后, 图灵机的计算过程就成为格局编码之间的转换过程。可以通过定义一些函数来描述这些转换, 并且论证它们都是原始递归的。

给定一个图灵机 M 的编码 $e = \ulcorner M \urcorner$。引进下列函数帮助我们描述整个计算过程。

• **输入函数** $IN(x_1, x_2, \cdots, x_n) = \ulcorner C_0 \urcorner$, 其中 C_0 是初始格局, 即 $q_s 1^{x_1+1} 0 1^{x_2+1} 0 \cdots 0 1^{x_k+1}$。

• **转换函数** $NEXT$ 来描述一步计算: $NEXT(e,c) = d$ 当且仅当 c 和 d 分别是格局 C 和 D 的编码, 并且 C 产生 D。注意: 这里 C 产生 D 是与图灵机的码 e 有关的。而且, 我们这里的描述是统一的, 即可以适用于任何 e。

• 谓词 $TERM(e,c)$ 表示 c 是某个终止格局的编码。注意: 这也与图灵机的码 e 有关。

• **输出函数** $OUT(c)$ 用来从终止格局的编码 c 中读出输出的值。实际上, 可以定义得更宽一点, 即: 如果 $c = \ulcorner C \urcorner$ 且 $C = q 1^y$ (其中 q 是任意状态), 则 $OUT(c) = y$。

引理 7.4.10 函数 $IN, OUT, NEXT$ 和谓词 $TERM$ 都是原始递归的。

证明 这里仅验证 $TERM$ 是原始递归的, 其余部分留作习题。$TERM(e,c)$ 成立当且仅当 c 是某个格局的编码, 且 $(c)_1$ (即 c 的第二个分量 q) 是图灵机 e 的停机状态 $(e)_0$ (即 e 的第一个分量 n)。根据引理7.4.8和引理7.4.9, $TERM$ 是原始递归的。 □

定义谓词 $T(e,x,z)$ 为 "z 是程序 e 对输入 x 的计算过程的编码", 称为**克林尼 T 谓词**。

引理 7.4.11 克林尼 T 谓词 $T(e,x,z)$ 是原始递归的。

证明 只需注意 $T(e,x,z)$ 成立当且仅当 "z 编码了一个格局的有穷序列 $\langle \ulcorner C_0 \urcorner, \cdots, \ulcorner C_m \urcorner \rangle$，并且 $\ulcorner C_0 \urcorner = IN(x)$ 和 $(\forall i < m)NEXT(e, \ulcorner C_i \urcorner) = \ulcorner C_{i+1} \urcorner$ 和 $TERM(e, \ulcorner C_m \urcorner)$"。 $\square$

第三步：利用 μ-算子来寻找计算过程的编码，即克林尼 T 谓词 $T(e,\boldsymbol{x},z)$ 中的 z。

这样，下列引理就完成了定理 7.4.1 另一个方向的证明。

引理 7.4.12 如果一个函数 f 是图灵可计算的，则它是部分递归的。

证明 假设 f 可以被图灵机 e 计算。

对于任意的 $\boldsymbol{x}$，首先用 μ-算子来寻找计算过程的编码 z。一旦找到 z，取出它的最后一项 $\ulcorner C_m \urcorner$；$f(\boldsymbol{x})$ 的值就是 $OUT(\ulcorner C_m \urcorner)$。

由于 $T(e,\boldsymbol{x},z)$ 和 OUT 都是原始递归的，因此 $f(\boldsymbol{x})$ 是部分递归的。 $\square$

7.4.3　丘奇论题

小结一下：图灵可计算函数构成的类与部分递归函数构成的类相等。

在 20 世纪 30 年代，人们从不同的角度来研究可计算性，图灵可计算函数和部分递归函数是两种不同的刻画，虽然它们的动机和方法截然不同，但刻画的函数类却是相同的。此外，人们出于别的动机还定义了其他的函数类，例如，丘奇定义了 λ-演算和 λ-可计算性，但刻画的也是同一个函数类。人们自然地猜测这并不是巧合，一定有更本质的原因。事实上，丘奇的 λ- 可计算性在历史上是最早被提出的，并且丘奇提出了下列论题：

丘奇论题 直观上的可计算函数类就是部分递归函数构成的类。因而也就是图灵可计算函数类。

我们称它为论题，是因为它不同于数学定理，它不是一个严格的命题。但它在递归论中却是被经常用到的。人们常常用"高级语言"写一个计算某个函数 f 的算法，然后"根据丘奇论题"断言，f 是部分递归的。这样做的优点是避免了繁琐的对 f 的生成过程的讨论，直观上非常清楚，又有一定的理论根据。

7.4.4 克林尼正规型定理

定理 7.4.1 建立了可计算函数类的数学表述与机械表述的等价性。有了它就可以利用我们对程序的直观来理解部分递归函数类的性质。下述定理是其中一例。值得注意的是，它的发现远早于现代计算机的产生。

定理 7.4.13（克林尼） 存在原始递归函数 $U : \mathbb{N} \to \mathbb{N}$ 和原始递归谓词 $T(e, x, z)$，使得对任意的部分递归函数 $f : \mathbb{N} \to \mathbb{N}$，都存在一个自然数 e，满足 $f(x) = U(\mu z\, T(e, x, z))$。

证明 见引理 7.4.12 的证明。 □

克林尼正规型定理有许多重要推论。首先，它在下述意义上澄清了 μ-算子在递归函数定义中的作用。

推论 7.4.14 一个函数是递归的当且仅当它是部分递归的全函数。

证明 （$\Rightarrow$) 同原始递归函数类似，每个递归函数也有一个生成序列。注意到正则性条件保证了对全函数使用正则极小算子仍得到全函数，通过对生成序列归纳很容易得到每个递归函数都是全函数。根据定义，显然递归函数都是部分递归的。

（$\Leftarrow$) 假定 f 是一个部分递归的全函数。根据克林尼正规型定理，对某个自然数 e，有 $f(x) = U(\mu z\, T(e, x, z))$。所以，这里只用到一次 μ-算子，而且是对一个原始递归谓词 $T(e, x, z)$ 使用的。因为 f 是全函数，所以，对任意的 x，满足 $T(e, x, z)$ 的 z 总是存在的，即这个极小算子是正则的。因此 f 是递归的。 □

利用克林尼正规型定理，还可以立刻得出通用函数的存在性。

定理 7.4.15（通用函数定理） 存在一个通用的部分递归函数，即：存在一个二元的部分递归函数 $\Phi : \mathbb{N}^2 \to \mathbb{N}$ 满足：对任何的一元递归函数 $f : \mathbb{N} \to \mathbb{N}$，都存在一个自然数 e，使得对所有的 x 都有 $f(x) = \Phi(e, x)$。

证明 只要取 $\Phi(e, x) = U(\mu z\, T(e, x, z))$ 即可。 □

通用函数 $\Phi(e, x)$ 的存在使得我们可以能行地把所有的部分递归函数枚举出来：

$$\varphi_0, \varphi_1, \cdots,$$

其中 $\varphi_e(x) = \Phi(e, x)$。这也是我们考虑部分递归函数的原因之一。与之形成对照的是下面关于递归（全）函数的定理。

定理 7.4.16 对递归函数来说，不存在通用函数，即：不存在递归函数 $T : \mathbb{N}^2 \to \mathbb{N}$ 满足：对任何的一元递归函数 $f : \mathbb{N} \to \mathbb{N}$ 都存在一个自然数 e，使得对所有的 x，都有 $f(x) = T(e, x)$。

证明 留给读者练习。 □

最后再给一个例子，说明有些部分递归函数是不能通过把递归函数限制到它的定义域上而得到。所以，部分递归函数类实质性地扩张了递归函数类。

例 7.4.17 存在一个部分递归函数 $f(x)$，使得对任何递归（全）函数 $g(x)$ 都存在自然数 $n \in \mathrm{dom}(f)$，使得 $f(n) \neq g(n)$。

证明 令 $f(x) = \Phi(x, x) + 1$，其中 $\Phi(x, y)$ 为通用函数。考察任何一个递归全函数 g。固定 m，使得 $g(x) = \Phi(m, x)$。由于 $g(x)$ 是全函数，因此 $\Phi(m, m)$ 是有定义的，因而 $m \in \mathrm{dom}(f)$。但是有 $f(m) = \Phi(m, m) + 1 \neq \Phi(m, m) = g(m)$。 □

习题 7.4

7.4.1 （给出）证明（的梗概）：图灵可计算函数构成的类对原始递归和极小算子都是封闭的。

7.4.2 证明函数 $IN, NEXT, OUT$ 都是原始递归的。

7.4.3 证明定理 7.4.16。

7.5 递归可枚举集

定义 7.5.1 我们称一个自然数的子集 A 为**递归可枚举**的，简称为 r.e.[①]的，如果 $A = \emptyset$ 或者 A 是某个递归（全）函数 $f : \mathbb{N} \to \mathbb{N}$ 的值域，即 $A = \{y : \exists x \, f(x) = y\}$。

我们马上会看到递归可枚举集还有很多等价的刻画。选择递归函数的值域作为基本定义，原因是它更能说明"枚举"这个词。例如，$f(0) = 7$，$f(1) = 2$，$f(2) = 7$，$f(3) = 4$，$\cdots$，我们很自然地会联想到一个枚举过程，第一个元素为 7，第二个为 2，第三个仍是 7（这里允许重复枚举），等等。如果这个

[①] r.e. 为英文 recursively enumerable 的缩写。

枚举过程是能行的，或者精确地说 f 是递归的，则 $A = \mathrm{ran}(f) = \{2, 4, 7, \cdots\}$ 就是一个递归可枚举集。此外，递归枚举也让我们自然地会联想"能行地或系统地产生"。例如，所有普遍有效的闭语句可以能行地从逻辑公理中"产生"出来（通过列出它们的证明序列），因此它们哥德尔编码的集合是递归可枚举的。

引理 7.5.2 令 A 为自然数 $\mathbb{N}$ 的一个子集。则下列命题等价：

(1) A 是递归可枚举的；

(2) A 是空集或 A 是某个原始递归函数的值域；

(3) A 是某个部分递归函数的值域；

(4) A 的部分特征函数是部分递归的，其中 A 的部分特征函数 $\chi_{A_P}(x)$ 定义如下：

$$\chi_{A_P}(x) = \begin{cases} 1, & \text{如果 } x \in A, \\ \text{没有定义}, & \text{否则}; \end{cases}$$

(5) A 是某个部分递归函数的定义域；

(6) 存在一个二元递归谓词 $R(x, y)$（事实上可取为原始递归谓词），使得 A 具有下列形式：$A = \{x : \exists y\, R(x, y)\}$。

在证明之前，先解释一下每一条的意义。前 3 条是一组，说明对一个非空的递归可枚举集来说，人们可以放松或收紧枚举它的函数的条件。(4) 说明用特征函数来刻画递归可枚举集是不方便的（参见习题 7.5.3）。顺便提一句，"递归可枚举"只能用来形容集合，称一个函数"递归可枚举"是没有意义的。(5) 说明从可计算的角度看，一个函数的定义域和值域区别不大。(6) 实际上是从可定义性（或说从定义的语法形式）来刻画递归可枚举集的。

证明 这里证明 "(3) $\Rightarrow$ (2) $\Rightarrow$ (1) $\Rightarrow$ (6) $\Rightarrow$ (5) $\Rightarrow$ (4) $\Rightarrow$ (3)"。

"(3) $\Rightarrow$ (2)"：假设集合 A 满足 (3) 的条件，即：对某个部分递归函数 $f(x)$，$A = f[\mathbb{N}]$。根据克林尼正规型定理，存在原始递归函数 $U : \mathbb{N} \to \mathbb{N}$、原始递归谓词 $T(e, x, z)$ 和自然数 $e_0 \in \mathbb{N}$，使得 $f(x) = U(\mu z\, T(e_0, x, z))$。如果 $A = \emptyset$，则 (2) 显然成立。如果 $A \neq \emptyset$，则固定任何一个 $a_0 \in A$，定义 $F : \mathbb{N}^2 \to \mathbb{N}$ 如下：

$$F(x, n) = \begin{cases} U(\mu z \leq n\, T(e_0, x, z)), & \text{如果 } \exists z \leq n\, T(e_0, x, z); \\ a_0, & \text{否则}。 \end{cases}$$

F 是原始递归的，并且 $F[\mathbb{N}^2] = A$（留给读者练习）。最后，令 $g(z) = F((z)_0, (z)_1)$，其中 $(z)_0$ 和 $(z)_1$ 是标准的原始递归的解码函数（见习题 7.1.9），这就得到了 (2) 所需要的一元原始递归函数 g。

"(2) $\Rightarrow$ (1)"：显然，任何原始递归函数都是递归函数。

"(1) $\Rightarrow$ (6)"：如果 $A = \emptyset$ 则取 $R = \emptyset$。现假定 $A \neq \emptyset$ 且 $A = f[\mathbb{N}]$ 是某个递归函数 f 的值域。令 $R(x, y)$ 为谓词 $|f(y) - x| = 0$。它是递归的，因为 $f(x)$ 是递归的，并且 $x \in A$ 当且仅当 $\exists y\, R(x, y)$。

"(6) $\Rightarrow$ (5)"：假定对某个递归谓词 R，有 $A = \{x : \exists y\, R(x, y)\}$。令 $g(x) = \mu y R(x, y)$，则 g 是部分递归的，且 $\mathrm{dom}(g) = A$。

"(5) $\Rightarrow$ (4)"：假定 $A = \mathrm{dom}(g)$ 是某个部分递归函数 g 的定义域。令 C_1 为恒等于 1 的常函数 $C_1(x) = 1$，则 $\chi_{A_P}(x) = C_1 \circ g$。所以，它是部分递归的。

"(4) $\Rightarrow$ (3)"：假定 A 的部分特征函数 χ_{A_P} 是部分递归。考察函数 $f(x) = x \cdot \chi_{A_P}(x)$。容易看出 f 是部分递归的且 $\mathrm{dom}(f) = \mathrm{dom}(\chi_{A_P}) = A$。此外，对所有 $a \in A$，有 $f(a) = a \cdot 1 = a$。因此 (c) 成立。 $\square$

递归可枚举集的一个直观解释是可以能行地得到该集合元素的"正面"信息，即：如果一个自然数 a 属于某个递归可枚举集，则可以能行地确认这一事实；但我们没有它的"负面"信息，即：如果 a 不属于该集合，我们或许会等到永远。从这个直观上看，下列刻画递归集与递归可枚举集关系的定理是很自然的。

定理 7.5.3 一个自然数的集合 A 是递归的当且仅当集合 A 和它的补集 $\mathbb{N} \setminus A$ 都是递归可枚举的。

证明 留给读者练习。 $\square$

虽然在定义 7.5.1 中只对 $\mathbb{N}$ 的子集定义了递归可枚举这个概念，但可以很自然地把它推广到 $\mathbb{N}^k$ 的子集上。例如，可以利用任何原始递归的双射 $\phi : \mathbb{N}^k \to \mathbb{N}$，定义 $A \subseteq \mathbb{N}^k$ 是递归可枚举的，如果 A 在 ϕ 下的像 $\phi[A]$ 在 $\mathbb{N}$ 中是递归可枚举的。当然，利用引理 7.5.2，可以有其他的定义方式，有兴趣的读者可以思考一下。

定理 7.5.4 假定 $\mathbb{N}^k$ 的子集 A 和 B 都是递归可枚举的，则

(1) 集合 $A \cup B$ 和 $A \cap B$ 都是递归可枚举的；

(2) 集合 $C = \{\boldsymbol{x} \in \mathbb{N}^{k-1} : \exists y\, (\boldsymbol{x}, y) \in A\}$ 也是递归可枚举的，即：递归可枚举关系对存在量词封闭。

证明 留给读者练习。 □

定理 7.5.5 集合 $K = \{e : \varphi_e(e) \text{ 有定义}\}$ 是递归可枚举的，但不是递归的。

由于 $\varphi_e(e)\downarrow$ 说的是第 e 台图灵机对输入 e 停机，集合 K 又被称为停机问题。定理 7.5.5 也被叙述成"停机问题是不可判定的"。

证明 首先 K 是递归可枚举的，因为它是通用函数 $\Phi(x,x)$ 的定义域，而通用函数是部分递归的。

假定 K 是递归的，则它的补集 $\mathbb{N} \setminus K$ 也是递归的。因此 $x \in K$ 和 $x \notin K$ 都是递归谓词。根据分情形定义定理，函数

$$f(x) = \begin{cases} \varphi_x(x) + 1, & \text{如果 } x \in K; \\ 0, & \text{如果 } x \notin K \end{cases}$$

也是递归的。因此存在自然数 e，使得对所有的 x 都有 $f(x) = \varphi_e(x)$。考察 $x = e$：如果 $e \in K$，则 $f(e) = \varphi_e(e) + 1 \neq \varphi_e(e)$，矛盾；如果 $x \notin K$，则 $f(e) = 0$，而 $\varphi_e(e)\uparrow$，也矛盾。因此 K 不是递归的。 □

推论 7.5.6 递归可枚举集不对取补运算封闭。

证明 考察定理 7.5.5 中的递归可枚举集 K。如果 $\mathbb{N} \setminus K$ 是递归可枚举的，则根据定理 7.5.3，K 就是递归的；这与定理 7.5.5 矛盾。 □

习题 7.5

7.5.1 证明定理 7.5.3。

7.5.2 证明定理 7.5.4。

7.5.3 证明如下形式的分情形定义定理：如果 A 是一个递归可枚举集，且 f 为一个部分递归函数，则函数

$$g(x) = \begin{cases} f(x), & \text{如果 } x \in A; \\ \uparrow, & \text{否则} \end{cases}$$

是部分递归的。并举例说明函数

$$h(x) = \begin{cases} f(x), & \text{如果 } x \in A; \\ 0, & \text{否则} \end{cases}$$

不一定是部分递归的。

7.5.4 证明存在一个部分递归函数 $\psi(x,y)$，使得函数 $g(x) :=$ 最小的满足 $\psi(x,y) = 0$ 的 y 不是部分递归的。这说明在定义极小算子时，条件 $\forall z \leq y(f(\boldsymbol{x};z)\downarrow)$ 是必要的。【**提示**：*考虑函数*

$$\psi(x,y) = \begin{cases} 0, & \text{如果 } y=1 \text{ 或者 } (\, y=0 \text{ 且 } \varphi_x(x)\downarrow\,); \\ \uparrow, & \text{否则}。 \end{cases}】$$

7.5.5 证明：如果 $h : \mathbb{N} \to \mathbb{N}$ 是一个部分递归函数，且 $A \subseteq \mathbb{N}$ 是一个递归可枚举集，则 A 的原像集 $h^{-1}[A]$ 和限制在 A 上的值域 $h[A]$ 都是递归可枚举的。此外，如果 A 和 h 都是递归的，则 $h^{-1}[A]$ 也是递归的；$h[A]$ 一定递归吗？

7.5.6 证明集合 $K_0 = \{(x,y) \in \mathbb{N}^2 : \varphi_x(y)\downarrow\}$ 不是递归的。【**提示**：*这是* **停机问题** *的一般形式。*】

第八章 简化版本的自然数模型

8.1 紧致性定理及其应用

8.1.1 紧致性定理（复习）

我们回到第六章，接着哥德尔完全性定理的话题继续讲。首先来复习紧致性定理。

定理 8.1.1（紧致性定理）

(1) 如果 $\Gamma \vDash \varphi$，则存在 Γ 的某个有穷子集 Γ_0，使得 $\Gamma_0 \vDash \varphi$；

(2) 如果 Γ 的每个有穷子集 Γ_0 都是可满足的，则 Γ 也是可满足的。

我们也证明了存在自然数的非标准模型。下面再复习一下它的证明，不过这里是用皮亚诺公理来叙述。

在第一章中曾经给出皮亚诺本人版本的皮亚诺公理。由于在皮亚诺的时代，逻辑发展还不成熟，因此对公理的叙述是在什么语言上的，甚至逻辑系统是一阶的还是二阶的都没有讨论，只是笼统地给出在经典数学中够用的公理系统。现在我们已经学过一阶逻辑，可以把公理叙述得更加精确。首先是在一阶逻辑上讨论算术的公理系统，规定算术（或初等数论）的语言如下：$\mathcal{L}_{ar} = \{0, \mathsf{S}, +, \times, \approx\}$。小于（或小于等于）符号 $<$（或 $\leq$）也经常被直接包括，或作为被定义的符号而引进。例如，可以定义 $x \leq y$ 当且仅当 $\exists z(z + x \approx y)$。**皮亚诺公理系统 PA** 是由下列公式的全称概括所组成的：

(1) $\mathsf{S}x \not\approx 0$；

(2) $\mathsf{S}x \approx \mathsf{S}y \to x \approx y$；

(3) $x + 0 \approx x$；

151

(4) $x + Sy \approx S(x + y)$;

(5) $x \times 0 \approx 0$;

(6) $x \times Sy \approx x \times y + x$;

(7)（归纳公理模式）对每一个一阶公式 φ，都有对 φ 的归纳公理：

$$[\varphi(0) \wedge \forall x(\varphi(x) \to \varphi(Sx))] \to \forall x \varphi(x)。$$

（我们把它记为 $I\varphi$，这在第十章会用到。）

皮亚诺公理的本意是把自然数的**标准模型** $\mathfrak{N} = (\mathbb{N}, 0, S, +, \times)$ 的理论公理化。显然，$\mathfrak{N}$ 满足所有的皮亚诺公理。但是，读者在后面会看到皮亚诺公理的所有逻辑后承与 $\mathfrak{N}$ 的理论相差很远。

我们称与 $\mathfrak{N}$ 不同构的 PA 的模型为**非标准模型**。

例 8.1.2 存在一个可数的非标准的 PA 模型 $\mathfrak{M}$。

证明 首先扩展语言：添加一个新的常数符号 c。令

$$\Sigma = \{0 < c, S0 < c, SS0 < c, \cdots\}。$$

验证任何一个 $\Sigma \cup \mathrm{PA}$ 的有穷子集 Σ_0 都是可满足的：只需注意到 Σ_0 最多只有有穷条 Σ 中的语句，可以找一个充分大的自然数 k，并在标准模型中添上 c 的解释为 k 即可。PA 中的语句不涉及 c，因此在标准模型中依然成立。

依照紧致性定理，$\Sigma \cup \mathrm{PA}$ 也有一个模型。完全性定理的证明告诉我们，这个模型可以取为可数的。我们所要的模型 $\mathfrak{M}$ 就是该模型在算术语言上的限制。显然 $\mathfrak{M}$ 满足 PA。剩下验证 $\mathfrak{M}$ 和 $\mathfrak{N}$ 不同构。假定存在一个同构 $h : \mathfrak{M} \to \mathfrak{N}$。令 $m = h(c^{\mathfrak{A}})$。由于 $0 < c^{\mathfrak{A}}, S0 < c^{\mathfrak{A}}, \cdots, \underbrace{S \cdots S}_{m \text{多个}} 0 < c^{\mathfrak{A}}$ 在模型 $\mathfrak{M}$ 中成立，因此 h 诱导出一个从 $m + 1$ 到 m 的单射，这与抽屉原则矛盾。 □

8.1.2 基数的预备知识

紧致性定理为我们提供了一个构造模型的工具。本节将利用这个工具证明一些模型论里的基本定理。这些定理涉及基数的概念。因此我们简单介绍一下有关术语，简单到够用为止。有兴趣的读者可以参考本系列的《集合论：对无穷概念的探索》（郝兆宽，杨跃，2014）中的有关内容。

我们称两个集合 A 和 B **等势**，如果存在一个从 A 到 B 的双射。（在假定选择公理的前提下）每个集合 A 都具有一个**基数**或**势**。基数是用来衡量集合中元素多少的，确切定义请参考《集合论：对无穷概念的探索》。最小的那些基数为有穷基数，即自然数 $0, 1, 2, \cdots$。最小的无穷基数为自然数集 $\mathbb{N}$ 的基数，记为 $\aleph_0$。具有基数 $\aleph_0$ 的集合，即与 $\mathbb{N}$ 等势的集合，称为**可数（无穷）集**。集合论中有下面的经典定理。

定理 8.1.3（康托尔）　自然数的幂集 $\mathcal{P}(\omega)$ 是不可数的。

根据康托尔定理，存在不可数集。不可数集最自然的例子为实数集 $\mathbb{R}$。最小的不可数的基数记为 $\aleph_1$。著名的连续统假设的一种叙述如下：实数集的基数为 $\aleph_1$。

有穷数的加法和乘法可以自然延伸到无穷基数。事实上，涉及无穷基数的加法和乘法反而简单，因为有下面的"吸收定律"。

定理 8.1.4（基数算术定理）　对任何基数 κ 和 λ，如果 $\kappa \leq \lambda$ 并且 λ 是无穷的，则 $\kappa + \lambda = \lambda$。此外，如果 $\kappa \neq 0$，则 $\kappa \cdot \lambda = \lambda$。

上述定理可以用通俗语言表述为"小势被大势吸收"。另一个要用到的事实如下。

定理 8.1.5　假设 A 是一个无穷集，则 A 上有穷序列的集合 $\bigcup_{n \in \mathbb{N}} A^n$ 与 A 等势。

8.1.3　勒文海姆-斯寇伦定理

有了基数的概念之后，就可以叙述下面两个模型论中的基本定理，它们都称为勒文海姆-斯寇伦[①]定理。首先，一个语言 $\mathcal{L}$ 的势定义为

$$\max(|\ \{\mathcal{L}\ \text{中非逻辑符号}\}\ |, \aleph_0)。$$

例如，集合论的语言和初等数论的语言具有势 $\aleph_0$，即都是可数语言。

定理 8.1.6（下行的勒文海姆-斯寇伦定理）　令语言 $\mathcal{L}$ 的势为 κ，并且 Γ 为 $\mathcal{L}$ 上的一个可满足的公式集，则存在一个满足 Γ 的结构，它的势不超过 κ。特别地，如果 Γ 为一个可数语言上的公式集，并且是可满足的，则存在一个满足 Γ 的可数结构。

[①] 勒文海姆（Leopold Löwenheim，1878—1957），德国数学家；斯寇伦（Thoralf Skolem，1887—1963），挪威数学家。

证明 这里给出证明概要。考察可满足公式集 Γ，根据可靠性定理，Γ 是一致的。按照完全性定理证明的步骤来构造一个 Γ 的模型。该模型为一个商结构 $\mathfrak{A}/E$，其中 $\mathfrak{A}$ 的论域为常数扩充后的语言 $\mathcal{L} \cup \mathcal{L}_C$ 中的项。注意到集合 $\mathcal{L}_C$ 的势等于 $\mathcal{L}$ 中公式集的势 κ，所以，$|\mathfrak{A}|$ 的势为 κ（在计算公式和项的个数时，都用到了定理 8.1.5）。而结构 $\mathfrak{A}/E$ 的论域是由 $\mathfrak{A}$ 中元素的等价类组成的，因此它的势不超过 κ。 □

给定一个可数语言 $\mathcal{L}$。假定 $\mathcal{L}$ 上有一个不可数的结构 $\mathfrak{A}$。根据下行的勒文海姆-斯寇伦定理（用在 $\mathfrak{A}$ 的理论上），存在一个可数的 Th $\mathfrak{A}$ 的模型 $\mathfrak{B}$。因此 $\mathfrak{A} \equiv \mathfrak{B}$。反过来情形如何呢？假定 $\mathcal{L}$ 上有一个可数无穷的结构 $\mathfrak{B}$，是否能得到一个不可数无穷且与之初等等价的结构 $\mathfrak{A}$ 呢？注意：假如 $\mathfrak{B}$ 是有穷的，并且 $\mathcal{L}$ 中包含等词，习题 5.3 告诉我们这是不可能的。在排除了 $\mathfrak{B}$ 是有穷的情形后，有下面的定理。

定理 8.1.7（上行的勒文海姆-斯寇伦定理） 令 Γ 是势为 κ 的语言上的一个公式集。如果存在一个 Γ 的无穷模型，则对每一个基数 $\lambda \geq \kappa$，都存在基数为 λ 的 Γ 的模型。

证明 令 $\mathfrak{A}$ 为一个满足 Γ 的无穷结构。向语言中添加 λ 个新的常数符号 $C = \{c_\alpha : \alpha < \lambda\}$。令

$$\Sigma = \{c_\alpha \not\approx c_\beta : \alpha < \beta < \lambda\},$$

这里假设 α, β 为序数，但暂时可以理解成指标集的两个不同指标。公式集 $\Sigma \cup \Gamma$ 的任意有穷子集 Σ_0 都是可满足的。原因是 Σ_0 中至多有有穷多个 Σ 中的语句，所以，至多涉及有穷多个新常数。因为 $\mathfrak{A}$ 是无穷的，所以，可以向 $\mathfrak{A}$ 中添加这些新常数的解释，使得不同的常数符号有不同的解释，因而满足 Σ_0。根据紧致性定理，存在一个 $\Sigma \cup \Gamma$ 的模型 $\mathfrak{B}$。再根据下行的勒文海姆-斯寇伦定理，可以进一步假定 $\mathfrak{B}$ 的基数不超过 λ，因为扩张后语言的基数为 $\kappa + \lambda = \lambda$，但任何 Σ 的模型显然至少有基数 λ。所以，$\mathfrak{B}$ 的基数为 λ，再把 $\mathfrak{B}$ 限制在原来的语言上即可。 □

根据勒文海姆-斯寇伦定理，对一个无穷的结构来说，无法用一阶语言"完全"把它描述清楚，这与有穷结构形成对照，参见习题 5.3。

8.1.4　集合论的公理系统 ZFC

集合论的语言 $\mathcal{L}_{Set} = \{\in, \approx\}$，其中 $\in$ 是"属于"关系。由于我们不会用到具体的集合论公理，仅仅把集合论的公理系统 ZFC 中的公理名称罗列如下：

(1) 外延公理；

(2) 分离公理模式；

(3) 并集公理；

(4) 对集公理；

(5) 幂集公理；

(6) 无穷公理；

(7) 替换公理模式；

(8) 基础公理；

(9) 选择公理。

注意：这里每一条公理（或公理模式中的每一个实例）都是语言 $\mathcal{L}_{Set} = \{\in, \approx\}$ 上的一阶语句。

8.1.5　斯寇伦佯谬

我们在这里只是提出一个问题，但不打算给出详细的解答。我们仍然鼓励读者去参阅相关的集合论书籍。所谓**斯寇伦佯谬**[①]，指的是如下表面看起来的矛盾：显然集合论的语言是可数的。一方面根据下行的勒文海姆-斯寇伦定理，ZFC 有一个可数的模型 $\mathfrak{A}$。而且根据集合论的知识（我们不讨论细节），这个模型还是"传递的"，即它的元素都是它的子集。另一方面，康托尔定理（定理 8.1.3）是 ZFC 的定理，所以，$\mathfrak{A}$ 中存在一个不可数集，即自然数的幂集 $\mathcal{P}(\omega)$。由于 $\mathfrak{A}$ 还是传递的，因此不可数集 $\mathcal{P}(\omega)$ 是一个可数集 $|\mathfrak{A}|$ 的子集！这是不是一个矛盾呢？

现代的集合论学家不再认为这在任何意义上是一个矛盾。它只是涉及在一个模型"内部"和在其"外部"看问题的不同角度。我们用 $(\mathcal{P}(\omega))^{\mathfrak{A}}$ 表示 $\mathfrak{A}$ 中的 $\mathcal{P}(\omega)$。它与"真实的" $\mathcal{P}(\omega)$ 不同。因为从 $\mathfrak{A}$ 外面看，它里面的任何对象，包括 $\mathfrak{A}$ 中的 $(\mathcal{P}(\omega))^{\mathfrak{A}}$ 都是可数的。但对于生活在 $\mathfrak{A}$ 中的人来说，由于 $\mathfrak{A}$ 中不存在 $\mathbb{N}^{\mathfrak{A}}$ 到 $(\mathcal{P}(\omega))^{\mathfrak{A}}$ 的双射，他们"认为" $(\mathcal{P}(\omega))^{\mathfrak{A}}$ 是不可数的。这就好比对于生活在一个有穷宇宙中的人来说，只要这个宇宙足够大，在他看来

[①] 斯寇伦佯谬（Skolem paradox），常被译作"斯寇伦悖论"。这里我们根据杨东屏研究员的建议，译作"佯谬"。因为与悖论不同，佯谬本身是不含矛盾的。

就会像是无穷的。当然,这里只能做一些解释,严格的论证还是需要集合论中的知识。

不过斯寇伦构造可数模型的方法在逻辑(尤其是在集合论和模型论)和数学中都有着广泛的应用。有一个"花絮"说,斯寇伦本人是一个形式主义者,完全不相信不可数集合的存在,对他来说,著名的勒文海姆-斯寇伦定理谈论的都是没有意义的对象,传说他甚至认为自己的名字与该定理联系在一起是可耻的!

习题 8.1

8.1.1 令 Σ_1 和 Σ_2 为两个语句集,并且没有模型能够同时满足 Σ_1 和 Σ_2。证明存在一个语句 τ,使得 $\text{Mod }\Sigma_1 \subseteq \text{Mod }\tau$ 并且 $\text{Mod }\Sigma_2 \subseteq \text{Mod }\neg\tau$。(这说明不相交的广义初等类可以被一个初等类分开。)

8.1.2 证明 $\text{PA} \vdash x < y \leftrightarrow Sx \leq y$,并且 $\text{PA} \vdash x \leq y \vee y \leq x$。(这里关于 PA 的练习,请不要利用任何其他的知识。)

8.1.3 (假定读者了解一些集合论)令 $\mathfrak{A}$ 为 ZFC 的一个模型。证明存在 ZFC 的一个模型 $\mathfrak{B}$,使得 $|\mathfrak{A}|$ 是 $|\mathfrak{B}|$ 的一个子集,并且存在一个 U 属于 $|\mathfrak{B}|$,使得对所有的 $|\mathfrak{A}|$ 中的元素 a,都有 $a \in^{\mathfrak{B}} U$。

8.2 可判定的理论

如果一个语句集 T 对语义蕴涵封闭,即:对任何语句 σ,如果 $T \vDash \sigma$ 则 $\sigma \in T$,便称 T 为一个**理论**。显然,根据完全性定理,理论 T 也可以被定义成对推演封闭的语句集。

例如,任何一个语言上的所有普遍有效语句就形成一个理论。再如,对任何一个结构 $\mathfrak{A}$,$\text{Th }\mathfrak{A}$ 也是一个理论,这也是我们命名它的理由。更一般地,对一个结构类 $\mathcal{K}$,定义 $\mathcal{K}$ 的理论为在 $\mathcal{K}$ 中所有成员上都成立的语句,记为 $\text{Th }\mathcal{K}$,换言之,

$$\text{Th }\mathcal{K} = \{\sigma : \text{对所有 }\mathfrak{A} \in \mathcal{K}, \mathfrak{A} \vDash \sigma\}.$$

请读者自行验证 $\text{Th }\mathcal{K}$ 的确为一个理论。

定义 8.2.1 我们称一个理论 T 为**完全的**,如果对每一个语句 σ,或者 $\sigma \in T$ 或者 $\neg\sigma \in T$。

例如，对任何结构 $\mathfrak{A}$，Th $\mathfrak{A}$ 总是完全的。完全的理论还有如下的等价刻画。

引理 8.2.2　对一致的理论 T 来说，下列命题是等价的：

(1) T 是一个完全的理论；

(2) 任何 T 的真扩张 T'（即 $T \subsetneq T'$）都是不一致的；

(3) 对任何 T 的模型 $\mathfrak{A}$，都有 $T = $ Th $\mathfrak{A}$；

(4) 对任何 T 的模型 $\mathfrak{A}$ 和 $\mathfrak{B}$，都有 $\mathfrak{A} \equiv \mathfrak{B}$，特别地，Th $\mathcal{K}$ 是完全的当且仅当任何两个 $\mathcal{K}$ 中的结构都是初等等价的；

(5) 对任何语句 σ 和 τ，如果 $T \vdash \sigma \vee \tau$，则或者 $T \vdash \sigma$ 或者 $T \vdash \tau$。

证明　留给读者练习。　　　　　　　　　　　　　　　　　　　　　□

注意：完全的理论并不一定是极大一致的，因为极大一致集需要考虑所有的公式，而不仅仅是语句。

例 8.2.3　在定义 1.7.1 中，域被定义为满足那里的 (1) 至 (9) 条公理的结构。如果把这些公理翻译到一阶语言 $\mathcal{L}_F = \{0, 1, +, \cdot\}$ 中，则以这 9 个语句为公理的理论（见下面的定义 8.2.4）称为"域的理论"。下面我们证明域的理论是不完的。假设 F 和 F' 是两个域，并且 F 的特征为 0，而 F' 的特征为素数 p（特征的定义见 1.7 节）。由于它们都是域，因此都是域理论的模型。但是 F 和 F' 不是初等等价的。因为在 F' 中，有

$$\underbrace{1 +_F \cdot 1 +_{F'} \cdots +_{F'} 1}_{p\text{-}次} = 0,$$

而在 F 中，任何素数个 1 的和都不为 0。根据引理 8.2.2 (4)，域的理论是不完全的。

定义 8.2.4　我们称一个理论 T 是**可公理化的**，如果存在一个可判定的语句集 $\Sigma \subset T$，使得 T 中所有语句都是 Σ 的语义后承集，即 $T = \{\sigma : \Sigma \vDash \sigma\}$。如果 Σ 是有穷的，则称 T 为**可有穷公理化的**。

例如，特征为 0 的域的理论是可公理化的，但不可有穷公理化，参见习题 8.2.4。

我们称一个理论 T 为**可判定的**，如果存在一个算法，使得对任何语句 σ，该算法都能告诉我们 σ 是否属于 T。

上述定义不是很严格。在后面讲了哥德尔编码以后，可以给出精确的定义：一个理论 T 是可判定的，如果它的编码的集合 $\sharp T = \{\sharp \sigma : \sigma \in T\}$ 是一个递归集。

引理 8.2.5 任何完全的可公理化的理论 T 都是可判定的。

不妨假设理论 T 是一致的，否则所有语句都是它的元素，而一个表达式是不是语句当然是可判定的。

在递归论部分，我们证明了如果一个集合和它的补集都是递归可枚举的，则该集合是递归的。引理 8.2.5 可以视为它的一个特例。两者的证明思路是相同的。假定理论 T 可公理化。令 Σ 为 T 的一个公理集，即 $T = \{\sigma : \Sigma \models \sigma\} = \{\sigma : \Sigma \vdash \sigma\}$。由于 Σ 是可判定的，我们有算法统一地枚举 Σ 的所有逻辑推论。对任意语句 τ，如果 $\tau \in T$，则这个算法将在有穷步内枚举出 τ。另一方面，由于 T 是完全的，τ 和 $\neg\tau$ 必有一个属于 T，因此必有一个在有穷步内被枚举出来。不管是哪一个，我们都可断定另一个不属于 T。

8.2.1 λ-范畴的理论

定义 8.2.6 我们称一个理论 T 为 λ-**范畴的**，如果对所有 T 的模型 $\mathfrak{A}$ 和 $\mathfrak{B}$，$|\mathfrak{A}| = |\mathfrak{B}| = \lambda$ 蕴涵 $\mathfrak{A} \cong \mathfrak{B}$，即 T 的所有具有基数 λ 的模型都同构。

对定义 8.2.6 有几点说明：

(1) "范畴的"来源于英文 "categorical"，也包含 "绝对" 或 "根本" 的意思。在历史上最早是由维布伦[①]给出的，与之相对的是 "分支的"（disjunctive）。但由于早期中文文献把 "categorical" 译成 "范畴的"，我们也就 "从众"。

(2) 显然两个具有不同基数的模型是不可能同构的，因此根据上行的勒文海姆-斯寇伦定理，无限制的范畴性概念没有意义，λ-范畴是我们的最佳期望。一般的模型论课程会介绍莫雷[②]定理：令 T 为一个可数语言上的完全理论。如果对某个不可数基数 κ，T 是 κ-范畴的，则对所有不可数基数 λ，T 是 λ-范畴的。莫雷定理说明对可数语言来说，"不可数范畴性" 是有意义的。详细请参考本系列的《初等模型论》（姚宁远，2018）。

[①] 维布伦（Oswald Veblen，1880—1960），美国数学家。

[②] 莫雷（Michael Morley，1930—　　），美国逻辑学家、数学家。

(3) 如果 T 是 λ-范畴的，则 T 只有唯一的一个基数为 λ 的模型（在同构的意义下）。对比一下完全性的概念，如果 T 是完全的，则 T 在初等等价的意义下只有唯一的一个模型。当然，初等等价是比同构弱得多的概念。

例 8.2.7　令 $\mathcal{L}_E = \{\approx\}$，等词的理论 T_E 为语言 $\mathcal{L}_E$ 上所有普遍有效的语句的集合，则对任何的基数 λ，理论 T_E 都是 λ-范畴的。

再看另一个例子。考察序的语言 $\mathcal{L}_< = \{<, \approx\}$ 上的一个语句集 Δ，它包括线序公理、稠密性，即

$$\exists x \exists y\, x \not\approx y,$$

$$\forall x \forall y \exists z (x < y \to (x < z \land z < y));$$

以及无端点，即

$$\forall x \exists y\, x < y,$$

$$\forall x \exists z\, z < x。$$

令 T 为所有 Δ 的语义后承的集合。

定理 8.2.8（康托尔）　任何可数的无端点的稠密线序都同构于 $(\mathbb{Q}, <_{\mathbb{Q}})$，换言之，$T$ 是 $\aleph_0$-范畴的。

对于每个素数 p 或 $p = 0$，用 ACF_p 表示特征是 p 的代数闭域理论。代数中的斯坦尼兹[1]定理告诉我们，对任何特征 p，理论 ACF_p 都是 $\aleph_1$-范畴的。

8.2.2　乌什-沃特判别法

定理 8.2.9（乌什-沃特判别法[2]）　令 T 为一个可数语言上的理论并满足

(1) 对某个无穷基数 λ，T 是 λ-范畴的；

(2) T 的所有模型都是无穷的，即 T 没有有穷模型，

则 T 是完全的。

---

[1] 斯坦尼兹（Ernst Steinitz, 1871—1928），德国数学家。

[2] 乌什-沃特判别法，英文为 "Łoś-Vaught test"。乌什（Jerzy Łoś, 1920—1998），波兰逻辑学家、数学家；沃特（Robert Vaught, 1926—2002），美国逻辑学家、数学家。

证明　根据引理 8.2.2，只需证明 T 的任意两个模型 $\mathfrak{A}$ 和 $\mathfrak{B}$ 都初等等价。令 $\mathfrak{A}$ 和 $\mathfrak{B}$ 为 T 的两个模型。根据 (2)，它们都是无穷的。无妨设 $\mathfrak{A}$ 的基数 $\leq \lambda$，$\mathfrak{B}$ 的基数 $\geq \lambda$（其他情形类似）。根据上行和下行的勒文海姆-斯寇伦定理，存在 T 的模型 $\mathfrak{C}$ 和 $\mathfrak{D}$，都具有势 λ，并且 $\mathfrak{A} \equiv \mathfrak{C}$，$\mathfrak{B} \equiv \mathfrak{D}$。由条件 (1)，$\mathfrak{C} \cong \mathfrak{D}$。因此

$$\mathfrak{A} \equiv \mathfrak{C} \cong \mathfrak{D} \equiv \mathfrak{B},$$

就可得到 $\mathfrak{A} \equiv \mathfrak{B}$。　　　　　　　　　　　　　　　　　　$\square$

由于同构的概念强于初等等价的概念，也许有人会感到奇怪，为什么乌什-沃特判别法用同构来证明初等等价呢？原因是在数学领域内，尤其是在代数中，已经有了大量的证明同构的工具。这些工具可以让我们避开语言的限制来讨论问题，从而给我们带来方便。

根据康托尔定理，无端点的稠密线序的理论 T 满足乌什-沃特判别法中的条件，因此是完全的。依照引理 8.2.2，T 的任何两个模型都是初等等价的，特别地，

$$(\mathbb{Q}, <_{\mathbb{Q}}) \equiv (\mathbb{R}, <_{\mathbb{R}}).$$

再依照引理 8.2.5，理论 T 也是可判定的。有理数和实数这一对线序结构很好地说明了初等等价和同构的区别。一方面它们显然是不同构的，因为它们的基数不同；另一方面，由于语言的限制，基数不同是无法用序的语言来描述的。从序的一阶性质来看，有理数和实数是无法区分的。

推论 8.2.10　理论 $\mathrm{Th}\,(\mathbb{Q}, <)$ 和 ACF_p 都是可判定的。

习题 8.2

8.2.1　证明引理 8.2.2。

8.2.2　证明康托尔定理：任何可数的无端点的稠密线序都同构于 $(\mathbb{Q}, <_{\mathbb{Q}})$，换言之，$\mathrm{Th}\,(\mathbb{Q}, <)$ 是 $\aleph_0$-范畴的。

8.2.3　证明有端点的稠密线序理论 $\mathrm{Th}\,(\mathbb{Q} \cap [0,1), <)$，$\mathrm{Th}\,(\mathbb{Q} \cap (0,1], <)$ 和 $\mathrm{Th}\,(\mathbb{Q} \cap [0,1], <)$ 都分别是 $\aleph_0$- 范畴的，因而也是完全的。此外，再验证它们和 $\mathrm{Th}\,(\mathbb{Q}, <)$ 是稠密线序理论仅有的 4 个完全扩张。

8.2.4　证明：特征为 0 的域的理论是可公理化的，但不可有穷公理化。

8.2.5　假定两个理论 T_1 和 T_2 满足：

(1) $T_1 \subseteq T_2$;

(2) T_1 是完全的;

(3) T_2 是可满足的。

证明 $T_1 = T_2$。

8.3　只含后继的自然数模型

8.3.1　模型的一般形式和理论的完全性

现在开始讨论初等数论（或称算术）的模型。尽管我们的目的是标准模型，但对非标准模型的讨论会有助于我们对标准模型的理解，因此我们也会常常提到和看到非标准模型。我们会先考察一些简化版本的算术理论。一方面是为了循序渐进，逐步加深理解；另一方面，通过这些简化版本的理论介绍一些模型论的基础知识。

先从最简单的结构 $\mathfrak{N}_S = (\mathbb{N}, 0, S)$ 开始，语言自然是 $\mathcal{L}_S = \{0, S\}$。从现在开始到本书结束，我们默认等号 $\approx$ 总是包含在语言中，因此在描述语言时不再标出 $\approx$。

接下来尝试在语言 $\mathcal{L}_S$ 中刻画结构 $\mathfrak{N}_S$。最显然的事实应该是 S 诱导出一个以 0 开头类似于线序的结构，至少没有有限的圈。考察由下列公式的全称概括所组成的语句集。

$$(S1) \quad 0 \not\approx Sx;$$
$$(S2) \quad Sx \approx Sy \to x \approx y;$$
$$(S3) \quad x \not\approx 0 \to \exists y(x \approx Sy);$$
$$(S4.n) \quad \bigwedge_{i<n} Sx_i \approx x_{i+1} \to x_0 \not\approx x_n。$$

注意：它们在结构 $\mathfrak{N}_S$ 上显然是成立的，后面会证明它们就是 Th $\mathfrak{N}_S$ 的一组公理。令 T_S 为上述公理的所有逻辑后承构成的集合。T_S 是一个理论。

理论 T_S 的模型 $\mathfrak{A}$ 的一般形式是怎样的呢？显然它必须包含一个同构于 $(\mathbb{N}, 0, S)$ 的"标准部分"：$\{0^{\mathfrak{A}}, (S0)^{\mathfrak{A}}, (SS0)^{\mathfrak{A}}, \cdots\}$。如果它不包含非标准元素，则 $\mathfrak{A} = \mathfrak{N}_S$。否则，假定它包含某个非标准的元素 $a \in |\mathfrak{A}|$，则它必须包含 $\{S^{\mathfrak{A}}(a), S^{\mathfrak{A}}S^{\mathfrak{A}}a, \cdots\}$，同时根据 (S3)，$\mathfrak{A}$ 还必须包含 a 的前驱，a 的前驱的前驱，等等。形象地说，$\mathfrak{A}$ 一定要包含一条含有 a 且与整数同构的"$\mathbb{Z}$-链"。假

如 $\mathfrak{A}$ 中还有不在这条 $\mathbb{Z}$-链中的非标准元素 b，它又会有一条包含 b 的 $\mathbb{Z}$-链。继续分析下去，整个模型 $\mathfrak{A}$ 就可以完全被 $\mathbb{Z}$-链的条数所决定。

更精确地说，对 $|\mathfrak{A}|$ 中的任意两个元素 a 和 b，定义关系 $a \sim b$，如果存在某个自然数 n，$(S^{\mathfrak{A}})^n(a) = b$ 或者 $(S^{\mathfrak{A}})^n(b) = a$。不难验证 $\sim$ 是 $|\mathfrak{A}|$ 上的一个等价关系，并且标准部分就是 $[0]_\sim$。对任意 $a \in |\mathfrak{A}|$，等价类 $[a]_\sim$ 或者是标准部分 $[0^{\mathfrak{A}}]_\sim$，或者是一条 $\mathbb{Z}$-链。此外，如果两个模型 $\mathfrak{A}$ 和 $\mathfrak{B}$ 具有相同个数的 $\mathbb{Z}$-链，由于任何两条 $\mathbb{Z}$-链都是同构的，因此 $\mathfrak{A}$ 和 $\mathfrak{B}$ 也是同构的。于是有如下刻画。

引理 8.3.1 令 $\mathfrak{A}$ 为一个 T_S 的模型，则商集 $|\mathfrak{A}|/\sim$ 可以写成

$$\{[0^{\mathfrak{A}}]_\sim\} \cup \{[a_i]_\sim : a_i \in |\mathfrak{A}| \wedge i \in I\},$$

其中 I 是某个指标集。此外，如果另一个 T_S 的模型 $\mathfrak{B}$ 的商集是

$$\{[0^{\mathfrak{B}}]_\sim\} \cup \{[b_j]_\sim : b_j \in |\mathfrak{B}| \wedge j \in J\},$$

且指标集 I 和 J 的基数相同，则 $\mathfrak{A}$ 和 $\mathfrak{B}$ 同构。

证明 这里只证此外部分。很显然，$\mathfrak{A}$ 的标准部分可以一一对应到 $\mathfrak{B}$ 标准部分，而对 $\mathbb{Z}$-链部分，指标集的一一对应自然地诱导出到 $\mathbb{Z}$-链部分的一一对应，所以 $\mathfrak{A}$ 和 $\mathfrak{B}$ 同构。   □

推论 8.3.2 T_S 不是 $\aleph_0$-范畴的，但它是 $\aleph_1$-范畴的。

证明 假设 $\mathfrak{A}$ 和 $\mathfrak{B}$ 都是 T_S 的模型，并且都具有基数 $\aleph_1$。由于每一条 $\mathbb{Z}$-链都是可数的，根据基数算术，两个模型都分别有正好 $\aleph_1$ 条 $\mathbb{Z}$-链。根据引理，结论立得。   □

事实上，对所有的不可数基数 λ，它都是 λ-范畴的。我们前面提到，这是莫雷定理的一个特例。

根据乌什-沃特判别法，有下面的推论。

推论 8.3.3 T_S 是完全的并且是可判定的。

推论 8.3.4 理论 Th $\mathfrak{N}_S$ 等于 T_S，因而也是可判定的。

证明 因为 T_S 是完全的，对 T_S 的任何一个模型 $\mathfrak{A}$，都有 $T_S = $ Th $\mathfrak{A}$。特别地，挑选 $\mathfrak{A} = \mathfrak{N}_S$ 即可得到结论。   □

8.3.2 量词消去法

理论 T_S 的判定性是从它的完全性得到的。如果真想判断一个语句 σ 是否属于 T_S，就必须把 T_S 的全部成员（通过列举证明序列）一一列举出来，直到 σ 或 $\neg\sigma$ 出现为止。显然这是非常没有效率的。

下面讲的量词消去法为我们提供了一个更有效率的判定算法，并且它还为我们提供了更多的关于可定义集的信息。量词消去是模型论中的一个重要技巧，在代数和理论计算机科学上也都有广泛的应用。

定义 8.3.5 称一个理论 T **接受量词消去**，如果对任何一个公式 φ 都存在一个不含量词的公式 ψ，使得 $T \vDash \varphi \leftrightarrow \psi$。

当然，依照完全性定理，也可以等价地说 $T \vdash \varphi \leftrightarrow \psi$，但用语义蕴涵的好处是不依赖于证明系统的选取。

引理 8.3.6（塔斯基） 一个理论 T 接受量词消去当且仅当对每一个具有如下形式的公式 φ：
$$\exists x(\alpha_0 \wedge \cdots \wedge \alpha_n),$$
其中 α_i 或者是一个原子公式，或者是某个原子公式的否定式，都存在一个不含量词的公式 ψ，使得 $T \vDash \varphi \leftrightarrow \psi$。

证明 想法是将 φ 写成前束范式，并将不含量词的部分写成析取范式。对量词的个数进行归纳。细节的证明留作习题 8.3.1。 □

定理 8.3.7 Th $\mathfrak{N}_S$ 接受量词消去，从而有一个效率更高的判定算法。

注意：当 $T = \mathrm{Th}\,\mathfrak{A}$ 时，$T \vDash \varphi \leftrightarrow \psi$ 当且仅当对所有赋值 s，$(\mathfrak{A}, s) \vDash \varphi \leftrightarrow \psi$。选取 $T = \mathrm{Th}\,\mathfrak{N}$ 而不用 T_S（尽管两者相等）的原因是想在下面的证明中利用模型 $\mathfrak{N}_S$ 的直观，论证 $(\mathfrak{N}_S, s) \vDash \varphi$ 比论证 $T_S \vdash \varphi$ 要容易一些。

证明 令 $\varphi := \exists x(\alpha_0 \wedge \cdots \wedge \alpha_n)$ 为具有塔斯基引理中那种形式的公式。只需消去 φ 中的存在量词即可。

$\mathcal{L}_S$ 中含 x 的原子公式的一般形式为 $S^m u \approx S^n v$，其中 u, v 或者是 0，或者是变元。

断言 1 只需处理 α_i 为 $S^m x \approx S^n v$ 或是它的否定的情形，还可以进一步假定 v 不是 x。（证明省略。）

下面分两个情形来讨论：

情形 1：所有的 α_i 都是等式的否定。

163

断言 2 在这种情形下，φ 等价于 $0 \approx 0$。（因为对所有赋值 s，都有 $(\mathfrak{N}_S, s) \vDash \varphi$。）

情形 2：某个 α_i（无妨假定为 α_0）是等式 $\mathsf{S}^m x \approx t$。

令 α_0' 为 $t \not\approx 0 \land \cdots \land t \not\approx \mathsf{S}^{m-1} 0$。对每个 $j \geq 1$，如果 α_j 为 $\mathsf{S}^k x \approx u$（否定式的情形类似），则令 α_j' 为 $\mathsf{S}^k t \approx \mathsf{S}^m u$。令 $\psi := \bigwedge_{i=0}^n \alpha_i'$。

断言 3 $T \vDash \varphi \leftrightarrow \psi$。

断言 3 的证明 固定一个赋值 s，如果 $(\mathfrak{N}_S, s) \vDash \varphi$，则对某个 $d \in \mathbb{N}$（d 就是 x 在 $\mathfrak{N}_S$ 中的实现），α_0 告诉我们，$m + d = \bar{s}(t)$。所以，$\bar{s}(t) \notin \{0, 1, \cdots, m-1\}$。因此 $(\mathfrak{N}_S, s) \vDash \alpha_0'$。此外，根据 α_0 和 α_j，有 $m + d = \bar{s}(t), k + d = \bar{s}(u)$，于是 $k + \bar{s}(t) = k + m + d = m + \bar{s}(u)$，即 α_j' 成立。所以，$(\mathfrak{N}_S, s) \vDash \psi$。另一方面，如果 $(\mathfrak{N}_S, s) \vDash \psi$，则根据 α_0'，存在某个自然数 e，使得 $m + e = \bar{s}(t)$。所以，从 α_j' 得到 $k + \bar{s}(t) = m + \bar{s}(u)$，于是 $k + m + e = m + \bar{s}(u)$，所以，$k + e = \bar{s}(u)$。如果用 e 作为存在量词"$\exists x$"的证据，就有 $(\mathfrak{N}_S, s) \vDash \varphi$。 □

可以直接从 T_S 开始，完全避开对 T_S 模型一般形式的讨论和乌什-沃特判别法，证明 T_S 接受量词消去，进而证明 T_S 是完全的和可判定的。最后，再用 T_S 的完全性论证 $T_S = \mathrm{Th}\, \mathfrak{N}_S$。两种做法都可以得到相同的结论。

习题 **8.3**

8.3.1 证明塔斯基引理（引理 8.3.6）。

8.3.2 证明：理论 T_S 被下列公理公理化：(S1) 和 (S2) 加上对语言 $\mathcal{L}_S = \{0, \mathsf{S}\}$ 的归纳公理模式：

$$[\varphi(0) \land \forall x(\varphi(x) \to \varphi(\mathsf{S}x))] \to \forall x \varphi(x),$$

其中 φ 是任意的语言 $\mathcal{L}_S$ 上的公式。

8.3.3 证明 T_S 不能被有穷公理化。

8.3.4 证明自然数 $\mathbb{N}$ 的一个子集在结构 $\mathfrak{N}_S$ 中可定义，当且仅当或者它是有穷的，或者它在 $\mathbb{N}$ 中的补集是有穷的。

8.3.5 证明序关系 $\{\langle m, n \rangle : m <_\mathbb{N} n\}$ 在结构 $\mathfrak{N}_S$ 中是不可定义的。

8.3.6 直接证明定理8.3.7对理论 T_S 成立。中间步骤如下：

(1) 对于任何自然数 $m > n$，证明 $T_S \vdash \mathsf{S}^m x \approx \mathsf{S}^n x \leftrightarrow \mathsf{S}^{(m-n)} x \approx 0$。再用等式的性质证明断言 1 对 T_S 成立。

(2) 如果 α_i 是形如 $S^{m_i}x \not\approx t_i$，其中 m_i 为自然数，t_i 为不含变元 x 的项，则

$$T_s \vdash \exists x(\alpha_1 \wedge \cdots \wedge \alpha_n),$$

即断言 2 对 T_s 成立。

(3) $T_s \vdash \exists x(S^m x \approx t) \leftrightarrow (t \not\approx 0 \wedge \cdots \wedge t \not\approx S^{m-1}0)$。再证明断言 3 对 T_s 成立。

8.4　包含后继和序的自然数模型

再看下一个简化版本 $\mathfrak{N}_< = (\mathbb{N}, 0, S, <)$，它的语言为 $\mathcal{L}_< = \{0, S, <\}$。8.4 节和 8.4.6 节的内容都是平行于 8.3 节的，可以说是同一主题的不同"变奏"，当然技术上的难度会逐步加深。读者可以根据自己的需要，决定在 8.4 节和 8.4.6 节上花费的时间。

显然任何 Th $\mathfrak{N}_<$ 的模型 $\mathfrak{A}$ 都是 Th $\mathfrak{N}_S$ 的模型。因此 $\mathfrak{A}$ 是由标准部分起头，后面跟着若干个**有序的**$\mathbb{Z}$-链。如果 $\mathbb{Z}$-链的"序型"不同，例如，模型 $\mathfrak{A}$ 的 $\mathbb{Z}$-链部分是将 $(\mathbb{N}, <)$ 中的每个点换成一条 $\mathbb{Z}$-链得到的，而模型 $\mathfrak{B}$ 则是将 $(\mathbb{Q}, <)$ 中的每个点换成一条 $\mathbb{Z}$-链得到的，则 $\mathfrak{A}$ 和 $\mathfrak{B}$ 不同构。因此无法使用乌什-沃特判别法（习题 8.4.1），但仍可证明 Th $\mathfrak{N}_<$ 接受量词消去。

定理 8.4.1　Th $\mathfrak{N}_<$ 接受量词消去。

证明　与定理 8.3.7 的证明相同，令 $\varphi := \exists x(\alpha_0 \wedge \cdots \wedge \alpha_n)$ 为具有塔斯基引理中那种形式的公式，只需消去 φ 中的存在量词即可。

$\mathcal{L}_<$ 中含 x 的原子公式除了 $S^m u \approx S^n v$ 之外，还有 $S^m u < S^n v$，其中 u, v 或者是 0，或者是变元。

断言 1 只需处理原子公式，而不必考虑原子公式的否定式。

断言 1 的证明 这是因为 $\mathfrak{N}_<$ 满足 $<$ 是一个线序，所以，$S^m u \not\approx S^n v$ 可以被 $(S^m u < S^n v) \vee (S^n v < S^m u)$ 替换。类似地，$S^m u \not< S^n v$ 可以被 $(S^m u \approx S^n v) \vee (S^n v < S^m u)$ 替换。

断言 2 可以进一步假定变元 x 出现且仅出现在每个等式或不等式的一端。（证明省略。）

下面分两种情形讨论：

情形 1：某个 α_i 是等式 $S^m x \approx t$，则依照定理 8.3.7 的证明方式处理。（具体步骤省略。）

情形 2：所有的 α_i 都是不等式，所以，φ 的一般形式是

$$\exists x(\bigwedge_{i=1}^{M} t_i < \mathsf{S}^{m_i}x \ \wedge \ \bigwedge_{j=1}^{N} \mathsf{S}^{n_j}x < u_j)。 \tag{8.1}$$

这里再分成几个子情形。

子情形 2.1：$N = 0$，即没有关于 x 的上界。

断言 3 在这种情形下，对任意赋值 s 都有 $(\mathfrak{N}_<, s) \vDash \varphi$。所以，$\varphi$ 等价于 $0 \approx 0$。（证明省略。）

子情形 2.2：$N \neq 0$ 且 $M = 0$，即只有关于 x 的上界而没有下界。

断言 4 在这种情形下，对任意赋值 s，都有

$$(\mathfrak{N}_<, s) \vDash \varphi \leftrightarrow \bigwedge_{j=1}^{N} \mathsf{S}^{n_j}0 < u_j。$$

断言 4 的证明留作习题 8.4.2。

子情形 2.3：$M \neq 0$ 且 $N \neq 0$。

先对 φ 的形式作一些简单的变换，不难看出每次变换后的公式都与变换前等价（前两个是根据一阶逻辑，最后一个是模型 $\mathfrak{N}_<$ 的性质）：

$$\exists x[\bigwedge_{i=1}^{M}(t_i < \mathsf{S}^{m_i}x \ \wedge \ \bigwedge_{j=1}^{N} \mathsf{S}^{n_j}x < u_j)],$$

再变成

$$\exists x[\bigwedge_{i=1}^{M}\bigwedge_{j=1}^{N}(t_i < \mathsf{S}^{m_i}x \ \wedge \ \mathsf{S}^{n_j}x < u_j)],$$

再变成

$$\exists x[\bigwedge_{i=1}^{M}\bigwedge_{j=1}^{N}(\mathsf{S}^{n_j}t_i < \mathsf{S}^{m_i+n_j}x \ < \mathsf{S}^{m_i}u_j)]。$$

这就提示我们选取

$$\psi := \bigwedge_{i=1}^{M}\bigwedge_{j=1}^{N}(\mathsf{S}^{n_j+1}t_i < \mathsf{S}^{m_i}u_j) \ \wedge \ \bigwedge_{j=1}^{N} \mathsf{S}^{n_j}0 < u_j。$$

ψ 的后一句是从 φ 的一般形式 (8.1) 的后一句得来的（也参见子情形 2.2）。ψ 的前一句则是因为对于任意的 i 和 j，$\mathsf{S}^{m_i+n_j}x$ 都插在 $\mathsf{S}^{n_j}t_i$ 和 $\mathsf{S}^{m_i}u_j$ 之间，所以，必须有 $\mathsf{S}^{n_j+1}t_i < \mathsf{S}^{m_i}u_j$。

断言 5 在这种情形下，对任意赋值 s 都有

$$(\mathfrak{N}_<, s) \vDash \varphi \leftrightarrow \psi。$$

断言 5 的证明 从 φ 推 ψ 参见前面的讨论。我们验证另一个方向 "$\Leftarrow$"。由于我们是在 $\mathfrak{N}$ 上工作，不妨使用通常的加减符号。例如，可以用 $a + b$ 代表 $\mathsf{S}^b a$。根据 ψ 的后一句，有 $\bar{s}(u_j) - n_j - 1 \geq 0$（$1 \leq j \leq N$）。令 $d = \min\{(\bar{s}(u_j) - n_j) - 1 : 1 \leq j \leq N\}$，并假定极小值在 j_0 点取到，则对任意的 $j \leq N$，

$$d + n_j = \bar{s}(u_{j_0}) - n_{j_0} - 1 + n_j \leq \bar{s}(u_j) - n_j - 1 + n_j = \bar{s}(u_j) - 1 < \bar{s}(u_j),$$

说明 d 满足 φ 中的上界。

另一方面，在 ψ 的前一句中考察 i 和 j_0，有 $\bar{s}(t_i) + n_{j_0} + 1 < \bar{s}(u_{j_0}) + m_i$，于是，$\bar{s}(t_i) < \bar{s}(u_{j_0}) - n_{j_0} - 1 + m_i = d + m_i$，说明 d 满足 φ 中的下界。

因此 d 就是存在量词 $\exists x$ 的例证。这就证明了断言 5，也完成了定理 8.4.1 的证明。　　□

定理 8.4.1 的证明告诉了我们怎么一步步将一个 $\mathcal{L}_<$ 公式归约为一个等价的无量词的公式，而一个无量词语句是否在 $\mathfrak{N}_<$ 中成立是可判定的。由此可以得到下述推论。

推论 8.4.2 Th $\mathfrak{N}_<$ 是可判定的。

我们还得到对 $\mathfrak{N}_<$ 上可定义集的刻画。

推论 8.4.3 $\mathbb{N}$ 的一个子集在结构 $\mathfrak{N}_<$ 是可定义的，当且仅当它是有穷的，或者它的补集是有穷的。

如同 8.3 节提到的，选取理论 Th $\mathfrak{N}_<$ 可以让我们利用模型的直观。但这样做的缺点是我们看不到一个简单的公理系统，尽管可判定性允许我们把整个理论都当作公理集。事实上，Th $\mathfrak{N}_<$ 是可以被有穷公理化的。其公理集 $\Lambda_<$ 为下列语句的全称概括：

(S3)　$x \not\approx 0 \to \exists y (x \approx \mathsf{S}y)$;

(L1)　$x < \mathsf{S}y \leftrightarrow x \leq y$;

(L2)　$x \not< 0$;

(L3)　$x < y \vee x \approx y \vee y < x$;

(L4)　$x < y \to y \not< x$;

(L5)　$x < y \to y < z \to x < z$。

令 $T_<$ 为 $\Lambda_<$ 语义后承的集合。有兴趣的读者可以证明，$T_<$ 接受量词消去（参见习题 8.4.6，需借助习题 8.4.5）。所以，$T_<$ 是完全的，且 $T_< = \text{Th } \mathfrak{N}_<$。

在介绍量词消去法的时候，一些教材会先给出一个可判定的公理集，再证明该公理集作为理论接受量词消去，从而得到该公理集的所有定理构成一个完全且可判定的理论。这样做的好处是定理的证明更便于阅读和检验（不需要读者自行从证明中读出判定过程）。而人们在实际寻找某个结构的理论的公理化时，往往首先借助结构本身的直观来构造量词消去方法，再从构造的过程中总结出一组用到的公理，而这组公理往往就构成了所要寻找的完全的公理集。本书采用后一种，即更接近于实际思考过程的写作顺序。

习题 8.4

8.4.1 证明对任意基数 λ，Th $\mathfrak{N}_<$ 都不是 λ-范畴的。（所以，我们无法使用乌什-沃特判别法。）

8.4.2 证明定理8.4.1中的断言 4。

8.4.3 给出一个具体的反例，说明子情形 2.3 中 ψ 的后半句 $\bigwedge_j \mathsf{S}^{n_j} 0 < u_j$ 是不能少的。【提示：适当选择项 u，使得满足前半句的 x 是负数。】

8.4.4 证明加法函数的图像 $\{(m, n, p) : m + n = p\}$ 在结构 $\mathfrak{N}_<$ 中是不可定义的。

8.4.5 证明下列的语句属于公理集 $A_<$ 的定理集 $T_<$：

(1) $\forall x(x < \mathsf{S}x)$；

(2) $\forall x(x \not< x)$；

(3) $\forall x \forall y(x \not< y \leftrightarrow y \leq x)$；

(4) $\forall x \forall y(x < y \leftrightarrow \mathsf{S}x < \mathsf{S}y)$；

(5) (S1)：$0 \not\approx \mathsf{S}x$；

(6) (S2)：$\mathsf{S}x \approx \mathsf{S}y \to x \approx y$；

(7) 对任意 $n \geq 1$，(S4.n)：$\bigwedge_{i<n} \mathsf{S}x_i \approx x_{i+1} \to x_0 \not\approx x_n$。

其中 (S1)、(S2) 和 (S4.n) 为 8.3 节 T_S 的公理。特别地，$T_\mathsf{S} \subset T_<$。

8.4.6 证明 $T_<$ 接受量词消去。

8.5　普莱斯伯格算术模型

再看下一个简化版本的自然数模型 $\mathfrak{N}_+ = (\mathbb{N}, 0, S, <, +)$，它的语言为 $\mathcal{L}_+ = \{0, S, <, +\}$。由于是普莱斯伯格[①]在 1929 年最先证明了它的理论是可判定的，因此人们常把 Th $\mathfrak{N}_+$ 称为**普莱斯伯格算术**。

我们仍然从考察它的模型开始。显然，任何 Th $\mathfrak{N}_+$ 的模型都是 Th $\mathfrak{N}_<$ 的模型，因此看上去都是以标准部分起头，后面跟着若干个有序的 $\mathbb{Z}$-链。由于加法运算的存在，这些 $\mathbb{Z}$-链（如果有的话）的序型必须是稠密无端点的。原因是给定任何一个非标准元素 a，$a + a$ 必须在另一个 $\mathbb{Z}$-链当中，因为同一 $\mathbb{Z}$-链中元素的差都是标准自然数。此外，$a < a + a$（为什么？），所以，没有最大的 $\mathbb{Z}$-链。再看为什么 $\mathbb{Z}$-链是稠密的。由于

$$\mathfrak{N}_+ \vDash \forall x \exists y (x \approx y + y \lor x + S0 \approx y + y), \tag{8.2}$$

对任何不在同一个 $\mathbb{Z}$-链中的元素 a 和 b，平均值 $c = \frac{a+b}{2}$ 或 $c = \frac{a+b+1}{2}$ 总是存在的（即公式 (8.2) 中的 y）。不难验证，平均值 c 所处的 $\mathbb{Z}$-链一定会在 a 和 b 所处的 $\mathbb{Z}$-链中间。同理可证，在标准部分和任何一条 $\mathbb{Z}$-链中间也一定存在另一条的 $\mathbb{Z}$- 链，因此没有最小的 $\mathbb{Z}$- 链。

事实上，以上分析不仅对普莱斯伯格算术成立，对皮亚诺算术同样成立。对任意 PA 的非标准模型 $\mathfrak{A}$，如果 $\mathfrak{A}$ 有 $\mathbb{Z}$-链，则 $\mathbb{Z}$-链的序型也必须是无端点稠密的。

接下来证明普莱斯伯格算术是可判定的。

定理 8.5.1（普莱斯伯格）　Th $\mathfrak{N}_+$ 是可判定的。

根据以上对非标准模型的分析，我们不能用乌什-沃特判别法。因此证明普莱斯伯格接受量词消去是最自然的想法。但困难在于理论 Th $\mathfrak{N}_+$ 同样不接受量词消去。

例 8.5.2　对任意自然数 n，定义公式 φ_n 为

$$\varphi_n(x): \quad \exists y(\underbrace{y + \cdots + y}_{n \text{ 个}} \approx x). \tag{8.3}$$

在理论 Th $\mathfrak{N}_+$ 中，对任意 n，公式 $\varphi_n(x)$ 不等价于任何不含量词的公式 $\psi(x)$（只需证明 $n = 2$ 的情形，见习题 8.5.1）。

[①] 普莱斯伯格（Mojźész Presburger，1904—1943），波兰犹太裔数学家。

不过可以证明上例中的这类公式是唯一的障碍，即所有公式都可以把量词消解到"这个程度"：它除了无量词公式外，只包含 φ_n 这样的公式。由此可以引入新的符号 $\equiv_2$，$\equiv_3$，$\cdots$，对任意 n，$x \equiv_n y$ 表示 x 与 y 模 n 同余，即

$$x \equiv_n y: \quad \exists z(x \approx y + \underbrace{z + \cdots + z}_{n\,\text{个}} \lor y \approx x + \underbrace{z + \cdots + z}_{n\,\text{个}})。 \tag{8.4}$$

例如，$\exists y(y + y \approx x)$ 可以写成 $x \equiv_2 0$。将语言扩张，令 $\mathcal{L}_\equiv = \mathcal{L}_+ \cup \{\equiv_2, \equiv_3, \cdots\}$，并把它的结构记为

$$\mathfrak{N}_\equiv = (\mathbb{N}, 0, \mathsf{S}, <, +, \equiv_2, \equiv_3, \cdots)。$$

可以证明 Th $\mathfrak{N}_\equiv$ 接受量词消去。

为了增强可读性，让我们借用一些常用的符号，尽管严格地说这样做是不规范的。我们用 nx 来表示 $\underbrace{x + x + \cdots + x}_{n\,\text{个}}$，这里 n 是外面元数学中的自然数，x 是变元；用 $u < t - v$ 来表示 $u + v < t$，其中 u, v, t 都是项。

同样，令 $\varphi := \exists x(\alpha_0 \land \cdots \land \alpha_n)$ 为形如塔斯基引理中的公式。只需消去 φ 中的存在量词即可。

$\mathcal{L}_\equiv$ 中的原子公式除了等式 $a \approx b$、不等式 $a < b$ 还有模 k 同余 $a \equiv_k b$，其中 k 是（元语言中的）自然数。

断言 1 只需处理原子公式，而不必考虑原子公式的否定式。

断言 1 的证明 除了 8.4 节考虑过的情形之外，还需考虑同余式，但 $a \not\equiv_k b$ 可以改写成 $\bigvee_{i=1}^{k-1} a \equiv_k \mathsf{S}^i b$。

断言 2 可以进一步假定变元 x 出现，且仅出现在每个等式、不等式或同余式的一端。（证明省略。）

这样，剩下需要处理的公式就类似于

$$\exists x\,[(n_1 x = u_1 - t_1) \land (n_2 x \equiv_m u_2 - t_2) \land (n_3 x < u_3 - t_3) \land (u_4 - t_4 < n_4 x)]。$$

更一般地，有下面的断言。

断言 3 只需处理下列形式的公式 φ：

$$\exists x\,[\bigwedge_{i=1}^{I}(r_i - s_i < x) \land \bigwedge_{j=1}^{J}(x < t_j - u_j) \land \bigwedge_{k=1}^{K}(x \equiv_{m_k} v_k - w_k)],$$

其中，$r_i, s_i, t_j, u_j, v_k, w_k$ 为不含 x 的项。公式 φ 的特点是：x 的系数为 1 且不含等式。

断言 3 的证明　可以将 x 的系数"重整"。首先利用 $a \equiv_m b$ 当且仅当 $ka \equiv_{km} kb$，可以把 x 的系数统一成同一个数 k。然后，把 kx 替换成 y，同时加上 $y \equiv_k 0$（注意：这里用到了扩张了的语言中新加的关系）。这样就把想要消去的变元的系数变成 1 了。如果所得的公式含有等式的话，例如，含有 $x = t - u$，则把其他的原子公式 θ 替换为 θ^x_{t-u}，再添上 $u \leq t$ 即可。（细节留给读者。）

如果 $K = 0$，即 φ 中不含同余式，则依照定理 8.4.1 的证明方式处理。（具体步骤省略。）

现假定 $K \neq 0$。令 M 为 $m_1, \cdots, m_K$ 的最小公倍数，则对于任意满足 $1 \leq k \leq K$ 的 k，都有

$$x \equiv_{m_k} v_k - w_k \text{ 当且仅当 } x + M \equiv_{m_k} v_k - w_k。$$

即这 K 个同余方程组的解以 M 为周期。于是，为了寻找同余方程组的解，只需搜索连续 M 个自然数即可。

回到 φ，它实际上是断言了以下事实：存在一个自然数 a，它处于 $\bigwedge_{i=1}^{I}(r_i - s_i < x)$ 所规定的下界和 $\bigwedge_{j=1}^{J}(x < t_j - u_j)$ 所规定的上界之间，并且满足同余方程组 $\bigwedge_{k=1}^{K}(x \equiv_{m_k} v_k - w_k)$。

任给一个赋值 s，令 $L_i = \bar{s}(r_i) - \bar{s}(s_i)$ 为所有下界，其中 $1 \leq i \leq I$。只需按照以下程序寻找 a 即可：首先检测每一个 L_i 是否满足这个同余方程组，如果有一个是，则 a 已经找到；如果没有，则继续检测每一个 $L_i + 1$，每个 $L_i + 2$，……，$L_i + (M-1)$，等等，直到找到 a。如果全部检测完毕后仍然找不到，根据以上所说同余方程组解的周期性，就说明不存在 φ 的见证。由于以上找到的必是 φ 的见证中最小的，上界的要求也就自然满足。

还剩下最后一个问题，那就是 L_i 有可能是负数，而我们所求的解，即 φ 见证必须是自然数。但是，如果 L_i 中至少有一个大于 0，就不会影响上面所描述的程序。如果极端情况发生，即所有 L_i 都是负数，那就验证 $0, 1, \cdots, M-1$ 这 M 个数即可。于是，有下面的断言。

断言 4　对于任何一个赋值 s，定义 $L_i = \bar{s}(r_i) - \bar{s}(s_i)$（$1 \leq i \leq I$），则 $(\mathfrak{N}_{\equiv}, s) \vDash \varphi$ 当且仅当在下列 $M \times (I+1)$ 个整数中，存在一个自然数 $a \in \mathbb{N}$，它是（存在公式）φ 成立的见证。

$$L_1, \quad L_1 + 1, \cdots, L_1 + (M-1),$$
$$L_2, \quad L_2 + 1, \cdots, L_2 + (M-1),$$
$$\cdots$$
$$L_I, \quad L_I + 1, \cdots, L_I + (M-1),$$
$$0, \quad 1, \cdots \quad \cdots, (M-1)。$$

断言 4 的证明 在证明之前，为了方便起见，先约定最后一行中的项为 $L_0, L_0 + 1, \cdots, L_0 + (M-1)$，其中 $L_0 = 0$。

从右向左，即：如果存在这样的 a，则 $(\mathfrak{N}_{\equiv}, s) \vDash \varphi$ 是显然的。因为我们要求 a 是自然数，所以不用担心解是负数。

再看从左到右。假定 $(\mathfrak{N}_{\equiv}, s) \vDash \varphi$，则存在自然数 $d \in \mathbb{N}$，d 是 $\exists x$ 的一个见证，即 $d \geq 0$ 是同余方程组的解，并且在最小上界与最大下界之间。

令 $L_{i_0} = \max\{L_0, \cdots, L_I\}$，则 $d \geq L_{i_0}$。根据以上所说，同余方程组的解具有周期性，所以，必定存在 $a \in \mathbb{N}$，$L_{i_0} \leq a \leq L_{i_0} + (M-1)$ 且 $d \equiv_M a$，使得 a 也满足 φ 中的同余方程组。此外，$a \leq d$，因此，a 满足上界的要求。这就是说 a 也是 $\exists x$ 的一个见证。

为了可读性，下面用 $e(p, q)$ 来表示与断言 4 的表中第 p 行、第 q 列的元素对应的数，其中 $0 \leq p \leq I$，$0 \leq q \leq M-1$，即 $e(p, q) := r_p - s_p + \mathsf{S}^q 0$。根据断言 4，选取 ψ 为

$$\bigvee_{p=0}^{I} \bigvee_{q=0}^{M-1} [\bigwedge_{i=1}^{I} (r_i - s_i < e(p, q)) \wedge$$

$$\bigwedge_{j=1}^{J} (e(p, q) < t_j - u_j) \wedge \bigwedge_{k=1}^{K} (e(p, q) \equiv_{m_k} v_k - w_k)]。$$

断言 5 对于任何一个赋值 s，$(\mathfrak{N}_{\equiv}, s) \vDash \varphi \leftrightarrow \psi$。

断言 5 的证明基本上就是断言 4，这里略过。

所以，Th $\mathfrak{N}_{\equiv}$ 接受量词消去。量词消去的证明告诉我们，任何一个 $\mathcal{L}_+$ 上的语句都能行地"等价"于扩展语言 $\mathcal{L}_{\equiv}$ 中若干形如 $\mathsf{S}^m 0 < \mathsf{S}^n 0$ 和 $\mathsf{S}^m 0 \equiv_k \mathsf{S}^n 0$ 的布尔组合。（请读者思考这里"等价"的意思。）后者显然是可判定的。这就证明了普莱斯伯格定理。

定理 8.5.3 集合 $X \subseteq \mathbb{N}$ 在结构 $\mathfrak{N}_+$ 中是可定义的当且仅当 X 是最终周期的，即：存在自然数 M 和 $p > 0$，使得对任意的 $n > M$，都有 $n \in X$ 当且仅当 $n + p \in X$。

证明 （$\Rightarrow$）如果 X 在结构 $\mathfrak{N}_+$ 中是可定义的，则根据量词消去，它可以被一个不含量词的 $\mathcal{L}_{\equiv}$ 中的公式定义。这样的公式都是原子公式（例如，$nv_1 + t \approx u$，$nv_1 + t < u$，$u < nv_1 + t$ 和 $nv_1 + t \equiv_k u$）的布尔组合。每个原子公式所定义的都是最终周期的，而最终周期的集合对布尔组合封闭。细节以及另一方向的证明留作习题 8.5.3。 $\qquad\square$

推论 8.5.4 乘法函数的图像 $\{\langle m, n, p \rangle : p = m \cdot n\}$ 在结构 $\mathfrak{N}_+$ 中是不可定义的。

最后再考虑另一个简化版本的算术模型，即包含乘法的算术模型 $\mathfrak{N}_\times = (\mathbb{N}, 0, \times)$，它的语言自然是 $\mathcal{L}_\times = \{0, \times\}$。司寇伦证明，这个模型的理论也是可判定的。我们在第九章将会看到，同时包含 $+$ 和 $\times$ 的算术模型的理论是不可判定的，所以，本章的这些结果差不多穷尽了所有简化版本的算术模型。

定理 8.5.5（斯寇伦）　只含乘法的结构 $\mathfrak{N}_\times = (\mathbb{N}, 0, \times)$ 的理论也是可判定的。

我们给出证明梗概，细节留作习题 8.5.6。

第一步，仍然利用塔斯基定理，只需考虑这样的公式：

$$\varphi := \exists x(\alpha_1 \wedge \cdots \wedge \alpha_l), \tag{8.5}$$

其中 α_i 或者是原子公式，或者是原子公式的否定。同时，为了便于阅读，仿照加法的情况，用 x^n 来表示 $\underbrace{x \times x \times \cdots \times x}_{n \text{个}}$。

第二步，类似于前面的论证，可以只考虑 $\mathcal{L}_\times$ 中形如 $x^n \times u \approx v$ 的原子公式，其中 u 和 v 是不含 x 的项。例如，如果 $u = u' \times x^i$，则可以将原式转化为 $x^{n+i}u' = v$。类似地，如果 $v = x^j \times v'$，并且 $j < n$，则原式可以转换为 $x^{n-j}u = v'$。其他情况读者可以尝试自行检验。

第三步，可以假设 φ 中所有的项都不为 0。例如，如果 φ 中某个原子公式 α 形如 $x^n \times u \approx v$，而 $x \approx 0$ 并且 v 不等于 0，则 α 可替换为 $0 \not\approx 0$。如果 v 也等于 0，则可以替换为 $0 \approx 0$。类似地，通过穷举 $x \approx 0$，$x \not\approx 0$，$u \approx 0$，$u \not\approx 0$ 的情况，就可以去掉所有包含 0 的原子公式。

第四步，对 $\mathcal{L}_\times$ 中的每一个变元 z，引入新的变元 Z，可以把 Z "理解" 为 $\log_2 z$。（统一用大写字母表示相应变元的新变元。）这样，x^n 就可以转化为 nX。对于其他的项，例如 u，它形如 $y_1^{m_1} \times \cdots \times y_k^{m_k}$，其相应的 "对数形式" 则形如 $m_1 Y_1 + \cdots + m_k Y_k$。对任意项 u，用相应的大写字母 U 表示它的对数形式。例如，原子公式 $x^n \times u \approx v$ 的对数形式就是 $nX + U \approx V$，后者实际上是语言 $\mathcal{L}_+$ 中的公式。也就是说，经过以上转换，就把语言 $\mathcal{L}_\times$ 中的每个原子公式都转换为 $\mathcal{L}_+$ 中唯一一个原子公式。因此也就能够将每个 $\mathcal{L}_\times$ 公式，特别是 (8.5) 中的 φ，转换为唯一一个 $\mathcal{L}_+$ 公式 φ'。

第五步，这样就可以利用普莱斯伯格定理了。$\mathcal{L}_\times$ 公式 φ 的对数形式是 $\mathcal{L}_+$ 中的公式 φ'，而根据定理 8.5.1 的证明，φ' 等价于 $\mathcal{L}_\equiv$ 中一个不含量词的公式 ψ。

注意：ψ 中可能会引入谓词 $\equiv_k$、常数 0 以及函数 S，但不会引入新的变元，即 ψ 中的变元与 φ' 中相同。

特别地，如果 φ 不含自由变元，即它是一个语句 σ，则 ψ 也是一个语句 τ。这时，τ 中除了自然数之间的等式和不等式之外，只有同余式 $n \equiv_k m$ 或它的否定。但同余式说的是 "$\exists Y(n \approx kY + m)$"，将 $Y = \log_2 y$ 代回，并还原成 "指数形式"，就有 "$\exists y(2^n = y^k \times 2^m)$"，而这类语句的真假是可判定的。所以，$\sigma$ 作为这类公式的布尔组合，也是可以判定的。

习题 8.5

8.5.1 证明：对任何不含量词的仅含一个自由变元的公式 $\varphi(x)$，

$$\mathfrak{N}_+ \nvDash \exists y(y + y \approx x) \leftrightarrow \varphi(x)。$$

8.5.2 证明在结构 $(\mathbb{N}; +)$ 中下列关系是可定义的：

(1) 序关系 $\{\langle m, n \rangle : m < n\}$；

(2) 单点集 $\{0\}$；

(3) 后继函数的图像 $\{\langle m, n \rangle : n = S(m)\}$。

8.5.3 补上定理 8.5.3 证明的细节。

8.5.4 分析定理 8.5.1 的证明，尤其是分析证明每个断言所需的公式，从中得出普莱斯伯格算术的一组公理。（我们自然要求它应该比 Th $\mathfrak{N}_+$ 简洁，尽管 Th $\mathfrak{N}_+$ 本身可以被选作公理。）

8.5.5 证明普莱斯伯格算术不能被有穷公理化。

8.5.6 补上斯寇伦定理证明的细节。

8.5.7 证明加法关系 $\{(a, b, c) : a + b = c\}$ 在结构 $(\mathbb{N}, S, \cdot)$ 中是可定义的。【**提示**：考虑方程 $S(ac) \cdot S(bc) = S(c \cdot c \cdot S(ab))$。这说明结构 $(\mathbb{N}, S, \cdot)$ 和结构 $(\mathbb{N}, S, +, \cdot)$ 同样复杂，我们会在后面看到 Th $(\mathbb{N}, S, +, \cdot)$ 是不可判定的。】

第九章　哥德尔第一不完全性定理

本章开始考察语言 $\mathcal{L}_{ar} = \{0, \mathsf{S}, +, \cdot\}$，并研究初等数论的标准模型 $\mathfrak{N} = (\mathbb{N}, 0, S, +, \cdot)$。同时具有加法和乘法的模型与前面的普莱斯伯格算术 $(\mathbb{N}, 0, S, +)$ 和斯寇伦的乘法模型 $(\mathbb{N}, 0, \times)$ 大不相同。本章的目标是讲解下列 3 大定理：塔斯基不可定义定理、哥德尔的第一不完全性定理和丘奇的不可判定性定理。

证明这些定理所需的主要技术有 3 个：可表示性、语法的算术化和不动点引理。

9.1　可表示性

9.1.1　鲁宾逊算术 Q

粗略地说，研究"可表示性"就是研究标准自然数上什么样的关系可以用形式语言 $\mathcal{L}_{ar}$ 中的公式表示或表达出来。我们的目标是先确定"表示"的精确定义，然后证明所有递归关系都是在选定的算术系统内"可表示的"。自然，算术系统越强，所能证明的命题就越多。为了获得最强烈的反差，这里选择了一个非常弱的系统 Q，称为鲁宾逊[①]算术。其他的选择还有 PA$^-$（差不多是 PA 除掉归纳法）和 PA；或者为了编码的方便，也有把指数函数添到语言之中，并添加适当的关于指数运算的公理；当然还可以选择集合论的语言和 ZFC 公理或适当的片断。

鲁宾逊算术理论 Q 的公理有如下 7 条：

(Q1)　$\forall x\ \mathsf{S}x \not\approx 0$；

(Q2)　$\forall x \forall y\ (\mathsf{S}x \approx \mathsf{S}y \to x \approx y)$；

[①] 鲁宾逊（Raphael Robinson, 1911—1995），美国数学家。

(Q3)　　$\forall x\,(x \not\approx 0 \to \exists y\, x \approx Sy)$；

(Q4)　　$\forall x\,(x + 0 \approx x)$；

(Q5)　　$\forall x \forall y\,(x + Sy \approx S(x+y))$；

(Q6)　　$\forall x\,(x \cdot 0 \approx 0)$；

(Q7)　　$\forall x \forall y\,(x \cdot Sy \approx x \cdot y + x)$。

(Q1) 和 (Q2) 是关于 S 和 0 的，(Q4) 至 (Q7) 是关于加法和乘法的。(Q3) 实际上是数学归纳原则的一个特殊应用。Q 中没有完整的归纳原则。

显然，标准自然数模型 $\mathfrak{N}$ 是 Q 的一个模型。但是 Q 还有很多其他非标准模型。

例 9.1.1　考察结构 $\mathfrak{M} = (\mathbb{N} \cup \{\infty\}, 0, S, +, \cdot)$，其中函数 S、$+$ 和 $\cdot$ 为通常的后继、加法和乘法依照如下方式扩张到新元素 ∞ 上：

(1) $S(\infty) = \infty$；

(2) $n + \infty = \infty + n = \infty + \infty = \infty$（对所有的 $n \in \mathbb{N}$）；

(3) $\infty \cdot 0 = 0 \cdot \infty = 0$ 并且 $n \cdot \infty = \infty \cdot n = \infty \cdot \infty = \infty$（对所有的 $n \in \mathbb{N}$ 且 $n \neq 0$），

则结构 $\mathfrak{M} \vDash Q$。（留给读者练习）

前面说 Q 是一个很弱的系统，是因为很多显然的关于算术的事实在 Q 中都不能证明。以下引理说明了这一点。

引理 9.1.2

(1) $Q \nvdash \forall x\, Sx \not\approx x$；

(2) 对每一个标准自然数 $n \in \mathbb{N}$，$Q \vdash Sn \not\approx n$，其中 n 代表 $S^n 0$。

证明　根据 $S(\infty) = \infty$ 在例 9.1.1 中的模型 $\mathfrak{M}$ 上成立，可以立刻得到 (1)。

断言 (2) 则是通过（外面的）对标准自然数 $n \in \mathbb{N}$ 作归纳而得到的。

当 $n = 0$ 时，$Q \vdash S0 \not\approx 0$，这是根据 (Q1)。

假定 $Q \vdash Sn \not\approx n$，根据 (Q2) 的逆否命题，立刻有 $Q \vdash S(n+1) \not\approx n+1$。 $\qquad\square$

引理 9.1.2 虽然很短，但包含的信息对本节的理解至关重要，对此做以下几点说明：

• 首先它表明了标准和非标准自然数的区别。每一个标准自然数 $n \in \mathbb{N}$ 都在我们的语言内有一个"名字"，即**数码 n**。这个数码 n 是算术语言中的项 $S^n 0$，它是语言内与"外面的"自然数 n 的对应物。而非标准数则都是"无名鼠辈"，似乎飘忽不定。

• 考察断言 (2) 对所有 $n \in \mathbb{N}$，$Q \vdash n \not\approx Sn$。注意：这里实际上是一族证明，而不是一个证明。当自然数 n 越来越大时，Q 对 $n \not\approx Sn$ 的证明也越来越长。断言 (1) 则不然，它否证的是一个适用于所有数的统一的①证明。

• 最后，请大家注意在"外部的"证明和系统 Q 内证明的区别。例如，在证明 (2) 时使用了归纳法，但这是 Q 外部的，即元理论中的归纳法。

在继续讨论有关 Q 的一些简单事实前，先确定两个记法。

定义　9.1.3　将 $x \leq y$ 定义为 $\exists z(z + x \approx y)$，并且用 $x < y$ 表示 $x \leq y \wedge x \not\approx y$。

在本节中，用"$\vdash$"来表达"$Q \vdash$"。

引理 9.1.4　对所有 $m, n \in \mathbb{N}$，有

(1)　$\vdash \forall x(Sx + n \approx x + Sn)$；

(2)　$\vdash m + n \approx S^{m+n}0$；

(3)　$\vdash m \cdot n \approx S^{m \cdot n}0$；

(4)　如果 $n \neq m$ 则 $\vdash n \not\approx m$；

(5)　如果 $m \leq n$ 则 $\vdash m \leq n$；

(6)　如果 $m \not\leq n$ 则 $\vdash m \not\leq n$；

(7)　$\vdash \forall x(x \leq n \leftrightarrow x \approx 0 \vee \cdots \vee x \approx n)$；

(8)　$\vdash \forall x(x \leq n \vee n \leq x)$。

证明　见习题 9.1.1。　　　　　　　　　　　　　　　　　　□

---

① 关于"统一的"含义，请参见 129 页脚注 ①。同时请比较定义 9.1.5 和定义 9.1.10 及其之后的讨论。

对引理 9.1.4 做以下几点说明：

• 令 R 为以引理 9.1.4 中 (2)、(3)、(4)、(7) 和 (8) 为公理的算术理论，则本章将要证明的关于 Q 及其扩张的结论对 R 也都成立，也就是说，第一不完全性定理对 R 成立。R 也是由鲁宾逊提出的，引理 9.1.4 告诉我们它甚至比 Q 还弱，是 Q 的子理论。但 R 不是有穷可公理化的，而 Q 却是。（参见（Tarski, et al, 1953），39–55 页。）后面我们会看到，有穷可公理化会带来很大方便（见定理 9.4.7）。

• 令 $\mathfrak{M}$ 为任意一个 Q 的模型。由引理 9.1.4 (2)、(3) 和 (4) 有：函数 $n \mapsto n^{\mathfrak{M}}$ 是从标准模型 $\mathfrak{N}$ 到模型 $\mathfrak{M}$ 的一个嵌入。因此可以不失一般性地假设 $\mathfrak{N} \subseteq \mathfrak{M}$。

• 更为重要的是，根据 (7)，如果 $b \in \mathfrak{N}$ 并且 $a \leq^{\mathfrak{M}} b$，则 $a \in \mathfrak{N}$。换句话说，$\mathfrak{M}$ 中所有的新元素都是缀在 $\mathfrak{N}$ 后面的；表述这种情形的术语为 $\mathfrak{M}$ 是 $\mathfrak{N}$ 的一个**尾节扩张**。

9.1.2　可表示性

令 T 为一个包含 Q 的理论。在下面的讨论中，如果不加说明，则可隐含地假定理论 T 为 Q。

定义 9.1.5　称一个自然数上的 k-元关系 P 为在 T 中**数码逐点可表示的**[1] 或简称为**可表示的**，如果存在一个公式 $\rho(x)$，称为 P 的一个**表示公式**，使得

$$(n_1, n_2, \cdots, n_k) \in P \quad \Rightarrow \quad T \vdash \rho(\mathsf{n_1}, \mathsf{n_2}, \cdots, \mathsf{n_k});\ 并且$$
$$(n_1, n_2, \cdots, n_k) \notin P \quad \Rightarrow \quad T \vdash \neg\rho(\mathsf{n_1}, \mathsf{n_2}, \cdots, \mathsf{n_k})。$$

例 9.1.6

(1) 自然数上的等同关系 $\{(n,n) : n \in \mathbb{N}\}$ 被公式 $x \approx y$ 所表示：显然，$m = n$ 蕴涵 $\vdash \mathsf{m} \approx \mathsf{n}$，并且根据引理 9.1.4 (3)，$m \neq n$ 蕴涵 $\vdash \mathsf{m} \not\approx \mathsf{n}$。

(2) 类似地，引理 9.1.4 (4) 和 (5) 告诉我们，关系 $\leq$ 可以被公式 $x \leq y$ 表示。

引理 9.1.7　以下是可表示性的一些简单性质：

---

[1] "数码逐点可表示的" 的英文为 "numeralwise representable"；"可表示的" 的英文为 "representable"。

(1) 如果 P 是可表示的，则 P 是递归的。

(2) 可表示的关系在布尔运算下是封闭的。

(3) 如果 P 在 Q 中被公式 ρ 表示，则 P 在 Q 的任何一致扩张（例如，PA 或 Th $(\mathfrak{N})$）中都被 ρ 表示。

(4) P 在 Th $\mathfrak{N}$ 中被 ρ 表示当且仅当 P 在结构 $\mathfrak{N}$ 中被 ρ 定义。

证明 下面只证明（1）和（2），其他留给读者练习。

（1）对给定的自然数组 $\boldsymbol{n}$，递归地枚举所有 Q（或任何递归的公理系统 T）中的证明序列，直到 $\rho(\mathbf{n})$ 或 $\neg\rho(\mathbf{n})$ 的证明出现。如果是前者，则 $P(\boldsymbol{n})$ 成立；如果是后者，则 $P(\boldsymbol{n})$ 不成立。可表示性告诉我们，该证明一定会出现。

（2）假设 P 和 Q 分别由公式 ρ_1 和 ρ_2 表示，则 $P \cup Q$，$P \cap Q$ 和 $\mathbb{N}^k \setminus P$ 分别由公式 $\rho_1 \vee \rho_2$，$\rho_1 \wedge \rho_2$ 和 $\neg\rho_1$ 来表示。 □

定理 9.1.8（Q 的 Σ_1-完全性） 对任一 Σ_1-语句 τ，有

$$\mathfrak{N} \vDash \tau \quad \text{当且仅当} \quad Q \vdash \tau.$$

对定理 9.1.8 做以下几点说明：

• 我们称一个 $\mathcal{L}_{ar}$ 中的公式为 Δ_0 的，如果它只包含有界量词。称一个形如 $\exists x_1 \cdots \exists x_n\, \theta$ 的公式为 Σ_1 的，其中 θ 是 Δ_0 的。一个 Σ_1-公式的否定总是逻辑等价于一个形如 $\forall x_1 \cdots \forall x_n \theta$ 的公式，称这样的公式是 Π_1 的。如果一个公式既等价于一个 Σ_1-公式，又等价于一个 Π_1-公式，就称之为 Δ_1 的。

• 对于 Π_1-语句，如 $\forall x(Sx \not\approx x)$，引理 9.1.2 不成立。事实上，后面将证明的哥德尔第一不完全性定理正是说：存在一个 Π_1-语句 σ，$\mathfrak{N} \vDash \sigma$，但是 PA $\nvdash \sigma$。

证明 由于"$\Leftarrow$"立刻可以从 $\mathfrak{N}$ 是 Q 的一个模型导出，下面证明另一个方向"$\Rightarrow$"。

断言 对任何 Δ_0-语句 σ，对任何 Q 的模型 $\mathfrak{M}$，有 $\mathfrak{M} \vDash \sigma$ 当且仅当 $\mathfrak{N} \vDash \sigma$。

断言的证明 对 σ 进行归纳。首先注意：对任何一个闭项 t（即 t 中不含自由变元），有 $t^{\mathfrak{N}} = t^{\mathfrak{M}}$。因此断言对任何的原子闭公式成立。不难证明，对于不含量词（无论有界或无界的）的语句 τ 断言也成立。

给定任意的形如 $(\forall x \leq t)\theta(x)$ 的闭公式 σ，其中 t 是一个闭项。如果 $\mathfrak{N} \vDash \sigma$，则对所有的 $a \leq^{\mathfrak{N}} t^{\mathfrak{N}}$，都有 $\mathfrak{N} \vDash \theta(a)$。移到模型 $\mathfrak{M}$ 中来讨论，有

179

$t^{\mathfrak{M}} = t^{\mathfrak{N}} \in \mathfrak{N}$。由于 $\mathfrak{M}$ 是 $\mathfrak{N}$ 的尾节扩张，任何 $a \leq^{\mathfrak{M}} t^{\mathfrak{M}}$ 都是属于 $\mathfrak{N}$ 的，根据归纳假定，$\mathfrak{M} \vDash \theta(a)$。因此 $\mathfrak{M} \vDash \sigma$。

同理，$\mathfrak{M} \vDash \sigma$ 也蕴涵 $\mathfrak{N} \vDash \sigma$，这就验证了断言。

注意：断言实际上是 "Δ_0-完全性" 的模型论表述。换句话说，断言告诉我们，对任何 Δ_0-语句 σ，$\mathfrak{N} \vDash \sigma$ 当且仅当 $\mathsf{Q} \vdash \sigma$。现在假定 $\mathfrak{N} \vDash \exists \boldsymbol{x}\, \sigma(\boldsymbol{x})$，其中 σ 为一个 Δ_0 公式，则对某个 $\boldsymbol{a} \in \mathfrak{N}^k$，有 $\mathfrak{N} \vDash \sigma(\boldsymbol{a})$。根据断言，$\mathsf{Q} \vdash \theta(\boldsymbol{a})$。所以，$\mathsf{Q} \vdash \exists \boldsymbol{x}\, \sigma(\boldsymbol{x})$。 $\qquad \square$

下面的引理告诉我们如何处理有界量词。该引理以后会常常用到。

引理 9.1.9 如果关系 $P \subseteq \mathbb{N}^{k+1}$ 被公式 $\rho(\boldsymbol{x}, y)$ 所表示，则关系 $(\exists c < b)P(\boldsymbol{a}, c)$ 和 $(\forall c < b)P(\boldsymbol{a}, c)$ 分别被 $(\exists z < y)\rho(\boldsymbol{x}, z)$ 和 $(\forall z < y)\rho(\boldsymbol{x}, z)$ 所表示。

证明 习题 9.1.6。 $\qquad \square$

9.1.3 函数的可表示性

我们的目标是证明每个递归的关系都是可表示的，与引理 9.1.7 (1) 一起就可得到：递归关系就是可表示关。而递归关系是用递归函数来定义的，因此自然要从讨论函数的可表示性开始。

定义 9.1.10 称函数 $f : \mathbb{N}^k \to \mathbb{N}$ 在 T 中**可表示**，如果存在语言 $\mathcal{L}_{ar}$ 中的公式 $\varphi(x_1, \cdots, x_k, y)$，使得对所有的 $(n_1, \cdots, n_k) \in \mathbb{N}^k$，有

$$T \vdash \forall y[\varphi(\mathsf{n}_1, \cdots, \mathsf{n}_k, y) \leftrightarrow y = \mathsf{f}(\mathsf{n}_1, \cdots, \mathsf{n}_k)]。$$

在此情形下，也称 φ 作为一个函数表示 f。

我们常常把一个函数 $f(x)$ 与它的图像 $G_f = \{(x, y) : y = f(x)\}$ 等同起来（为简化讨论，假定 $k = 1$）。那么，公式 φ 表示 G_f（作为一个二元关系）与公式 φ 表示 f（作为一个一元函数）有什么不同吗？

首先，如果 $f(n) = m$，则 $(n, m) \in G_f$，作为关系要求 $T \vdash \varphi(\mathsf{n}, \mathsf{m})$，而作为函数也要求（从右向左方向，当 $y = f(n)$ 时）$T \vdash \varphi(\mathsf{n}, \mathsf{m})$，这一点双方是相同的。然而，当 $y \neq f(n)$ 时，作为关系表示 G_f 的 φ 仅仅能逐点地验证对每个 $m \neq f(n)$ 的标准自然数 m，$T \vdash \neg\varphi(\mathsf{n}, \mathsf{m})$，而对作为函数表示 f 的 φ，则要求得更多，要求它能有个统一的对 Π_1-语句的证明：$T \vdash \forall y[y \neq \mathsf{f}(\mathsf{n}) \to \neg\varphi(\mathsf{n}, y)]$。如同引理 9.1.2 告诉我们的，后者要强得多。

例 9.1.11　令 $T = \mathbf{Q}$。对于零函数 $Z(x) = 0$ 的图像 $G_Z = \{(x, 0) : x \in \mathbb{N}\}$ 来说，它被公式 $\varphi(x, y) :=_{df} y + y \approx y$ 作为一个关系表示（留给读者练习），但由于 $\mathbf{Q}$ 不能证明 $\forall y(y + y \approx y \to y \approx 0)$（留给读者练习），所以，$\varphi(x, y)$ 并不作为一个函数表示零函数。

从这段讨论可以得出，如果公式 φ 表示 f（作为一个一元函数），则公式 φ 也表示 G_f（作为一个二元关系）。反过来不一定成立。不过后面会证明（推论 9.1.15）：如果函数 G_f 作为关系可表示，则 f 也一定作为函数可表示，只不过表示 f 的公式不一定相同（如以上例子所说）。

引理 9.1.12　令 t 为语言 $\mathcal{L}_{ar}$ 中的一个项，其中出现的变元包含在 x_1, $x_2, \cdots, x_k$ 中，则它诱导出的 k-元函数 $f_t(n_1, n_2, \cdots, n_k) = t(n_1, n_2, \cdots, n_k)$ 是可表示的。特别地，后继函数、常数函数、加法、乘法和投射函数都是可表示的。

证明　令公式 $\varphi(x_1, x_2, \cdots, x_k, y)$ 为 $y \approx t(x_1, x_2, \cdots, x_k)$，则对 $n_1, n_2, \cdots, n_k \in \mathbb{N}$，显然有

$$T \vdash \forall y\, [y \approx t(\mathsf{n}_1, \mathsf{n}_2, \cdots, \mathsf{n}_k) \leftrightarrow y \approx \mathsf{f}_t(\mathsf{n}_1, \mathsf{n}_2, \cdots, \mathsf{n}_k)].$$

因为 $T \vdash t(\mathsf{n}_1, \mathsf{n}_2, \cdots, \mathsf{n}_k) \approx \mathsf{f}_t(\mathsf{n}_1, \mathsf{n}_2, \cdots, \mathsf{n}_k)$（这可以从引理 9.1.4 加上对 t 归纳来证明）。　　　　$\square$

定理 9.1.13　由所有可表示函数组成的类对函数的复合运算封闭，即：若函数 $h_1(x_1, x_2, \cdots, x_n), \cdots, h_r(x_1, x_2, \cdots, x_n)$ 和函数 $g(y_1, y_2, \cdots, y_r)$ 都是可表示的，则复合函数 $f = g(h_1, \cdots, h_r)$ 也是。

证明　用向量符号 $\boldsymbol{x}$ 表示 $(x_1, x_2, \cdots, x_n)$。固定公式 $\theta_i(\boldsymbol{x}, y_i)$（作为函数）分别表示 $h_i(\boldsymbol{x})(1 \le i \le r)$ 和公式 $\psi(y_1, y_2, \cdots, y_r, z)$（作为函数）表示 $g(y_1, y_2, \cdots, y_r)$。对 $1 \le i \le r$, $\boldsymbol{m} \in \mathbb{N}^n$，有

$$T \vdash \forall y_i[\theta_i(\boldsymbol{m}, y_i) \leftrightarrow y_i \approx \mathsf{h}_i(\boldsymbol{m})], \tag{9.1}$$

并且对 $n_1, n_2, \cdots, n_r \in \mathbb{N}$，有

$$T \vdash \ \forall z[\psi(\mathsf{n}_1, \mathsf{n}_2, \cdots, \mathsf{n}_r, z) \leftrightarrow z \approx \mathsf{g}(\mathsf{n}_1, \mathsf{n}_2, \cdots, \mathsf{n}_r)]. \tag{9.2}$$

令 $\varphi(\boldsymbol{x}, z)$ 为公式

$$\forall y_1 \cdots \forall y_r[(\bigwedge_{i=1}^{r} \theta_i(\boldsymbol{x}, y_i)) \to \psi(y_1, \cdots, y_r, z)].$$

可以证明：对任何 $\boldsymbol{m} \in \mathbb{N}^n$，

$$T \vdash \forall z(\varphi(\mathbf{m}, z) \leftrightarrow z \approx \mathsf{f}(\mathbf{m}))。$$

先看从右向左的方向，要证 $T \vdash \varphi(\mathbf{m}, \mathsf{f}(\mathbf{m}))$，即

$$T \vdash \forall y_1 \cdots \forall y_r[(\bigwedge_{i=1}^{r} \theta_i(\mathbf{m}, y_i)) \rightarrow \psi(y_1, \cdots, y_r, \mathsf{f}(\mathbf{m}))]。$$

根据一阶逻辑，只要证

$$T \cup \{\bigwedge_{i=1}^{r} \theta_i(\mathbf{m}, y_i)\} \vdash \psi(y_1, \cdots, y_r, \mathsf{f}(\mathbf{m}))。$$

根据命题 (9.1) 的唯一性方向，有

$$T \cup \{\bigwedge_{i=1}^{r} \theta_i(\mathbf{m}, y_i)\} \vdash \bigwedge_{i=1}^{r}(y_i \approx \mathsf{h}_i(\mathbf{m})),$$

再在命题 (9.2) 中，将 n_i 用 $\mathsf{h}_i(\mathbf{m})$ 替代，即可得到所要证的命题。

再看从左向右的方向，要证 $T \vdash \forall z(\varphi(\mathbf{m}, z) \rightarrow z \approx \mathsf{f}(\mathbf{m}))$。仍根据一阶逻辑，只要证

$$T \cup \{\forall y_1 \cdots \forall y_r[(\bigwedge_{i=1}^{r} \theta_i(\mathbf{m}, y_i)) \rightarrow \psi(y_1, \cdots, y_r, z)]\} \vdash z \approx \mathsf{f}(\mathbf{m})。$$

根据命题 (9.1) 的从右向左方向，有 $T \vdash \bigwedge_{i=1}^{r} \theta_i(\mathbf{m}, \mathsf{h}_i(\mathbf{m}))$；再根据假设，就得到 $T \cup \{\varphi(\mathbf{m}, z)\} \vdash \psi(\mathsf{h}_1(\mathbf{m}), \cdots, \mathsf{h}_r(\mathbf{m}), z)$。再根据命题 (9.2) 中唯一性的方向，有

$$T \cup \{\varphi(\mathbf{m}, z)\} \vdash z \approx \mathsf{g}(\mathsf{h}_1(\mathbf{m}), \cdots, \mathsf{h}_r(\mathbf{m}))。$$

因此，$T \cup \{\varphi(\mathbf{m}, z)\} \vdash z \approx \mathsf{f}(\mathbf{m})$。 $\hfill \square$

对定理 9.1.13 做以下几点说明：

- 在证明中给出的公式 φ 是 Π_1 的（假定其他给定的公式都是 Δ_1 的）。也可以用一个 Σ_1-公式 $\phi(\boldsymbol{x}, z)$ 来表示 f：

$$\exists y_1 \exists y_2 \cdots \exists y_r[(\bigwedge_{i=1}^{r} \theta_i(\boldsymbol{x}, y_i)) \wedge \psi(y_1, \cdots, y_r, z)]。$$

这对关心复杂性的读者也许是有用的。

• 给出详细证明的目的之一是说明引进"作为函数表示"这一概念的必要性。注意：在上面的证明中，即使是较为简单的从右向左方向，也用到了唯一性。更进一步，还可以举出具体反例说明，仅用关系的可表示性是不够的（习题 9.1.7）。

下面处理正则极小算子。先证明一个有用的引理。

引理 9.1.14 令公式 $\psi(\boldsymbol{x}, y)$ 表示 $(k+1)$-元关系 $P \subseteq \mathbb{N}^{k+1}$，并假定 $\mathfrak{N} \vDash \forall \boldsymbol{a} \exists b\, P(\boldsymbol{a}, b)$。定义公式 $\varphi(\boldsymbol{x}, y)$ 为 $\psi(\boldsymbol{x}, y) \wedge (\forall z < y)\neg\psi(\boldsymbol{x}, z)$，则公式 $\varphi(\boldsymbol{x}, y)$（作为函数）表示函数 $f : \boldsymbol{a} \mapsto \mu b[P(\boldsymbol{a}, b)]$。

证明 这里只证明唯一性的方向：$\vdash \varphi(\mathbf{a}, y) \to y \approx \mathsf{f}(\mathbf{a})$。

令 $b = f(\boldsymbol{a})$，根据一阶逻辑，$\mathsf{b} < y \vdash (\exists z < y)\varphi(\mathbf{a}, z)$。

另一方面，$y < \mathsf{b} \vdash \bigvee_{n<b} y \approx \mathsf{n}$，根据 P 的可表示性，$\vdash \neg\varphi(\mathbf{a}, y)$。

再利用引理 9.1.4 (7)。对任何 $b \in \mathbb{N}$，$\vdash \forall y(y \leq \mathsf{b} \vee \mathsf{b} \leq y)$，就得到

$$\vdash \varphi(\mathbf{a}, y) \to y \approx \mathsf{b}。 \qquad \square$$

推论 9.1.15 如果一个函数 f（的图像）作为关系是可表示的，则 f 作为函数也是可表示的（但表示它们的公式可能不相同）。

证明 只需注意到如果 G_f 是函数 f 的图像，则函数 $\boldsymbol{a} \mapsto \mu b[G_f(\boldsymbol{a}, b)]$ 就是 f 自身。 $\qquad \square$

对一个函数来说，就可表示性而言，作为关系和作为函数没有什么不同，不同的只是表达它们的公式而已。

引理 9.1.14 还告诉我们，可表示的函数类对正则极小算子是封闭的。为了强调，把它列为定理。

定理 9.1.16 假定函数 $g(x, y)$ 是可表示的，并且 $\forall x \exists y\, g(x, y) = 0$，则函数

$$f(x) =_{df} \mu y\, g(x, y) = 0$$

也是可表示的。

附带提一下，在哥德尔 1931 年的文章中，他只证明了原始递归函数都是可表示的，而没有考虑正则极小算子和所有的递归函数。可以进一步说，哥德尔的可表示的函数实际上是递归函数的一个等价刻画（见推论 9.1.25）。

9.1.4 仅用加法和乘法编码

我们已经证明了所有的初始函数都是可表示的，并且可表示函数的类对复合和正则的极小算子封闭。还剩下原始递归有待处理。

回忆一下通常（如在集合论中）是怎样论证原始递归的合理性的。假设函数 $f(\boldsymbol{x}, y)$ 是通过 g 和 h 由原始递归得到的。可以直接写出 $f(\boldsymbol{x}, n) = m$ 的显式定义："存在一个有穷序列（的编码）s，它的长度是 $n+1$，使得 $(s)_0 = g(\boldsymbol{x})$ 且对所有的 $i < n$，$(s)_{i+1} = h(\boldsymbol{x}, i, (s)_i)$ 和 $(s)_n = m$。"这里的编码和解码通常是利用指数函数 x^y 和素数分解来完成的。但是，指数函数 x^y 和 p_n 本身都是利用原始递归来定义的。论证它们的可表示性和论证原始递归的可表示性难度是一样的。要想打破这种"鸡生蛋，蛋生鸡"的循环，需要一个可表示的编码和解码函数。哥德尔利用中国剩余定理，巧妙地解决了这个问题。

为此，首先需要下面关于整数的引理。

引理 9.1.17（欧几里得） 假定 a, b 为互素的整数，则存在整数 u 和 v，使得 $ua + vb = 1$。

通常的证明是利用欧几里得的辗转相除法。在后面会证明一个在 PA 中的版本，这里就不证明了。

定理 9.1.18（中国剩余定理） 令 $d_0, \cdots, d_n$ 为两两互素的自然数，$a_0, \cdots, a_n$ 为满足 $a_i < d_i$（$0 \leq i \leq n$）的自然数，则存在自然数 c，使得对所有的 $i \leq n$，a_i 是 $\frac{c}{d_i}$ 的余数。换句话说，c 是下列同余方程组的解：

$$
\begin{aligned}
x &\equiv_{d_0} a_0, \\
x &\equiv_{d_1} a_1, \\
&\vdots \\
x &\equiv_{d_n} a_n。
\end{aligned}
$$

证明 对 n 施行归纳。当 $n = 0$ 时是显然的。假定命题对 $n = k$ 成立。考察 $n = k+1$ 的情形。根据归纳假定，存在自然数 b 使得对所有 $i \leq k$，都有 $b \equiv_{d_i} a_i$。令 d 为自然数 $d_0, \cdots, d_k$ 的最小公倍数。不难验证，d 和 d_{k+1} 是互素的。

先找到**整数** r, s，使得 $b + rd = sd_{k+1} + a_{k+1}$：由于 d 和 d_{k+1} 互素，根据欧几里得引理，存在整数 u 和 v 使得 $ud + vd_{k+1} = 1$。将等式两边都乘上 $a_{k+1} - b$，再通过简单移项便可以知道，取 $r = (a_{k+1} - b)u$ 和 $s = (b - a_{k+1})v$ 即可。

令 $z = b + rd = sd_{k+1} + a_{k+1}$。一方面，对 $i \leq k$，有

$$z \equiv_{d_i} b + rd \equiv_{d_i} b \equiv_{d_i} a_i。$$

另一方面，$z \equiv_{d_{k+1}} sd_{k+1} + a_{k+1} \equiv_{d_{k+1}} a_{k+1}$。最后，令 D 为 $d_0, \cdots, d_{k+1}$ 的最小公倍数。由于同余方程组的解具有周期 D，存在足够大的自然数 m，使得 $c = z + mD$ 是非负整数。c 就是所要的。 $\square$

要想使用中国剩余定理来将有穷序列 $(a_0, \cdots, a_n)$ 编码，需要足够大的两两互素的自然数 $d_0, \cdots, d_n$。下面的引理说明怎样找它们。

引理 9.1.19 对任意的 $s \geq 0$，下列 $s+1$ 个自然数

$$1 + 1 \cdot s!, \ \ 1 + 2 \cdot s!, \ \cdots, \ 1 + (s+1) \cdot s!$$

是两两互素的。

证明 假定某个素数 p 满足 $p | 1 + (i+1)s!$ 且 $p | 1 + (j+1)s!$，则 $p | (j-i)s!$。所以，或者 $p | (j-i)$ 或者 $p | s!$。无论哪种情形，都有 $p | s!$，进而有 $p | 1$，矛盾。 $\square$

引理 9.1.20 定义函数 $\alpha : \mathbb{N}^3 \to \mathbb{N}$ 为

$$\begin{aligned} \alpha(c, d, i) \ = \ & \frac{c}{1 + (i+1)d} \ \text{中的余数} \\ = \ & \mu r \, [\exists q \leq c(c = q(1 + (i+1)d) + r)], \end{aligned}$$

则 α 在 $\mathbf{Q}$ 中是可表示的。

证明 因为它是从可表示的关系经有界量词和正则极小算子得到的。 $\square$

在系统外面（即在 $\mathbb{N}$ 中）可以验证对所有的 $n, a_0, \cdots, a_n$，存在 c 和 d，使得对任意 $i \leq n$，都有 $\alpha(c, d, i) = a_i$；所以，$\alpha(c, d, i)$ 可以胜任可表示的编码函数。给定 $n, a_0, \cdots, a_n$，让 $s = \max\{n, a_0, \cdots, a_n\}$，$d = s!$，$d_i = 1 + (i+1) \cdot s!$，且 $c = $ 中国剩余定理中的那个数 c。显然有 $\alpha(c, d, i) = a_i$。

利用数对的编码函数将 c 和 d 压缩成一个数。

引理 9.1.21 令

$$\begin{aligned} J(a, b) \ = \ & \frac{1}{2}(a+b)(a+b+1) + a; \\ K(p) \ = \ & \mu a \leq p \, \exists b \leq p \, J(a, b) = p; \\ L(p) \ = \ & \mu b \leq p \, \exists a \leq p \, J(a, b) = p, \end{aligned}$$

则函数 J, K, L 在 $\mathbf{Q}$ 中都是可表示的。

引理 9.1.22 定义哥德尔的 β-函数 为 $\beta(s,i) = \alpha(K(s), L(s), i)$，则 $\beta(s,i)$ 在 Q 中是可表示的，且对任何自然数 $n, a_0, \cdots, a_n$ 都存在自然数 s，使得对任意 $i \leq n$，都有 $\beta(s,i) = a_i$。

这两个引理的证明都留给读者练习。

定理 9.1.23 可表示函数形成的类对原始递归封闭。

证明 设 f 的递归定义为 $f(\boldsymbol{m}, 0) = g(\boldsymbol{m})$，$f(\boldsymbol{m}, n+1) = h(\boldsymbol{m}, n, f(\boldsymbol{m}, n))$，其中 g 和 h 都是可表示的，则关系

$$P(\boldsymbol{m}, n, s) := \psi(s, 0) = g(\boldsymbol{m}) \wedge \forall i < n\, [\psi(s, i+1) = h(\boldsymbol{m}, n, \psi(s, i))]$$

也是可表示的，因为它是可表示关系和函数的复合。从直观上看，$P(\boldsymbol{m}, n, s)$ 说的是"s 是 f 从 $i = 0$ 到 $i = n$ 的计算历史的编码"。令 $F(\boldsymbol{m}, n) = \mu s\, P(\boldsymbol{m}, n, s)$。因为 $\mathfrak{N} \vDash \forall \boldsymbol{m}, n \exists s\, P(\boldsymbol{m}, n, s)$，根据可表示函数对正则极小算子的封闭性，$F$ 是可表示的。所以，$f(\boldsymbol{m}, n) = \psi(F(\boldsymbol{m}, n), n)$ 也是可表示的。 $\square$

9.1.5 可表示性定理

由于递归函数类是最小的包含初始函数并且对复合、原始递归和正规 μ-算子封闭的函数类，综合前面的结果，立刻得到下面的定理。

定理 9.1.24（可表示性定理） 所有的递归函数在 Q 中都是可表示的。因而，所有的递归关系在 Q 中也都是可表示的。

证明 习题 9.1.8。 $\square$

在引理 9.1.7 (1) 中已经证明：所有可表示关系都是递归关系，因此有下面的推论。

推论 9.1.25 对任何的 k-元关系 $R \subseteq \mathbb{N}^k$ 和任何递归且一致的扩张 $T \supseteq Q$，下列命题等价：

(1) R 在 T 中可表示；

(2) R 是一个递归关系。

对于关心定义复杂性的读者，借助递归论的知识，可以有进一步的推论。

推论 9.1.26　对任何的 k-元关系 $R \subseteq \mathbb{N}^k$ 和任何递归且一致的扩张 $T \supseteq Q$，下列命题等价：

(1) R 在 T 中可表示；

(2) R 在 T 中可被一个 Δ_1 的公式表示。

证明　这里只证明 "(1) $\Rightarrow$ (2)"。如果 R 在 T 中是可表示的，则 R 是递归的。由于 R 和 R 的否定都是递归可枚举的，根据引理 7.5.2 以及所有原始递归关系都是在 $\mathfrak{N}$ 中 Δ_1 可定义的（参见习题 9.1.4），R 在结构 $\mathfrak{N}$ 中可以被一个 Δ_1 的公式定义。再由 Q 的 Σ_1- 完全性，就得到 R 可以被一个 Δ_1 的公式所表示。　　　　　$\square$

习题 9.1

9.1.1 证明引理 9.1.4。

9.1.2

(1) 证明对任一自然数 $n \in \mathbb{N}$，$Q \vdash \forall x[\exists w(x + w \approx \mathsf{n}) \leftrightarrow \exists z(z + x \approx \mathsf{n})]$。

(2) 证明：$Q \nvdash \forall x \forall y[\exists w(x + w \approx y) \leftrightarrow \exists z(z + x \approx y)]$。

(3) 证明：$Q \nvdash \forall x \forall y(x + y \approx y + x)$。

(4) 证明：$Q \nvdash \forall x \forall y(x < y \lor x \approx y \lor y < x)$。

注意：在自然数标准模型 $\mathfrak{N}$ 中，关系 $x \leq y$ 定义为 $\exists w(x + w = y)$ 和定义为 $\exists z(z + x = y)$ 是等价的。但以上习题告诉我们，在 Q 中这两个定义不等价。

9.1.3 证明引理 9.1.7 (4)：P 在 Th $(\mathfrak{N})$ 中被 ρ 表示当且仅当 P 在结构 $\mathfrak{N}$ 中被 ρ 定义。

9.1.4 证明：所有原始递归关系都是 Δ_1 可定义的，即同时有 Σ_1 和 Π_1 的定义。

9.1.5 Q 的 Σ_1 完全性（定理 9.1.8）的证明用到模型论的方法，你能不能给出一个直接的证明？

9.1.6 证明引理 9.1.9。

9.1.7 令 $T = \mathsf{Q}$ 和 $f(x) = g(h(x))$，其中 $h(x) = 0$ 是由公式

$$\varphi(x,y) =_{\mathrm{df}} y + y \approx y$$

来表示，$g(u) = 2$ 是由公式 $\psi(u,z)$

$$[(u \approx 0 \vee u + u \not\approx u) \wedge z \approx 2] \vee [u \not\approx 0 \wedge u + u \approx u \wedge z \approx 1]$$

来表示，都作为关系来表示。验证定理 9.1.13 证明中使用的公式

$$\forall u(\varphi(x,u) \rightarrow \psi(u,z))$$

并不作为关系表示 $f(x) = g(h(x)) = 2$。

9.1.8 令 $P \subseteq \mathbb{N}^k$ 为一个 k-元关系。证明 P 作为一个关系是可表示的，当且仅当它的特征函数 χ_P 作为一个函数是可表示的。【提示：这是可表示性定理证明的一部分。】

9.2 语法的算术化

回忆一下，我们选择算术语言 $\mathcal{L}_{ar}$ 的初衷是讨论自然数的算术性质。例如，语句 $\forall v (1 \not\approx 2 \cdot v + 21)$ 表达了关于自然数 1 和 21 的某些性质。从表面上看，语言 $\mathcal{L}_{ar}$ 不适合讨论逻辑中的语法性质。例如，"量词符号 $\forall$ 不是一个变元符号"这一事实似乎不属于语言 $\mathcal{L}_{ar}$ 的讨论范围。

但一阶语言的每个公式都是有穷的，而所有有穷的对象都可以通过编码用自然数表示。下面我们会看到：在语言 $\mathcal{L}_{ar}$ 中能够讨论逻辑中的语法，甚至在某种程度上还可以讨论语义。这一想法是哥德尔在不完全性定理证明中首先使用的，通常被称为**哥德尔编码**。

与前面简化版本的算术语言不同，一旦语言中同时包含加法和乘法，就可以把各种对象进行编码，然后通过讨论它们的编码间接地讨论对象的性质。我们在递归论部分曾经体验过编码带来的好处，例如，把（图灵机或其他）程序用它的码 e 来代表，关于程序的命题就转换成关于自然数 e 的命题。我们要做的是把逻辑语法中的对象，如"公式"、"证明"等都用自然数来编码，从而在语言 $\mathcal{L}_{ar}$ 中研究它们的性质。这一过程就是所谓的**语法的算术化**。

显然，编码的方法不是唯一的，我们的兴趣也不在编码的细节上，除了一点：为了可表示性的需要，我们所感兴趣的对象（如公式、证明等）在编

码之后应该是自然数的**递归子集**。哥德尔编码在 20 世纪 30 年代被视为非常神奇的技巧。现在由于计算机的普及，将各种对象数字化已经司空见惯。直观上看，下面列出的清单中的所有对象（除了最后一项"可证性"）都是可以用计算机处理的，因而都是递归的。

9.2.1　哥德尔编码

首先给每一个语言中符号指派一个自然数，如表 9.1 所示。

表 9.1　符号编码

符号 ζ	$\forall$	0	S	$+$	$\cdot$	$($	$)$	$\neg$	$\rightarrow$	$=$	v_0	v_1	$\cdots$
哥德尔数 $\sharp\zeta$	1	3	5	7	9	11	13	15	17	19	21	23	$\cdots$

接下来，指派给字符串 $\xi = \zeta_0 \cdots \zeta_n$ 的哥德尔数为

$$\langle \sharp\zeta_0, \cdots, \sharp\zeta_n \rangle = p_0^{\sharp\zeta_0 + 1} \cdots p_n^{\sharp\zeta_n + 1}.$$

对哥德尔编码做以下几点说明：

• 下面给项编码时会把项当作有穷序列（见定义7.1.14）来处理，因此所有项（和公式）的编码都是偶数。用奇数来代表初始符号有一个小小的好处，可以区别作为符号的 0 还是作为项的 0；前者的编码是 3，而后者是 $2^{3+1} = 16$。

• 上述的编码方法也可以推广到更一般的语言，只要语言中的参数集 L 是可判定的即可。

• 这一节中的一切都是在标准自然数上完成的，与形式系统无关。因此使用指数函数等均不会带来任何问题。

9.2.2　语法算术化的详细清单

(1) 自然数集合 $V = \{\sharp v : v$ 是一个变元 $\}$ 是原始递归的。

按照上面约定的编码，$V = \{n \in \mathbb{N} : (\exists k < n)n = 2k + 21\}$，显然是原始递归的。

注意：我们实际上是在自然数中创造了一个语言中变元符号的同构像。例如，21 就是 v_0 在这个同构下的像。为了强调语言中的对象与其在自然数中

的像的联系，我们会用加下划线的方法来增强暗示性。例如，V 中的元素就被称为一个"$\underline{变元}$"。现在 $\forall v\,(1 \not\approx 2v + 21)$ 说的是"$\forall$ 不是一个$\underline{变元}$"。这样，通过讨论自然数里的同构像，间接地可以在算术语言 $\mathcal{L}_{ar}$ 内讨论逻辑中的语法。

一般地，对于一个语言中的对象 O，会用 $\underline{O}$ 表示 O 在自然数中的同构像，即 $\underline{O} = \{\sharp a : a \in O\}$。

当然，$\underline{v_0}$ 和 $\sharp v_0$ 都是 21。必要的时候，仍会使用符号 $\sharp$。此外，我们用 $\flat a$ 表示 $\sharp a$ 的逆运算，即 $\sharp \xi = x$ 当且仅当 $\flat x = \xi$。（对不属于编码值域的自然数 y，我们不关心 $\flat y$ 的值，可以定义它为任何事先给定的符号。）

定义自然数上的函数 $f_\neg(b) = \langle\sharp(, \sharp\neg\rangle{}^\wedge b{}^\wedge\langle\sharp)\rangle = \langle 11, 15\rangle{}^\wedge b{}^\wedge\langle 13\rangle$。显然，$f_\neg$ 是原始递归的。为方便阅读，可以将自然数 $f_\neg(b)$ 简记为 $\neg b$。类似地，可以定义函数 $f_\rightarrow(b, c) = b \rightarrow c$ 以及函数 $f_\forall(y, b) = \forall yb$。请读者自行给出 $f_\rightarrow$ 和 $f_\forall$ 的定义，并验证它们是原始递归的。

在本节接下来的讨论中，s、t、a、b、c、p 和 x、y 等都会被用来表示自然数。由于 s 和 t 也被用作项的变元，这种"混用"有暗示性。读者可以将其理解为项 t 在自然数中的像。

(2) 自然数集合 $\{t : t$ 是一个$\underline{项}\}$ 是原始递归的。

证明 仿照项的递归定义，$\underline{项}$ 具有如下的递归定义：t 是一个项，如果

- $\exists s < t$ 使得 $t = \langle s\rangle$ 且 s 是一个$\underline{变元}$ 或者 $s = \underline{0}$；或者

- $\exists r, s < t$ 使得 $t = \langle r\rangle{}^\wedge s$ 且 $r = \underline{S}$ 且 s 是一个$\underline{项}$；或者

- $\exists q, r, s < t$ 使得 $t = \langle q\rangle{}^\wedge r{}^\wedge s$ 且 $q = \underline{+} \vee q = \underline{\cdot}$ 且 r 和 s 都是$\underline{项}$。

所以，结论成立。 $\qquad\square$

注意：定义项的哥德尔数通常有两种办法。以项 $t = \mathsf{SS0}$ 为例，一种是 $\sharp t = \langle\sharp\mathsf{S}, \sharp\mathsf{S}, \sharp\mathsf{0}\rangle$，序列长度为 3；一种是 $\sharp t = \langle\sharp\mathsf{S}, \langle\sharp\mathsf{S}, \sharp\mathsf{0}\rangle\rangle$，序列长度为 2。我们采用的是前者。

类似地，

(3) 自然数集合 $\{a : a$ 是一个$\underline{原子公式}\}$ 是原始递归的。

(4) 自然数集合 $\{a : a$ 是一个$\underline{公式}\}$ 是原始递归的。

(5) 存在一个原始递归函数 Sb 使得对任意项或公式 φ, 对任意变元 x 和任意项 t, 有

$$\mathrm{Sb}(\sharp\varphi, \sharp x, \sharp t) = \sharp\varphi_t^x。$$

证明　仿照替换的定义

$$\varphi_t^x = \begin{cases} t, & \text{如果 } \varphi \text{ 是变元 } x; \\ \mathsf{S}u_t^x, & \text{如果 } \varphi \text{ 是项 } \mathsf{S}u; \\ (u_1)_t^x \square (u_2)_t^x, & \text{如果 } \varphi \text{ 是 } u_1 \square u_2, \text{ 其中 } \square \text{ 是 } + \text{ 或 } \cdot; \\ (u_1)_t^x \approx (u_2)_t^x, & \text{如果 } \varphi \text{ 是 } u_1 \approx u_2; \\ (\neg\psi_t^x), & \text{如果 } \varphi = (\neg\psi); \\ (\psi_t^x \to \gamma_t^x), & \text{如果 } \varphi = (\psi \to \gamma); \\ \forall y\, \psi_t^x, & \text{如果 } y \neq x \text{ 且 } \varphi \text{ 是 } \forall y\psi; \\ \varphi, & \text{其他情形。} \end{cases}$$

可以利用强递归来定义 $\mathrm{Sb}(a, b, c)$。具体步骤留作习题 9.2.2。　　□

(6) 函数 $f(n) = \sharp(\mathsf{S}^n 0)$ 是原始递归的，因此，集合 $\{m : m \text{ 是一个数码}\}$ 是原始递归的。

证明　$f(0) = \langle \underline{0} \rangle = \langle 3 \rangle$ 且 $f(n+1) = \langle \underline{\mathsf{S}} \rangle {}^\wedge f(n) = \langle 5 \rangle {}^\wedge f(n)$。　　□

(7) 定义自然数上的二元关系 "x 在 a 中自由出现" 如下：x 是一个变元，a 是一个项或公式，且 $\natural x$ 在 $\natural a$ 中自由出现，(显然，当 $\natural a$ 为一个项时，自由出现和出现的意思是相同的。) 则关系 "x 在 a 中自由出现" 是原始递归的。

证明　x 在 a 中自由出现 当且仅当 $\mathrm{Sb}(a, x, \langle \underline{0} \rangle) \neq a$。　　□

(8) 集合 $\{a : a \text{ 是一个语句}\}$ 是原始递归的。

证明　a 是一个语句 当且仅当 a 是一个公式，且对任何 $x < a$，如果 x 是一个变元，则并非 x 在 a 中自由出现。　　□

(9) 定义自然数上的三元关系 "t 在 a 中可以无冲突地替换 x"，如果 x 是一个变元，a 是一个公式，t 是一个项，且 $\natural t$ 在 $\natural a$ 中可以无冲突地替换 $\natural x$，则关系 "t 在 a 中可以无冲突地替换 x" 是原始递归的。

证明　关系 "t 在 a 中可以无冲突地替换 x" 可以递归地定义如下：

- 如果 a 是原子公式，则 t 在 a 中可以无冲突地替换 x 永远成立；

• 如果 a 是 $\neg b$，则 t 在 a 中可以无冲突地替换 x 当且仅当 t 在 b 中可以无冲突地替换 x；

• 如果 a 是 $b \to c$，则 t 在 a 中可以无冲突地替换 x 当且仅当 t 在 b 中可以无冲突地替换 x 且 t 在 c 中可以无冲突地替换 x；

• 如果 a 是 $\forall y b$，则 t 在 a 中可以无冲突地替换 x 当且仅当 y 不在 t 中自由出现 且 t 在 b 中可以无冲突地替换 x。

□

(10) 关系 "a 是 b 的一个全称概括" 是原始递归的。

证明 细节留给读者练习。 □

(11) 集合 $\{a : a$ 是一个（一阶逻辑意义下的）形如 (A1)，(A2) 或 (A3) 的（命题逻辑）公理$\}$ 是原始递归的。

证明 这里只验证 (A1) 的情形，即：$\varphi := \natural a$ 具有 $(\sigma \to (\tau \to \sigma))$ 的形式且 σ 和 τ 为素公式。

注意：一个公式 σ 是素公式当且仅当它的第一个符号不是左括号 (。所以，"s 是一个素公式" 是原始递归的。

因此，a 是形如 (A1) 的公理 当且仅当 $(\exists s, t < a)$，s 和 t 是素公式，且

$$a = (^\wedge s^\wedge \underline{\to}^\wedge (^\wedge t^\wedge \underline{\to}^\wedge s^\wedge)^\wedge).$$

□

下面 5 条分别对应一阶逻辑的第 2 到第 6 组公理。

(12) 集合 $\{a : a$ 是形如 $\forall x \varphi \to \varphi_t^x$ 的公理，其中 t 在 φ 中可以无冲突地替换 $x\}$ 是原始递归的。

证明 （梗概）根据 (9) 只需原始递归地判断 a 具有 $\forall x \varphi \to \varphi_t^x$ 的形式即可。而 a 具有正确的形式当且仅当

$$(\exists x, p, t, b, c < a)[a \text{ 是 } b \to c \text{ 且 } b \text{ 是 } \forall x p$$
$$\text{且 } c = \mathrm{Sb}(p, x, t) \text{ 且 } t \text{ 在 } p \text{ 中可无冲突地替换 } x],$$

其中 $\mathrm{Sb}(p, x, t)$ 是第 (5) 条中定义的替换函数。 □

(13) 集合 $\{a : a$ 是 形如 $\forall x(\varphi \to \psi) \to \forall x\varphi \to \forall x\psi$ 的公理$\}$ 是原始递归的。

(14) 集合 $\{a : a$ 是形如 $\varphi \to \forall x\varphi$ 的公理, 其中 x 不在 a 中自由出现$\}$ 是原始递归的。

(15) 集合 $\{a : a$ 是形如 $x \approx x$ 的公理$\}$ 是原始递归的。

(16) 集合 $\{a : a$ 是形如 $x \approx y \to \varphi \to \varphi'$ 的公理, 其中 φ 是一个原子公式 且 φ' 是将 φ 中的若干个 x 替换成 y 而得到的$\}$ 是原始递归的。

证明 a 具有正确的形式当且仅当

$$(\exists x, y, b, c, p, p' < a) \, [a \text{ 是 } b \to c \text{、} b \text{ 是 } x \approx y \text{、} c \text{ 是 } p \to p' \text{ 且}$$
$$x \text{ 和 } y \text{ 是 变元、} p \text{ 是一个原子公式、} \mathrm{lh}(p') = \mathrm{lh}(p) \text{ 且}$$
$$\forall j < \mathrm{lh}(p)((p)_j = (p')_j \lor ((p)_j = x \land (p')_j = y))].$$

$\square$

总结第 (10) 到第 (16) 条就得到下面的命题。

(17) 集合 $\{a : a$ 是一条逻辑公理$\}$ 是原始递归的。

证明 因为逻辑公理 都是第 (11) 到第 (16) 条中公式 的全称概括。 $\square$

(18) 令 T 为一个被集合 $X \subseteq T$ 所公理化的理论。根据公理化的定义, X 必须是可判定的, 即集合 $\underline{X}$ 是递归的, 则谓词 "b 是 $\underline{T \text{ 上的一个证明序列}}$" 是递归的。

证明 "b 是 $\underline{T \text{ 上的一个证明序列}}$" 当且仅当 b 是一个有穷序列的哥德尔 数、$b \neq 1$ 并且 $\forall k < \mathrm{lh}(b)[(b)_k \in \underline{X}$ 或 $(b)_k$ 是逻辑公理 或 $(\exists i, j < k)(b)_i = (b)_j \to (b)_k$。 $\square$

(19) 令 T 同前。定义谓词 $\mathrm{bew}_T(b, a)$ 为 "b 是 $\underline{T \text{ 上的一个证明序列}}$ 且 $b_{\mathrm{lh}(b)-1} = a$", 则 $\mathrm{bew}_T(b, a)$ 是递归的。(bew 取自 "Beweis", 是 "证明" 的 德语。)

(20) 令 T 同前。定义谓词 $\mathrm{bwb}_T(a)$ 为 $\exists b \, \mathrm{bew}_T(b, a)$, 则 $\mathrm{bwb}_T(a)$ 是递归 可枚举的。在一般情况下是不递归的。(bwb 取自 "Beweisbar", 是 "可证" 的德语。)

bew$_T(b, a)$ 说的是 "b 是 T 上对公式 a 的一个证明"，而 bwb$_T(a)$ 说的是 "公式 a 在 T 中是可证的"。由于后面经常会用到它们，因此特别引入这两个新的记号。

以下引理是可表示性定理对 bew 的应用，在证明哥德尔第一不完全性定理中需要用到。

引理 9.2.1 令 $T \supseteq Q$ 是（递归）可公理化的理论，则

(1) 如果 $T \vdash \sigma$，则存在 $n \in \mathbb{N}$，$T \vdash$ bew$_T(\mathsf{n}, S^{\#\sigma}0)$。

(2) 如果 $T \nvdash \sigma$，则对任意 $n \in \mathbb{N}$，$T \nvdash$ bew$_T(\mathsf{n}, S^{\#\sigma}0)$。

(3) $T \vdash \sigma$ 蕴涵 $T \vdash$ bwb$_T(S^{\#\sigma}0)$。

证明 证明留作习题 9.2.1。 □

需要注意的是，引理9.2.1(3)的逆命题不成立，从 $T \vdash$ bwb$_T(S^{\#\sigma}0)$ 一般不能得到 $T \vdash \sigma$，除非知道 $\mathfrak{N}$ 是 T 模型，或者至少知道 T 是 ω-一致的，详见 9.4 节。

习题 9.2

9.2.1 证明引理 9.2.1，并思考如下问题：(3) 的逆命题在何种情况下不成立？

9.2.2 证明替换函数 Sb(a, b, c) 是原始递归的。

9.2.3 给出函数 "$b \to c$" 和 "$\forall y b$" 的定义，并验证它们可以是原始递归的。

9.2.4 定义关系 "a 是 b 的一个全称概括"，并验证它可以是原始递归的。

9.3 不动点引理和递归定理

9.3.1 不动点引理

引理 9.3.1（不动点引理） 对任意只含一个自由变元的公式 $\psi(v_1)$，都可以能行地找到一个语句 σ，使得

$$Q \vdash \sigma \leftrightarrow \psi(S^{\#\sigma}0)。$$

从直观上看，σ 说的是

$$\text{“}\psi\text{ 对我的编码（或镜像）成立”}，$$

或更加具有暗示性地

$$\text{“我具有 }\psi\text{ 所说的性质”}。$$

人们经常使用 $\ulcorner\sigma\urcorner$ 来表示 $\mathcal{L}_{ar}$ 中的项 $S^{\sharp\sigma}0$，即 $\sharp\sigma$ 的数码。因此以下形式更能表达出这种暗示性：

$$Q \vdash \sigma \leftrightarrow \psi(\ulcorner\sigma\urcorner)。$$

证明　令 $\theta(v_1, v_2, v_3)$ 是表示递归函数

$$\langle\sharp\varphi, n\rangle \mapsto \sharp\,\varphi(\mathsf{n})$$

的一个公式，其中 φ 为一个仅含一个自由变元的公式。所以，

$$Q \vdash \forall v_3\,[\theta(\ulcorner\varphi\urcorner, \mathsf{n}, v_3) \leftrightarrow v_3 \approx \ulcorner\varphi(\mathsf{n})\urcorner]。 \tag{9.3}$$

注意：这是我们使用可表示性以及句法算术化的地方。

考察公式 $\tau(v_1)$：

$$\tau(v_1) := \forall v_3\,[\theta(v_1, v_1, v_3) \to \psi(v_3)]。$$

令 q 为公式 $\tau(v_1)$ 的哥德尔编码，再令语句 σ 为

$$\sigma := \forall v_3(\theta(\mathsf{q}, \mathsf{q}, v_3) \to \psi(v_3))。 \tag{9.4}$$

注意：σ 是在公式 $\tau(v_1)$ 中将唯一的变元 v_1 用 $\tau(v_1)$ 自己的哥德尔编码 q 代入得到的。

验证

$$Q \vdash \sigma \leftrightarrow \psi(\ulcorner\sigma\urcorner)。 \tag{9.5}$$

根据 θ 的选择，如果将 (9.3) 公式中的 φ 和 n 分别用 τ 和 $q = \sharp\tau$ 代入，就得到

$$Q \vdash \forall v_3[\theta(\mathsf{q}, \mathsf{q}, v_3) \leftrightarrow v_3 \approx \ulcorner\sigma\urcorner]。 \tag{9.6}$$

先看命题 (9.5) 中从左向右 "$\Rightarrow$" 的方向。由定义 (9.4)，有

$$\sigma \vdash \theta(\mathsf{q}, \mathsf{q}, \ulcorner\sigma\urcorner) \to \psi(\ulcorner\sigma\urcorner)。 \tag{9.7}$$

根据命题 (9.6)，$Q \vdash \theta(q, q, \ulcorner\sigma\urcorner)$。所以，$Q \cup \{\sigma\} \vdash \psi(\ulcorner\sigma\urcorner)$。

再看命题 (9.5) 中从右向左 "$\Leftarrow$" 的方向。根据命题 (9.6)，

$$Q \cup \{\psi(\ulcorner\sigma\urcorner)\} \vdash \forall v_3(\theta(q, q, v_3) \rightarrow \psi(v_3)), \tag{9.8}$$

原因是只有唯一的那样的 v_3，也就是 $\ulcorner\sigma\urcorner$。而右边的公式恰恰是 σ，这样就得到了命题 (9.5)。 □

注意：尽管我们把不动点引理写得富有暗示性，但不动点 σ 本身可能 "什么都没说"，或者与 ψ 毫无关系。例如，令 $\psi(v_1)$ 为 $\exists x(v_1 \approx x + x)$（即表达 "$v_1$ 是一个偶数" 的公式），由于我们的编码保证了任何语句的哥德尔数都是偶数，可以取不动点 σ 为 $0 \approx 0$ 或 $0 \napprox S0$ 等，显然它与变元的奇偶性毫无关系。

这正是哥德尔伟大的地方。说谎者悖论 "这句话为假" 是真正的循环论证。我们无法直接定义 "这句话"。哥德尔巧妙地利用了哥德尔编码（即利用语法对象的同构像）打破了这种循环。不动点定理中只是断言存在某个语句 σ 和某个数码 n 可以使得 $\sigma \leftrightarrow \psi(n)$。这里面没有任何的循环。只不过碰巧 σ 的同构像 $\ulcorner\sigma\urcorner$ 刚好也可以被选作 n。

9.3.2 克林尼递归定理

在递归论中，克林尼证明了著名的递归定理。

定理 9.3.2（克林尼递归定理） 令 $\varphi_0, \varphi_1, \cdots$ 为所有部分递归函数的能行枚举（见通用函数定理）。对任何的递归函数 $f(x)$ 都存在一个自然数 e，使得 $\varphi_{f(e)} = \varphi_e$。

递归定理也被称为不动点定理，它在递归论中有非常广泛的应用。它的证明并不长，但需要用到 s-m-n-定理，所以这里略去不讲。递归定理可以看作哥德尔不动点引理在递归论中的版本，都与自指示有关。证明也有共同的特征：短但富有神秘性。在递归论中，为了帮助理解，人们给出了一些对递归定理证明的直观解释，大致上说是某种 "对角化策略的失败"。这里借用递归论中的解释来看不动点引理的证明，这种解释对证明的理解和定理的应用都不重要，我们只希望能减少一点神秘感而已。

首先，能行地列出所有只含有自由变元 v_1 的公式：$\varphi_0(v_1), \varphi_1(v_1), \cdots$。其次，对自然数 $0, 1, 2, \cdots$，用表 9.2 的第 i 行记录 Q 是否证明 $\varphi_i(0)$、是否证明 $\varphi_i(S0)$、是否证明 $\varphi_i(S^2 0)$ 等。用 $\surd$ 表示 Q 能证明，用 × 表示 Q 不能证明。例如，结果可能如表9.2所示。

表 9.2　$Q \vdash \varphi_i(n)$ 成立与否

	0	1	2	3	$\cdots$	q	$\cdots$
$\varphi_0(v_1)$	$\sqrt{}$	$\sqrt{}$	$\times$	$\times$	$\cdots$	$\times$	$\cdots$
$\varphi_1(v_1)$	$\times$	$\sqrt{}$	$\sqrt{}$	$\times$	$\cdots$	$\times$	$\cdots$
$\varphi_2(v_1)$	$\sqrt{}$	$\times$	$\times$	$\times$	$\cdots$	$\sqrt{}$	$\cdots$
$\vdots$			$\vdots$		$\vdots$	$\vdots$	
$\varphi_q(v_1)$	$\sqrt{}$	$\times$	$\sqrt{}$	$\times$	$\cdots$	$\sqrt{}$	$\cdots$
$\vdots$			$\vdots$		$\vdots$		

现考察 Q 是否能证"施 ψ 于对角线上的数码"，即 Q 是否能证 $\psi(\ulcorner\varphi_n(n)\urcorner)$。由于函数 $n \mapsto \sharp\varphi_n(n)$ 是递归的，$\psi(\ulcorner\varphi_{v_1}(S^{v_1}0)\urcorner)$ 逻辑等价于某个只含有 v_1 为自由变元的公式，比如 $\varphi_q(v_1)$。所以，它也会出现在表9.3 中的第 q 行，即：对任意的 n，$Q \vdash \psi(\ulcorner\varphi_n(n)\urcorner)$ 当且仅当 $Q \vdash \varphi_q(n)$。

表 9.3　$Q \vdash \varphi_q(n)$ 当且仅当 $Q \vdash \psi(\ulcorner\varphi_n(n)\urcorner)$

	0	1	2	3 $\cdots$	q	$\cdots$
$\varphi_0(v_1)$	$\varphi_0(0)$			$\cdots$		$\cdots$
$\varphi_1(v_1)$		$\varphi_1(1)$		$\cdots$		$\cdots$
$\varphi_2(v_1)$			$\varphi_2(2)$	$\cdots$		$\cdots$
$\vdots$			$\vdots$	$\vdots$	$\vdots$	
$\vdots$						
$\varphi_q(v_1)$	$\varphi_q(0)$	$\varphi_q(1)$	$\varphi_q(2)$	$\cdots$	$\varphi_q(q)$	$\cdots$
	$\psi(\ulcorner\varphi_0(0)\urcorner)$	$\psi(\ulcorner\varphi_1(1)\urcorner)$	$\psi(\ulcorner\varphi_2(2)\urcorner)$	$\cdots$	$\psi(\ulcorner\varphi_q(q)\urcorner)$	$\cdots$
$\vdots$				$\vdots$		

特别地，在对角线的位置 q，有 $Q \vdash \varphi_q(q) \leftrightarrow \psi(\ulcorner\varphi_q(q)\urcorner)$。所以，令 σ 为 $\varphi_q(q)$，就有 $Q \vdash \sigma \leftrightarrow \psi(\ulcorner\sigma\urcorner)$。

习题 9.3

9.3.1 令 $\psi(v_1)$ 为 $\mathcal{L}_{ar}$ 中表达 "v_1 是素数" 的公式。具体找出 $\psi(v_1)$ 的一个不动点，即：找到一个语句 σ，使得 Q $\vdash \sigma \leftrightarrow \psi(\ulcorner\sigma\urcorner)$。

9.3.2 任给两个公式 $\psi_0(v_1, v_2)$ 和 $\psi_1(v_1, v_2)$，其中只有变元 v_1 和 v_2 自由出现。证明可以能行地找到两个语句 σ_0 和 σ_1，使得

$$Q \quad \vdash \quad \sigma_0 \leftrightarrow \psi_0(\ulcorner\sigma_0\urcorner, \ulcorner\sigma_1\urcorner) \quad \text{并且}$$
$$Q \quad \vdash \quad \sigma_1 \leftrightarrow \psi_1(\ulcorner\sigma_0\urcorner, \ulcorner\sigma_1\urcorner)。$$

【提示: 模仿不动点引理的证明。可以从下列公式着手：$\theta(v_1, v_2, v_3, v_4)$，它作为函数表示递归函数 $(\sharp\varphi, n, m) \mapsto \sharp\varphi(n, m)$，并对 $i = 0, 1$，考察

$$\tau_i(v_1, v_2) := \forall v_3 \forall v_4 \left[\theta(v_1, v_1, v_2, v_3) \rightarrow \theta(v_2, v_1, v_2, v_4) \rightarrow \psi_i(v_3, v_4)\right]。\right]$$

9.4 不完全性、不可定义性和不可判定性

哥德尔定理有不同的版本。最早的版本是哥德尔本人 1930 年给出的（论文发表于 1931 年），其中用到了 "ω-一致性" 的概念。由于其涉及标准自然数 $\mathbb{N}$，它不是一个纯语法的概念，这一点与一致性很不一样。1936 年，罗瑟对哥德尔的版本做了改进，将 ω-一致性的要求减弱为一致性，从而使哥德尔定理成为一个完全语法的命题，不涉及任何语义概念。

1933 年，塔斯基证明了 "真" 的不可定义性，这是不动点定理的一个很显然的推论。借助塔斯基定理，还可以证明一个 "语义" 版本的哥德尔定理。

下面分 3 个小节讲述这 3 个版本的不完全性定理。

9.4.1 ω-一致性与哥德尔第一不完全性定理

首先是哥德尔本人的版本，我们的讲述有两方面动机。一方面是了解不完全性定理的历史，另一方面是因为 ω-一致性本身对我们将来学习（如理解第二不完全性定理）也很有帮助。

定义 9.4.1 令 T 为语言 $\mathcal{L}_{ar}$ 上的一个理论。称 T 是 ω-**不一致的**，如果存在一个公式 $\varphi(x)$，使得 $T \vdash \exists x \varphi(x)$，并且对所有 $n \in \mathbb{N}$，都有 $T \vdash \neg\varphi(\mathrm{n})$。称 T 是 ω-**一致的**，如果 T 不是 ω-不一致的，也就是说，如果 $T \vdash \exists x \varphi(x)$，则对某一个 $n \in \mathbb{N}$，有 $T \nvdash \neg\varphi(\mathrm{n})$。

看几个有关 ω-一致性的简单事实：

• 如果 T 是 ω-一致的，则 T 是一致的。

• 根据 ω-不一致性的定义，如果 T 是 ω-不一致的，则 $\mathfrak{N} \nvDash T$。取逆否命题就得到：如果 $\mathfrak{N} \vDash T$，则 T 是 ω-一致的。因此我们通常讨论的理论（如 Q 或 PA），都是 ω-一致 的。

• 回忆一下关于存在非标准模型的证明。令 c 为一个新常数符号，考察 $\mathcal{L}_{ar}$ 的一个扩张 $\mathcal{L}_{ar} \cup \{c\}$，则理论 $PA + \{c \neq \mathsf{n} : n \in \mathbb{N}\}$ 是一致的，但不是 ω-一致的。这里的记号 $T + T'$ 表示包含 T 和 T' 的最小理论。

• 后面要讲到的哥德尔第二不完全性定理会告诉我们：如果 PA 是一致的，则 $\mathcal{L}_{ar}$- 理论 $PA + \neg con(PA)$ 是一致的，但不是 ω-一致的。

定理 9.4.2（哥德尔第一不完全性定理）　令 $T \supseteq Q$ 为一个可（递归）公理化的理论。如果 T 是 ω-一致的，则存在一个 Π_1-语句 σ，使得 $T \nvdash \sigma$ 并且 $T \nvdash \neg \sigma$。

证明　令 $\mathrm{bew}_T(y, x)$ 为 T 中表示递归关系 $\mathrm{bew}_T(b, a)$ 的公式，并且令 $\mathrm{bwb}_T(x)$ 为公式 $\exists y \mathrm{bew}_T(y, x)$。在多数情况下会省略掉下标，因为在这里省略下标不会引起混淆。

令 σ 为公式 $\neg \mathrm{bwb}(x)$ 的不动点。注意：根据推论 9.1.26，可以假定 $\mathrm{bew}(y, x)$ 是 Δ_1 的，因而 $\mathrm{bwb}(x)$ 是 Σ_1 的。再根据不动点引理的证明，可以假定 σ 是 Π_1 的。于是有

$$T \vdash [\sigma \leftrightarrow \neg \mathrm{bwb}(\ulcorner \sigma \urcorner)]. \tag{$*$}$$

假设 $T \vdash \sigma$，根据引理 9.2.1(3)，$T \vdash \mathrm{bwb}(\ulcorner \sigma \urcorner)$。再根据 $(*)$，$T \vdash \neg \mathrm{bwb}(\ulcorner \sigma \urcorner)$，这与 T 的一致性矛盾。所以，$T \nvdash \sigma$。

假设 $T \vdash \neg \sigma$。首先，由于 T 是一致的，因此 $T \nvdash \sigma$。根据引理 9.2.1(2)，可以得到：对任意 $n \in \mathbb{N}$，$T \vdash \neg \mathrm{bew}(\mathsf{n}, \ulcorner \sigma \urcorner)$。另一方面，根据 $(*)$，$T \vdash \mathrm{bwb}(\ulcorner \sigma \urcorner)$，即 $T \vdash \exists y \, \mathrm{bew}(y, \ulcorner \sigma \urcorner)$，这与 T 是 ω-一致的矛盾。所以，$T \nvdash \neg \sigma$。　　□

9.4.2　罗瑟的改进

在 1936 年发表的一篇文章中，罗瑟证明了哥德尔定理最初版本中关于 T 的 ω- 一致性的假设可以减弱成 "T 是一致的"，从而完全摆脱了对语义的依赖。

定理 9.4.3（哥德尔-罗瑟） 令 $T \supseteq Q$ 为一个可（递归）公理化的理论。如果 T 是一致的，则存在一个 Π_1-语句 σ，使得 $T \nvdash \sigma$ 并且 $T \nvdash \neg\sigma$。

在叙述罗瑟的改进之前，让我们再看一下前面证明中用到 ω-一致性的地方，或许对理解罗瑟的技巧有所帮助。事实上，在定理9.4.2的证明中用到了 ω-一致性的以下推论（的逆否命题）：

> 如果 $T \vdash \exists y\, \mathrm{bew}(y, \ulcorner\sigma\urcorner)$，则存在一个标准的自然数 $n \in \mathbb{N}$，$T \vdash \mathrm{bew}(\mathrm{n}, \ulcorner\sigma\urcorner)$。

由此，为了证明 $T \nvdash \neg\sigma$，可以利用反证法。假如 $T \vdash \neg\sigma$，一方面可表示性告诉我们，$T \vdash \exists y_1\mathrm{bew}(y_1, \ulcorner\neg\sigma\urcorner)$；另一方面，根据 (∗)，也有 $T \vdash \exists y_2\mathrm{bew}(y_2, \ulcorner\sigma\urcorner)$。

如果 T 是 ω-一致的，就可以从标准的"y_1"和"y_2"中解码得到 $T \vdash \neg\sigma$ 和 $T \vdash \sigma$。

如果没有这么强的一个假设，我们无法确定"y_1"和"y_2"是标准的自然数，却提示我们去考虑"y_1"和"y_2"的关系。

证明 给定一个一致的且满足前提条件的理论 T，令 $\mathrm{prov}(x)$（更准确地应该是 $\mathrm{prov}_T(x)$，因为此处不会引起任何混淆，可以略去下标）为公式

$$\exists y[\mathrm{bew}(y, x) \wedge (\forall z < y)\neg\mathrm{bew}(z, \tilde{\neg}x)],$$

其中 $\tilde{\neg}$ 是原始递归函数 $\sharp\varphi \mapsto \sharp(\neg\varphi)$ 在 T 中的表示。具体地说，令 $\theta(x, y)$（作为函数）表示 $\sharp\varphi \mapsto \sharp(\neg\varphi)$，则 $\mathrm{bew}(z, \tilde{\neg}x)$ 就是 $\exists y(\mathrm{bew}(z, y) \wedge \theta(x, y))$。注意：当 x 为 $\ulcorner\varphi\urcorner$ 时，$\tilde{\neg}x$ 就是 $\ulcorner\neg\varphi\urcorner$。

断言 1 对任意语句 τ，如果 $T \vdash \tau$，则 $T \vdash \mathrm{prov}(\ulcorner\tau\urcorner)$。

断言 1 的证明 假定 $T \vdash \tau$，则由引理 9.2.1 (1)，存在某个 $n \in \mathbb{N}$，$T \vdash \mathrm{bew}(\mathrm{n}, \ulcorner\tau\urcorner)$。由 T 的一致性，$T \nvdash \neg\tau$，因此对所有的 $k \in \mathbb{N}$，$T \vdash \neg\mathrm{bew}(\mathrm{k}, \ulcorner\neg\tau\urcorner)$。所以，$T \vdash (\forall z < \mathrm{n})\neg\mathrm{bew}(z, \ulcorner\neg\tau\urcorner)$，因而断言 1 成立。（注意：断言 1 对 bwb 也成立。）

断言 2 对任意语句 τ，如果 $T \vdash \neg\tau$，则 $T \vdash \neg\mathrm{prov}(\ulcorner\tau\urcorner)$。

断言 2 的证明 假定 $T \vdash \neg\tau$，则对某个 $m \in \mathbb{N}$，$T \vdash \mathrm{bew}(\mathrm{m}, \ulcorner\neg\tau\urcorner)$。可以通过"比较 y 和 m 的大小"来证明

$$\forall y[\neg\mathrm{bew}(y, \ulcorner\tau\urcorner) \vee (\exists z < y)\mathrm{bew}(z, \ulcorner\neg\tau\urcorner)].$$

我们知道，虽然在 Q 中无法证明 $\forall x\forall y(x < y \vee x \approx y \vee y < x)$（习题9.1.2(4)），但对每一个 $m \in \mathbb{N}$，$Q \vdash \forall y(\mathsf{m} < y \vee \mathsf{m} \approx y \vee y < \mathsf{m})$（引理9.1.4(8)），而后者对我们来说已经足够了。

因为 $T \nvdash \tau$，所以，$T \vdash \forall y \le \mathsf{m}\neg\mathrm{bew}(y,\ulcorner\tau\urcorner)$。另一方面，$T \vdash y > \mathsf{m} \to (\exists z < y)\mathrm{bew}(z,\ulcorner\neg\tau\urcorner)$（$z = \mathsf{m}$ 就是存在的证据）。这就验证了断言 2。（注意：我们无法对 bwb 照搬此证明。如果 T 仅仅是一致的，断言 2 对 bwb 不一定成立。）

最后，令 σ 为 $\neg\mathrm{prov}(x)$ 的不动点，即 $T \vdash \sigma \leftrightarrow \neg\mathrm{prov}(\ulcorner\sigma\urcorner)$。通过与前面类似的分析，可以知道 σ 是 Π_1 的。可以验证 $T \nvdash \sigma$ 并且 $T \nvdash \neg\sigma$。

如果 $T \vdash \sigma$，由于 σ 是 $\neg\mathrm{prov}(x)$ 的不动点，因此 $T \vdash \neg\mathrm{prov}(\ulcorner\sigma\urcorner)$。另一方面，根据断言 1，$T \vdash \mathrm{prov}(\ulcorner\sigma\urcorner)$，这与 T 的一致性矛盾。

如果 $T \vdash \neg\sigma$，同样由于 σ 是 $\neg\mathrm{prov}(x)$ 的不动点，因此 $T \vdash \mathrm{prov}(\ulcorner\sigma\urcorner)$。同时，根据断言 2，$T \vdash \neg\mathrm{prov}(\ulcorner\sigma\urcorner)$，这也与 T 的一致性矛盾。　□

对定理 9.4.3 的证明做以下几点说明：

• 如果记定理 9.4.2 中的不动点 σ 为 σ_G，而罗瑟改进的定理 9.4.3 中的不动点为 σ_R，在直观上，σ_G 是说"我在 T 中不可证"，σ_R 则是说"如果我在 T 中有一个证明 y，则我的否定有一个比 y 更短的证明"。

• 为了看出 prov 与 bwb 的不同，令 $\bot$ 表示 $0 \ne 0$（或其他在 $\mathcal{L}_{ar}$ 所有结构中都为假的语句）。显然，"T 是一致的"可以形式地表示为 $\neg\mathrm{bwb}(\ulcorner\bot\urcorner)$，即矛盾在 T 中不可证。我们在第十章会将这个语句记作 con_T，哥德尔的第二不完全性定理说的就是 $T \nvdash \mathrm{con}_T$。

但是，定理 9.4.3 中的断言 2 告诉我们：$T \vdash \neg\mathrm{prov}(\ulcorner\bot\urcorner)$，所以，对于 T 的可证性来说，prov 与 bwb 相差很远。

• 进一步考察会发现，$T \vdash \neg\mathrm{prov}(\ulcorner\bot\urcorner)$ 说的是 $T \vdash \forall y[\neg\mathrm{bew}(y,\ulcorner\bot\urcorner) \vee (\exists z < y)\mathrm{bew}(z,\ulcorner\top\urcorner)]$，而 $T \vdash \neg\mathrm{bwb}(\ulcorner\bot\urcorner)$ 说的是 $T \vdash \forall y\neg\mathrm{bew}(y,\ulcorner\bot\urcorner)$。析取式的后项使前者比后者弱得多，这也说明了为什么我们不能用 $\neg\mathrm{prov}(\ulcorner\bot\urcorner)$ 来形式化一致性。

• $\mathrm{prov}(x)$ 与 $\mathrm{bwb}(x)$ 的这种差别在标准自然数模型 $\mathfrak{N}$ 中体现不出来，事实上 $\mathfrak{N} \models \forall x(\mathrm{prov}(x) \leftrightarrow \mathrm{bwb}(x))$。

9.4.3　塔斯基定理

最后讨论哥德尔定理的语义版本。

定理 9.4.4（塔斯基不可定义性定理） 集合 $\sharp\,\mathrm{Th}\,(\mathfrak{N})$ 在结构 $\mathfrak{N}$ 中是不可定义的。

证明 考察任何一个（潜在的 $\sharp\,\mathrm{Th}\,(\mathfrak{N})$ 的定义）公式 $\psi(v_1)$。对 $\neg\psi$ 使用不动点引理，就得到一个语句 σ，使得

$$\mathrm{Q} \vdash \sigma \leftrightarrow \neg\psi(\ulcorner\sigma\urcorner).$$

于是

$$\mathfrak{N} \vDash \sigma \leftrightarrow \neg\psi(\ulcorner\sigma\urcorner).$$

所以，$\mathfrak{N} \vDash \sigma$ 当且仅当 $\mathfrak{N} \nvDash \psi(\ulcorner\sigma\urcorner)$。这就排除了 $\psi(v_1)$ 定义 $\sharp\,\mathrm{Th}\,(\mathfrak{N})$ 的可能性。 $\square$

推论 9.4.5 $\mathrm{Th}\,(\mathfrak{N})$ 是不是可判定的，即：$\sharp\,\mathrm{Th}\,(\mathfrak{N})$ 不是一个递归集。

回忆一个理论是可公理化的定义，其中要求其公理集是递归的。

定理 9.4.6 如果理论 $T \subseteq \mathrm{Th}\,(\mathfrak{N})$ 是可公理化的，则 T 是不完全的。特别地，不存在 $\mathrm{Th}\,(\mathfrak{N})$ 的完全的公理化。

证明 假定 $T \subseteq \mathrm{Th}\,(\mathfrak{N})$ 是完全的，则 $T = \mathrm{Th}\,(\mathfrak{N})$。由于任何可公理化的理论 T 都是递归可枚举的，$\mathrm{Th}\,(\mathfrak{N})$ 就成为可定义的了，事实上它可以被一个 Σ_1-公式定义。这与塔斯基定理矛盾。 $\square$

9.4.4 强不可判定性

不完整性定理说的是存在一个语句 σ，$T \nvdash \sigma$ 且 $T \nvdash \neg\sigma$。人们也许会问，如果把 σ（或 $\neg\sigma$）添加到 T 的公理中，在扩张后的理论 $T' = T \cup \{\sigma\}$ 中，σ（或 $\neg\sigma$）就是可证的了。如此这般，把所有独立的语句都添加到 T 中，是否能够得到一个完全理论，从而消除不完全的现象呢？

下面证明这是不可能的：不论添加多少新的公理，只要公理集还是递归的，都无法消除不完全性。

定理 9.4.7（Q 的强不可判定性） 对任意 $\mathcal{L}_{ar}$ 上的理论 T，如果满足 $T + \mathrm{Q}$ 是一致的，则 T 不是可判定的。

注意：现在讨论的对象语言是 $\mathcal{L}_{ar}$，因此在逻辑公理中就包括含有加法和乘法的语句。所以，像普莱斯伯格算术的可判定性与本定理并无矛盾。

202

证明　令 $T' = T + Q$。假如 T 是递归的，则 T' 也是。因为对任一句子 φ，φ 属于 T' 当且仅当 $(Q1 \wedge Q2 \wedge \cdots \wedge Q7) \rightarrow \varphi$ 属于 T。这里可以看出 Q 是有穷可公理化的这一点给我们带来很大方便。根据可表示性定理，存在某个公式 $\psi(v)$ 在 Q 中表示递归集 T'。

对 $\neg\psi(v)$ 使用不动点引理，得到一个语句 σ，使得

$$Q \vdash \sigma \leftrightarrow \neg\psi(\ulcorner\sigma\urcorner)。$$

直观上说，σ 说 "我不属于 T'"。

假如 $\sigma \notin T'$，根据可表示性，$Q \vdash \neg\psi(\ulcorner\sigma\urcorner)$。因为 σ 是 $\neg\psi(v)$ 的不动点，$Q \vdash \sigma$，所以，$\sigma \in T'$，这是因为任何理论对推导都是封闭的。这一矛盾表明 $\sigma \in T'$。但是，如果 $\sigma \in T'$，也由可表示性得到 $Q \vdash \psi(\ulcorner\sigma\urcorner)$。同样，因为 σ 是不动点，$Q \vdash \neg\sigma$，所以，$\neg\sigma \in T'$。这与 $T + Q$ 的一致性矛盾。

所以，T 不是递归的，也就不是可判定的。 $\square$

推论 9.4.8　*如果 T 是（递归）可公理化的，并且 $T + Q$ 是一致的，则 T 一定是不完全的。*

证明　由定理9.4.7和引理8.2.5立得。 $\square$

推论 9.4.9（丘奇）　一阶算术语言 $\mathcal{L}_{ar}$ 中所有普遍有效式的集合是不可判定的，即：集合 $\{\sharp\sigma : \models \sigma\}$ 不是递归集。

注意：该集合是递归可枚举的。

习题 9.4

9.4.1 证明集合 $\{\sharp\sigma : Q \cup \{\sigma\}$ 是 ω-一致的 $\}$ 是一个 Π_3-集合。

9.4.2 证明不存在递归的集合 R，使得 $\{\sharp\sigma : Q \vdash \sigma\} \subseteq R$，并且 $\{\sharp\sigma : Q \vdash \neg\sigma\} \subseteq \mathbb{N} \setminus R$。

9.4.3 假如有人宣称证明了哥德巴赫猜想独立于 PA（哥德巴赫猜想可以叙述为：任何大于 4 的偶数都是两个素数之和）。证明该人事实上已经证明了（在标准自然数模型 $\mathfrak{N}$ 上）哥德巴赫猜想成立。

第十章　哥德尔第二不完全性定理

　　哥德尔首先公布了他的第一不完全性定理，这件事发生在 1930 年 9 月 7 日柯尼斯堡的一次会议上。根据当时的文献记载，与会者多数没有立刻理解这个定理的深刻意义，只有一个人例外，那就是冯·诺伊曼①。

　　会议结束不久，准确地说是 1930 年 11 月 20 日，冯·诺伊曼就写信告诉哥德尔，他发现同样的方法可以证明更为深刻的第二不完全性定理。而在这 3 天前，哥德尔的论文，包括两个不完全性的结果，已经被《数学与物理学月刊》接受。其摘要更是在 10 月 23 日就通报给维也纳科学院。令人敬佩的是，冯·诺伊曼在得知这些以后（11 月 29 日），再次写信给哥德尔，称自己"显然不会就这一主题发表任何东西"。

　　这段历史不仅展现了冯·诺伊曼绝不掠美的崇高品质，也展现了他思维的敏捷和思想的深刻。正如我们在本章中将会看到的，虽然第二不完全性定理与第一不完全性定理的证明有类似之处，但从后者到前者的跨越绝不是平凡的。恐怕只有冯·诺伊曼这样无比天才的人物才能如此迅速地洞察这种深刻的联系。

　　哥德尔第二不完全性定理的一种通俗表达如下：

　　如果一个足够强的可公理化的理论 T（如 PA）是一致的，则 T 的一致性在 T 中不可证。

虽然这样的通俗表达足以用来解释为什么希尔伯特纲领不能按照原封不动的设想实现（参见本书的引言）。但我们还需要更加仔细一点。

　　首先，两个"一致性"有不同的含义。结论中"T 的一致性"是语言 $\mathcal{L}_{ar}$ 中的一个语句 con_T，我们马上会严格定义它。而前提中的"一致"是在"外面"看的，是在元理论中关于 PA 的一个断言。换句话说，前提中的"一致"说的是不存在从 T 到矛盾式 $0 = 1$ 的"标准"证明，即定义 2.6.1 中满足条件

---

① 冯·诺伊曼（John von Neumann，1903—1957），美国籍匈牙利裔数学家、计算机学家。

的有穷序列（当然是应用到 $\mathcal{L}_{ar}$ 上的）。其次，结论中的"不可证"也是元数学中的概念，即不存在上述意义上的 $\mathcal{L}_{ar}$ 公式的有穷序列。

由于假设 T 是一致的，$\neg\mathsf{con}_T$ 自然也不能在 T 中证明。对照第一不完全性定理，以上第二不完全性的表述差不多是在说：定理 9.4.3 中的 σ 可以用 con_T 替代。

本章要证明的哥德尔第二不完全性定理事实上要强得多，它是要将以上通俗的表述**形式化到**T **中**，使其成为 T 的一个内定理，即

$$T \vdash \mathsf{con}_T \to \neg\mathsf{bwb}_T(\mathsf{con}_T).$$

注意：这里前提中的"一致"以及结论中的"可证"都和通俗表达不同，它们已经被分别形式化到语言 $\mathcal{L}_{ar}$ 中，变成了 con_T 和 bwb_T；而且整个证明还要在 T 内完成。

对于初学者来说，可能最大的困难是如何区分所谓元理论的"外面"和内定理的"里面"。在接下来的讲述中，会针对这个困难多做些解释。此处先指明重要的一点：

一个断言在 T "外面"（元数学中）成立是指它在标准模型 $\mathfrak{N}$ 中成立，而在 T "里面"成立，即是 T 的内定理，则显然要求它在 T 的所有模型（包括非标准模型）中都成立。

这是理解许多问题的关键所在。

最后，关于第二不完全性定理的参考文献，我们推荐 *The Logic of Provability*（Boolos, 1993）的前 3 章和 *A Concise Introduction to Mathematical Logic*（Rautenberg, 2010）。

10.1　可证性条件

首先引入 3 个**可证性条件**，它们是由希尔伯特和贝尔纳斯[①]、之后还有勒布[②]从哥德尔的证明中提炼出来的。然后证明 PA 满足这 3 个可证性条件。最后从这些可证性条件推出哥德尔第二不完全性定理。

固定一个数论语言上的理论 T，由于我们主要的兴趣是 PA，不妨把 PA 视作 T 的典型例子（在多数时候甚至可以把 T 就看作 PA，虽然 PA 的一个

[①] 贝尔纳斯（Paul Isaac Bernays，1888—1977），瑞士逻辑学家、数学家。

[②] 勒布（Martin Hugo Löb，1921—2006），德国逻辑学家、数学家。

片断，如 $PA^- + I\Sigma_1$，已经足以证明哥德尔第二不完全性定理），特别地，我们总是假定 T 是可以递归公理化的，并且总有 $Q \subseteq T$。

回忆一下，由于 T 是可以递归公理化的，自然数上的关系 $\mathrm{bew}_T(y,x)$ 是递归的，也有 $\mathcal{L}_{ar}$ 中的公式 $\mathrm{bew}_T(y,x)$，使得 $\mathrm{bew}_T(y,x)$ 在 Q 中表示 $\mathrm{bew}_T(y,x)$。这就使我们能够合理地引进以下新的符号和记法。

定义 10.1.1　令 $T \supseteq Q$ 为 $\mathcal{L}_{ar}$ 上的递归可公理化的理论，φ 为 $\mathcal{L}_{ar}$ 公式。约定以下记法：

(1) $\Box_T(x)$ 表示公式：$\mathrm{bwb}_T(x)$，即 $\exists y \mathrm{bew}_T(y,x)$。读作 "$x$ 在 T 中可证"。

(2) $\Box_T\varphi$ 表示语句：$\Box_T(\ulcorner\varphi\urcorner)$，即 $\mathrm{bwb}_T(\ulcorner\varphi\urcorner)$。读作 "$\varphi$ 在 T 中可证"。

(3) con_T 表示语句：$\neg\Box_T(\ulcorner 0 \not\approx 0\urcorner)$。读作 "$T$ 是一致的"。

注意：$\Box_T(x)$ 是一个含有唯一自由变元 x 的公式，而 $\Box_T\varphi$ 总是一个语句，即使 φ 中还有自由变元。

定义 10.1.2　令 $T \supseteq Q$ 为 $\mathcal{L}_{ar}$ 上的递归可公理化的理论，称 T 满足**可证性条件**，如果对任意 $\mathcal{L}_{ar}$ 语句 σ 和 τ，T 满足：

(D1) 如果 $T \vdash \sigma$，则 $T \vdash \Box_T\sigma$；

(D2) $T \vdash \Box_T(\sigma \to \tau) \to \Box_T\sigma \to \Box_T\tau$；

(D3) $T \vdash \Box_T\sigma \to \Box_T\Box_T\sigma$。

引理 10.1.3　假定 T 满足 (D1) 和 (D2)，则它也满足下面的 (D0)：

(D0) 如果 $T \cup \{\sigma\} \vdash \tau$，则 $T \cup \{\Box_T\sigma\} \vdash \Box_T\tau$。

证明　假设 $T \cup \{\sigma\} \vdash \tau$。根据演绎定理，有 $T \vdash \sigma \to \tau$。由 (D1)，$T \vdash \Box_T(\sigma \to \tau)$；再由 (D2)，$T \vdash \Box_T\sigma \to \Box_T\tau$。结论成立。　　　　□

推论 10.1.4　如果 $T \vdash \sigma \leftrightarrow \tau$，则 $T \vdash \Box_T\sigma \leftrightarrow \Box_T\tau$。

推论 10.1.4 告诉我们，定义 10.1.2(3) 中选择 $0 \not\approx 0$ 是非本质的，实际上可以选取任何矛盾的算术语句来代替它。但这并不意味着可以随便地定义 con_T。例如，前面已经指出不能用罗瑟的 prov_T 来代替 bwb_T。

引理 10.1.5　可证性条件 (D1) 对任何 Q 的扩张 T 都成立，即：对任意这样的 T，如果 $T \vdash \sigma$，则 $T \vdash \Box_T\sigma$。

证明 假定 $T \vdash \sigma$。令 n 为 σ 的某个证明序列的编码，有 $\mathfrak{N} \vDash$ $\text{bew}_T(n, \ulcorner \sigma \urcorner)$。由 Σ_1-完全性（定理9.1.8），有 $\vdash_Q \text{bew}_T(n, \ulcorner \sigma \urcorner)$，则 $\vdash_Q$ $\text{bwb}_T(\ulcorner \sigma \urcorner)$。所以，$T \vdash \Box_T \sigma$。 $\qquad\qquad$ □

接下来做几点说明，以期加深读者对 (D1) 和一般的"形式化"概念的理解。

(i) 可证性条件 (D1) 对理论 T 的要求不高，T 甚至可以弱到 Q。本章中所有提到的算术理论都满足 (D1)。

(ii) (D1) 并不蕴涵 $T \vdash \sigma \to \Box_T \sigma$。后者不一定是一个数学定理。例如，令 T 为 Q 并且 σ 为 $\forall x(Sx \not\approx x)$，则 $T \not\vdash \sigma \to \Box_T \sigma$，原因是 $\mathfrak{N} \not\vDash \sigma \to \Box_T \sigma$。

(iii) 人们常常把 $\Box_T \sigma$ 称为"$T \vdash \sigma$"**在 T 中的形式化版本**。注意：$\Box_T \sigma$ 本身只是语言 $\mathcal{L}_{ar}$ 上的一个语句，即一个字符串，而 $T \vdash \sigma$ 则是"数学中"或系统"外面"的一个命题，意思是说"σ 是 T 的一个内定理"。

(iv) 那么，$T \vdash \sigma$ 和 $T \vdash \Box_T \sigma$ 到底有哪些区别和联系呢？(D1) 告诉我们前者蕴涵后者，即：如果 σ 是 T 的一个内定理，则 $\Box_T \sigma$ 也是。反过来对不对呢？这需要更细致的考察。

如果 T 是 ω-一致的（例如，$T = Q$ 或者 PA），则 (D1) 的逆命题也成立（证明留给读者练习）。所以，要想把这两者区分开，即论证 (D1) 的逆命题不成立，必须利用 ω-不一致的理论。假定 PA 是一致的，令 $T = \text{PA} + \neg\text{con}_{PA}$。哥德尔的第二不完全性定理将会告诉我们：$T$ 是一致的，但不是 ω-一致 的。因为 $\neg\text{con}_{PA} \in T$，有 $T \vdash \Box_T(\ulcorner 0 \not\approx 0 \urcorner)$（这里跳过了一步，后面会详细讨论。）但是，$T$ 的一致性告诉我们，$T \not\vdash 0 \not\approx 0$。

(v) 上面的例子说明，有些"系统内的"或者说"形式化后"的证明不能移到"系统外面"来。那么，系统内的证明到底是什么呢？让我们利用非标准模型来做一些（直观上的）说明，这对理解 10.2 节的内容也有帮助。

固定语言 $\mathcal{L}_{ar}$ 和其上的一个理论 T。不妨想象它们就是 $\text{PA} + \neg\text{con}_{PA}$，但这一点不重要。重要的是：$T$ 有可能不是 ω-一致的，因而标准模型 $\mathfrak{N}$ 不满足它。所以，如果它是一致的，它就只有非标准模型。

我们已经知道，在标准自然数上有许多概念（或者说性质、函数等）是可以用 $\mathcal{L}_{ar}$ 中的公式来定义的，它们的形式化其实就是定义它们的（某个）公式。如果 φ 是这样的一个定义式，直接讨论 $T \vdash \varphi$ 有时很不方便，我们会利用可靠性和完全性定理，把考察是否有 $T \vdash \varphi$ 转化为考察是否对 T 的所有模型 $\mathfrak{M}$ 都有 $\mathfrak{M} \vDash \varphi$。

令 $\mathfrak{M}$ 为 T 的任意模型，由于前面提到的原因，通常必须假设 $\mathfrak{M}$ 是非标准的。

对于任何（通过公式 φ）"形式化后"的概念，$\mathfrak{M}$ 都会有它自己的版本。例如，标准自然数中"偶数"的概念形式化在 $\mathcal{L}_{ar}$ 中，就是公式 $\exists y(x \approx y+y)$，因此，在 $\mathfrak{M}$ 中所有满足这一公式的元素在 $\mathfrak{M}$ 中都被视为偶数，我们称它们为"$\mathfrak{M}$-偶数"。这些 $\mathfrak{M}$-偶数除了标准的偶数之外，还有非标准的偶数。类似地，$\mathfrak{M}$ 中也有 $\mathfrak{M}$-素数的概念。

我们已经知道，关于 $\mathcal{L}_{ar}$ 的一些句法概念也可以形式化到系统中。例如，任何公式通过它的哥德尔码都对应着一个自然数，这样 $\mathfrak{M}$ 中也就有 $\mathfrak{M}$-公式的概念。由于 $\mathfrak{M}$ 中有非标准的自然数，一个公式的编码如果是非标准的，那么，从"外面看"它就是无穷长的。但从 $\mathfrak{M}$ 内部看，它们的长度是某个（非标准）自然数，因此是"$\mathfrak{M}$-有穷"长的。

"公理"的概念也是如此。甚至 T 也被它自己的递归定义所形式化，$\mathfrak{M}$ 中看到的 T 可能包括（无穷长的）非标准公式。

最后，"证明"这个概念也是一样的。外面的"y 是 x 的证明的哥德尔数"可以形式化为 Δ_1-公式 $bew_T(y, x)$。所以，也会有"$\mathfrak{M}$-证明"的概念，但它不一定是"标准"的证明。可以用下面的例子说明这一点。

令 σ 为语句，$T \vdash \exists y bew_T(y, \ulcorner \sigma \urcorner)$，并且 $\mathfrak{M}$ 是 T 的模型。因此存在 $b \in \mathfrak{M}$，$\mathfrak{M} \vDash bew_T[b, \ulcorner \sigma \urcorner)]$，即语句 σ 在 $\mathfrak{M}$ 中有一个编码为 b 的证明。但 b 完全有可能是非标准的，从外面看这个证明无穷长。所以，不能通过解码 b 得到外面的一个由 T 到 σ 的证明（它是公式的一个有穷序列）。这也就是为什么不能一般地从 $T \vdash \Box_T \sigma$ 得到 $T \vdash \sigma$。

习题 10.1

10.1.1　证明如果 T 是 ω-一致的，则 (D1) 的逆命题也成立。

10.2　第二可证性条件 (D2) 的证明

与 (D1) 不同，(D2) 的证明需要比 Q 更强的理论。不难看出，条件 (D2) 是

$$\text{"如果 } T \vdash \sigma \rightarrow \tau \text{ 并且 } T \vdash \sigma, \text{ 则 } T \vdash \tau\text{"}$$

的形式化。未形式化的断言是很容易证明的：假定 u 和 v 分别是 $\sigma \rightarrow \tau$ 和 σ 的证明序列，只需要把它们串在一起再缀上 $\langle \tau \rangle$，便得到了 τ 的一个证明序列 $u^\wedge v^\wedge \langle \tau \rangle$。

对 (D2) 的证明思路也相同，假定 $\Box_T(\sigma \to \tau)$ 且 $\Box_T\sigma$。从直观上说，对"形式化的公式" $\sigma \to \tau$ 和 σ，分别有它们"形式化的证明序列"（的编码）u 和 v。通过"形式化的串接运算"得到 $u^\wedge v^\wedge\langle\ulcorner\tau\urcorner\rangle$，它就是 τ 的一个"形式化的证明序列"。

我们也可以像 10.1 节末的说明 (v) 那样用非标准模型来解释。令 $\mathfrak{M}$ 为 T 的任何一个模型（可以是非标准的），$\mathfrak{M}$ 内部就分别有对 $\mathfrak{M}$-公式 $\sigma \to \tau$ 和 σ 的 "$\mathfrak{M}$-证明" u 和 v，因此通过 "$\mathfrak{M}$-串接" 运算，可以得到一个新的 "$\mathfrak{M}$-证明" $u^\wedge v^\wedge\langle\ulcorner\tau\urcorner\rangle$。

由于公式和证明已经被形式化（到 Q 中），我们要做的就是把像串接这样的运算形式化到理论 T 中。这需要两步工作：

(1) 首先，用一个 $\mathcal{L}_{ar}$-公式定义需要形式化的概念，具体到这里就是串接运算，以及定义串接运算所必须的那些概念，如"有穷序列"；

(2) 其次，还要在 T 中证明这样定义的概念，不管是串接函数还是有穷序列，具有它们通常应该具有的性质。

由此，如果 $\mathfrak{M}$ 是 T 的模型，$\mathfrak{M}$ 中也就有了串接概念，即 "$\mathfrak{M}$-串接"。以上证明的思路也就可行了。

需要特别注意的是，对于以上形式化工作来说，Q 是不够的。所以，从本节开始，我们假定理论 T 是 PA 的扩张，或就是 PA。

我们会看到，这样的工作多半都是直接的验证，不难但很繁琐。唯一需要特别注意的是"有穷序列"这一概念，它的形式化是需要一番努力的。正如我们在前面强调过的，有些 $\mathfrak{M}$-有穷的集合从外面看是无穷的。具体的难点在讲解形式化中国剩余定理时会仔细讨论。

10.2.1　利用定义新的符号来扩张语言

所谓形式化一个概念到 T 中，实际上就是在 T 中"定义"这个概念，而这通常需要在语言中引进一个新的符号来表示这个被定义的概念。因此我们先简单讨论逻辑中一般的通过定义引入新符号的方法。

数论语言 $\mathcal{L}_{ar}$ 中只有 S，$+$ 和 $\times$ 这 3 个函数符号，$\mathcal{L}_{ar}$ 中包含自由变元 x 的项只能是关于 x 的多项式。因此 PA 可以"直接"讨论的函数非常有限。然而，借助定义公式，PA 可以定义新的函数和关系，并引进相应的新的函数和谓词符号来扩充语言，从而让人们可以在扩充后的语言中讨论这些新的函数和谓词。

在数学中，使用定义的符号是很常见的。例如，在集合论中，初始的语言 $\mathcal{L}_{set}$ 中只有一个二元谓词符号 $\in$。通过定义 $x \subseteq y$ 为 $\forall z(z \in x \to z \in y)$，并把 $\subseteq$ 当作语言的一部分来使用，这就有了扩充后的语言 $\mathcal{L}_{set} \cup \{\subseteq\}$。

具体到当前的目的，在形式化了"有穷序列"的概念后，也可以把它当作语言中的一部分，用来进一步定义诸如证明序列等概念，尤其是可以对包含这些新引入符号的公式做归纳。我们也会论证这样做的合理性。

由于所有的结论都很自然，我们略去证明，只讨论一个特殊的情形，即直接在 PA 中只添加一个新的函数（或谓词）符号。最一般的情形是：我们已经做了有穷多次的添加，得到语言 $\mathcal{L}'$ 和理论 PA($\mathcal{L}'$)，在它们的基础上再添加有穷多个用 $\mathcal{L}'$ 定义的函数和谓词符号。不难看出，一般情形可以通过归纳容易地得出。

令 $\varphi(\boldsymbol{x}, y)$ 为语言 $\mathcal{L}_{ar}$ 中的公式且 PA $\vdash \forall\boldsymbol{x}\exists! y\varphi(\boldsymbol{x}, y)$，即

$$PA \vdash \forall\boldsymbol{x}\exists y(\varphi(\boldsymbol{x}, y) \wedge \forall z(\varphi(\boldsymbol{x}, z) \to y \approx z)).$$

把语言 $\mathcal{L}_{ar}$ 扩张成 $\mathcal{L}' = \mathcal{L}_{ar} \cup \{f\}$，其中 f 是一个新的函数符号，并添入新的公理：$\forall\boldsymbol{x}\varphi(\boldsymbol{x}, f(\boldsymbol{x}))$。从直观上看，$f(\boldsymbol{x})$ 就是唯一满足 $\varphi(\boldsymbol{x}, y)$ 的那个 y。

类似地，如果 $\varphi(\boldsymbol{x})$ 为语言 $\mathcal{L}_{ar}$ 中的公式（这里不需要 PA $\vdash \forall\boldsymbol{x}\exists! y\varphi(\boldsymbol{x}, y)$），也可以引入一个新的谓词符号 R 和新公理 $\forall\boldsymbol{x}(\varphi(\boldsymbol{x}) \leftrightarrow R(\boldsymbol{x}))$。由于对谓词的处理比对函数处理简单，下面只处理函数符号。

对每一个 $\mathcal{L}'$ 上的公式 $\theta(\boldsymbol{v})$，在语言 $\mathcal{L}_{ar}$ 中都有一个自然的翻译 $\theta^*(\boldsymbol{v})$。例如，当 θ 为 $\psi(f(\boldsymbol{x}), z)$ 时，θ^* 就是 $\exists y(\varphi(\boldsymbol{x}, y) \wedge \psi(y, z))$，$f$ 通过它在 PA 中的定义式被消去。此外，由于在 PA 中可以证明 y 是唯一的，θ^* 也等价于 $\forall y(\varphi(\boldsymbol{x}, y) \to \psi(y, z))$。翻译 $\theta \mapsto \theta^*$ 的严格定义可以通过对公式 θ 递归来完成（留给读者练习）。

引理 10.2.1 给定 φ 如前。令 $\mathfrak{M}$ 为一个语言 $\mathcal{L}'$ 的结构，$\mathfrak{M} \models \forall\boldsymbol{x}\varphi(\boldsymbol{x}, f(\boldsymbol{x}))$，且 $\mathfrak{M}$ 满足原本语言 $\mathcal{L}_{ar}$ 上的 PA，则对所有的 $\mathcal{L}'$ 上的公式 $\theta(\boldsymbol{v})$ 和所有 $\boldsymbol{a} \in |\mathfrak{M}|^k$，

$$\mathfrak{M} \models \theta[\boldsymbol{a}] \quad 当且仅当 \quad \mathfrak{M} \models \theta^*[\boldsymbol{a}]。$$

定理 10.2.2 给定 $\mathcal{L}'$ 和 $\mathfrak{M}$ 如前，则对所有 $\mathcal{L}'$ 上的公式 θ，$\mathfrak{M}$ 都满足对 θ 的归纳公理 $I\theta$，即

$$\mathfrak{M} \models [\theta(0) \wedge \forall x(\theta(x) \to \theta(\mathsf{S}x))] \to \forall x\theta(x)。$$

推论 10.2.3 给定 $\mathcal{L}'$ 如前。对每一个 $\mathcal{L}'$ 上的公式 θ，都在 PA 中添入一条新的归纳公理 $I\theta$。令 PA$(\mathcal{L}')$ 为如此扩充后的公理系统，则 PA$(\mathcal{L}')$ 是 PA 的一个**保守扩张**，即：对每一个 $\mathcal{L}_{ar}$ 上的语句 σ，

$$\text{PA}(\mathcal{L}') \vdash \sigma \quad \text{当且仅当} \quad \text{PA} \vdash \sigma。$$

以上是利用定义引入新的符号的一般讨论。在哥德尔定理的证明中，我们更关心的是 Σ_1 水平以下的定义。特别地，将由 Σ_1 公式引入的函数和 Δ_1-公式引入的谓词称为"可证递归的"。

定义 10.2.4 称一个函数 f 在 T 中是**可证递归的**，如果存在一个 Σ_1-公式 $\varphi(\boldsymbol{x}, y)$，使得

$$T \vdash \forall \boldsymbol{x} \forall y \, [\varphi(\boldsymbol{x}, y) \leftrightarrow y = f(\boldsymbol{x})]。$$

称一个谓词（或关系）R 在 T 中是**可证递归的**，如果存在 Σ_1- 公式 $\varphi(\boldsymbol{x})$ 和 $\psi(\boldsymbol{x})$，使得

$$T \vdash \forall \boldsymbol{x} \, [R(\boldsymbol{x}) \leftrightarrow \varphi(\boldsymbol{x}) \leftrightarrow \neg \psi(\boldsymbol{x})]。$$

换句话说，T 证明 R 是 Δ_1 的。

注意：这里的 f 是一个符号，或者是一个 Σ_1-公式，把它称为"函数"是不太严格的（因为它没有确定的定义域）。可以把它理解成由同一个模式定义出来的一族函数，当落实到每个 PA 的模型 $\mathfrak{M}$ 中的时候，$f^{\mathfrak{M}}$ 都是 $\mathfrak{M}$ 上的"递归（全）函数"。也有教科书把它放在标准模型的语境下来描述。考虑标准模型 $\mathbb{N}$ 上的所有部分递归函数 $\varphi_e(\boldsymbol{x})$，它们都是 Σ_1 可定义的，其中 PA 可以证明是全函数的 $\varphi_e(\boldsymbol{x})$ 就是可证递归的。例如，所有原始递归函数都是可证递归的。所以，（标准模型上的）可证递归函数类是递归（全）函数的一个子类。可以进一步证明它是一个真子类（见习题 10.2.3），后面提到的古德斯坦定理会诱导出一个递归但不可证递归的自然例子。

在引入了新的符号之后，原本复杂的公式很可能表面看上去变得简单了。但对于可证递归函数和谓词，我们可以控制住它们的复杂性。

引理 10.2.5 令 $\mathcal{L}' = \mathcal{L}_{ar} \cup \{f, R\}$，其中 f 和 R 分别是可证递归的函数和谓词。令 PA$(\mathcal{L}')$ 如前，则任何 PA$(\mathcal{L}')$ 中的可证递归函数和谓词都是 PA 中可证递归的。

可证递归函数和关系还有一个好处是它们对所有的 PA 模型是"绝对的"。

引理 10.2.6 令 f 为一个在 PA 中可证递归的函数。令 $\mathfrak{N}$ 和 $\mathfrak{M}$ 为 PA 的两个模型且 $\mathfrak{M}$ 是 $\mathfrak{N}$ 的尾节扩张。对所有的 $\boldsymbol{a}, b \in \mathfrak{N}$，$f^{\mathfrak{N}}(\boldsymbol{a}) = b$ 当且仅当 $f^{\mathfrak{M}}(\boldsymbol{a}) = b$。类似的结果对可证递归关系也成立。

证明 （梗概）令 φ 为定义 f 的 Σ_1-公式。首先，用类似于 Q 的 Σ_1 完全性的证明，可以得到任何 Δ_0 公式对 $\mathfrak{N}$ 和 $\mathfrak{M}$ 是绝对的。

如果 $f^{\mathfrak{N}}(\boldsymbol{a}) = b$，则 $\mathfrak{N} \vDash \varphi[\boldsymbol{a}, b]$。所以，$\mathfrak{M} \vDash \varphi[\boldsymbol{a}, b]$（这是因为 φ 是 Σ_1 的，在 $\mathfrak{N}$ 中的 Σ_1 事实的证据自然也出现在 $\mathfrak{M}$ 中）。

另一方面，如果 $f^{\mathfrak{N}}(\boldsymbol{a}) \neq b$，则存在 $b' \in \mathfrak{N}$ 满足 $b' \neq b$ 且 $\mathfrak{N} \vDash \varphi[\boldsymbol{a}, b']$。根据上面的论证，$\mathfrak{M} \vDash \varphi[\boldsymbol{a}, b']$。所以，$f^{\mathfrak{M}}(\boldsymbol{a}) \neq b$。 □

10.2.2 PA 的基本推论

下面将在 PA 中推导出若干命题，尤其是要叙述和证明中国剩余定理，以及将有穷序列的概念形式化。在这一节中，符号 ⊢ 代表 PA ⊢，"可证递归" 代表 "在 PA 中可证递归"。

我们不打算从最基本的事实验证起，因为过多的枝叶会遮蔽要讲的主干。因此假定已经验证了下面的事实：

- PA 可以证明所有常用的关于加法、乘法以及线序 ≤ 的定律和性质。

- PA 可以证明强归纳原理和最小数原理。（留给读者练习）

引理 10.2.7 下列关系和函数是可证递归的：

(1) 整除关系 $d|x$（其定义为 $\exists q \leq x\,(q \cdot d \approx x)$）；

(2) 余数函数 $\mathrm{rem}(x, d) = r$（其定义为 $[r < d \wedge \exists q(x \approx q \cdot d + r)] \vee (d \approx 0 \wedge r \approx 0)$）；

(3) "p 是一个素数" $\mathrm{prime}(p)$（其定义为 $p \not\approx 1 \wedge \forall d(d|p \to (d \approx 1 \vee d \approx p))$）；

(4) 互素关系 $\mathrm{coprime}(a, b)$（其定义为 $\forall d(d|a \wedge d|b \to d \approx 1)$）。

证明 同前面递归论中的讨论相似，只需注意所有的量词都可以被替换成某个有界量词。 □

这样就把上面这些我们熟悉的关系和函数 "形式化" 到 PA 中了。或者用模型论的语言，每一个 PA 的模型 $\mathfrak{M}$ 都有类似的关系和函数。例如，在 $\mathfrak{M}$ 中就有 $\mathfrak{M}$- 素数。我们自然很容易验证，这些形式化了的关系和函数仍具有我们熟悉的性质。下面来举一些例子。为了增加可读性，我们用非形式化的语言叙述，不过把它们放到引号中间。

引理 10.2.8

(1) ⊢ "2 是最小的素数";

(2) ⊢ "如果 $x > 1$, 则存在某个素数整除 x"。

引理 10.2.9 ⊢ coprime(a, b) ↔ "不存在既整除 a 又整除 b 的素数"。

这里为了简明, 我们在引理中省去了全称量词 "$\forall a \forall b$", 下一个引理也是。

证明 利用 ⊢ $d|x \to x|y \to d|y$。细节留给读者练习。 □

引理 10.2.10（欧几里得）

$$\vdash [a > 0 \wedge b > 0 \wedge \text{coprime}(a, b)] \to \exists x \exists y(xa + 1 \approx yb)。$$

证明 对 $s = a + b$ 施行强归纳。初始情形 $s = 2$ 留给读者练习。

假定命题对所有 $< s$ 的数成立。考察满足 $a + b = s > 2$ 的 a, b。由于 $a \neq b$, 可以不失一般性地假定 $a > b$。不难验证 ⊢ coprime$(a, b) \to$ coprime$(a - b, b)$（这里 $a - b$ 表示 "截断减法", 在 PA 中不难证明它是可证递归的, 且满足通常减法的性质）。根据强归纳假定, ⊢ $\exists u \exists v[u(a - b) + 1 \approx vb]$。所以, ⊢ $\exists u \exists v[ua + 1 = (u + v)b]$, 有 ⊢ $\exists x \exists y[xa + 1 \approx yb]$。 □

引理 10.2.11 ⊢ (prime$(p) \wedge p|ab) \to (p|a \vee p|b)$。

证明 习题 10.2.2。 □

10.2.3 中国剩余定理的 PA 版本

我们（短期的）的目标是形式化 "有穷序列" 这一概念。为此要在 PA 中证明中国剩余定理, 即: "对所有的 n, 对所有的 d_i 和 a_i, 如果……"。且慢! 这里的 d_i 和 a_i 指的是什么? 难道不正是有穷序列吗? 如果没有有穷序列的概念, 应该怎样叙述中国剩余定理呢? 为了解决这个问题, 我们只处理由某个可证递归函数 $m(x)$ 所给出的 d_i。（在这里可证递归可以被其他可定义函数 $m'(x)$ 取代, 但我们会看到, 任何由 $m'(x)$ 给出的 d_i 在编码之后, 都可以被某个可证递归函数 $m(x)$ 给出。）

首先形式化最小公倍数的概念。读者最好把下面提到的数（如 i, k, l 等）都想象成非标准的。作为范例, 我们对最小公倍数处理得稍微仔细一点, 之后的其他概念会较快地带过。

引理 10.2.12　对任何一个可证递归的函数 $m(i)$，$\mathrm{PA} \vdash \forall k$ "如果对所有的 $i \leq k$ 都有 $m(i) > 0$，则存在（唯一的）最小正整数 l，使得对所有 $i < k$，$m(i)|l$"。

证明　存在性可以通过对 k 归纳得到。利用最小数原理可以拿到最小的 l，它显然是唯一的。　　　　　　　　　　　　　　　　□

假定 $m(x)$ 是 PA 中的可证递归函数。根据引理 10.2.12，公式 $\varphi(k, l)$

$$[(\forall i < k \, m(i) > 0) \wedge k > 0 \wedge (\forall i < k \, m(i) \mid l) \wedge$$
$$\forall l' < l \neg (l' > 0 \wedge \forall i < k \, m(i) \mid l')]$$
$$\vee \, (\exists i < k \, m(i) = 0 \wedge l = 0)$$

定义了一个**最小公倍数**函数 $\mathrm{lcm}\{m(i) : i < k\}$[①]。不难看出，$\mathrm{lcm}\{m(i) : i < k\}$ 是 PA 中可证递归的。

注意：$\varphi(k, l)$ 间接地依赖于 $m(i)$。引理 10.2.12 实际上是由无穷多条陈述构成的一个模式。对每一个可证递归函数 $m(x)$ 都有一条相应的陈述。

在最小公倍数函数的定义中，仅用到有界量词而没有用到原始递归。大家可以与有界积函数 $\prod_{i<k} m(i)$ 做个比较，有界积函数既不容易在 $\mathcal{L}_{ar}$ 中定义，也不容易在 PA 中证明它存在。

lcm 函数具有我们所熟悉的最小公倍数的一切性质。

引理 10.2.13

(1) $\mathrm{PA} \vdash j < k \to m(j) \mid \mathrm{lcm}\{m(i) : i < k\}$；

(2) $\mathrm{PA} \vdash$ "$\mathrm{lcm}\{m(i) : i < k\}$ 整除任何 $m(i)$（$i < k$）的公倍数"；

(3) $\mathrm{PA} \vdash$ "如果 p 是素数且 $p \mid \mathrm{lcm}\{m(i) : i < k\}$，则存在某个 $i < k$，$p \mid m(i)$"。

证明　留给读者练习。　　　　　　　　　　　　　　　　　　□

定理 10.2.14（形式化的中国剩余定理）　令 $h(x)$ 和 $m(x)$ 为可证递归函数，则

$$\mathrm{PA} \vdash [\forall i < k (m(i) > 1 \wedge m(i) > h(i)) \wedge$$
$$\forall i, j (i < j < k \to \mathrm{coprime}(m(i), m(j)))]$$
$$\to (\exists a < \mathrm{lcm}\{m(i) : i < k\})(\forall i < k)[\mathrm{rem}(a, m(i)) = h(i)]。$$

[①] lcm 是英文 "least common multiple"（最小公倍数）的简写。

证明 假定方括号中的前提，对 $n \le k$ 施行归纳。对初始情形 $n = 0$ 时，取 $a = 0$ 即可。

考察归纳情形 $n < k$。假定 $a < \text{lcm}\{m(i) : i < n\}$ 满足对所有的 $i < n$，$\text{rem}(a, m(i)) = h(i)$。令 $l = \text{lcm}\{m(i) : i < n\}$ 和 $m = m(n)$，则 l 与 m 互素（留给读者练习）。根据欧几里得引理，存在 x 和 y，使得 $lx + 1 = my$。用 $a + (l - 1)h(n)$ 同时乘两边，有下面的结论：存在 u 和 v，使得

$$lu + a + (l - 1)h(n) = mv。$$

令 $a^* = l(u + h(n)) + a$，则 $a^* = mv + h(n)$。如果 $i < n$，由于 $m(i)|l$，有 $\text{rem}(a^*, m(i)) = \text{rem}(a, m(i)) = h(i)$。如果 $i = n$，则有 $\text{rem}(a^*, m(n)) = \text{rem}(h(n), m(n)) = h(n)$。

令 $l' = \text{lcm}\{m(i) : i < n+1\}$。如果 $a^* < l'$，就已经完成了。如果 $a^* > l'$，则令 b 为 $\le a^*$ 的最大的 l' 的倍数，同时令 $A = a^* - b$，于是 $A < l'$，且对所有 $i < n + 1$，都有 $\text{rem}(A, m(i)) = h(i)$（留给读者练习）。   □

同非形式化的中国剩余定理（定理 9.1.18）相比，首先在叙述中避免了有穷序列 d_i 和 a_i。在证明中一直没有离开自然数，即：避免用到任何整数 $\mathbb{Z}$ 的性质，而且是在 PA 中进行的。最后，还得到了明确的同余方程组的解 a 的一个上界 $\text{lcm}\{m(i) : i < k\}$，这对后面的讨论会很有帮助。

与最小公倍数类似，我们有可证递归的一般极大值函数 $\max\{m(i) : i < k\}$ 和二元的极大值函数 $\max(x, y)$。这些细节留给读者练习。

定义 10.2.15   定义 $\alpha(a, b, i)$ 为公式 $\text{rem}(a, 1 + (i + 1)b) \approx r$ 所定义的函数。

引理 10.2.16

(1) 函数 $\alpha(a, b, i)$ 是可证递归的；

(2) 引理 9.1.21 中定义的二元编码函数 $J(a, b)$ 和解码函数 $K(p), L(p)$ 都是可证递归的；

(3) 哥德尔的 β-函数，即 $\beta(s, i) = \varphi(K(s), L(s), i)$ 是可证递归的。

证明   留给读者练习。   □

注意：与 lcm 不同，在 α-函数和 β-函数的定义中没有谈论其他可证递归函数，如 $m(i)$。

216

定理 10.2.17（哥德尔的 β-函数引理） 令 $h(x)$ 为一个可证递归函数。PA ⊢ "对每一个 k，存在 c，使得对所有 $i < k$，$\beta(c, i) = h(i)$"；而且 c 有一个可证递归的上界。

证明 只需证明下列关于 $\alpha(a, b, i)$ 的命题：

PA ⊢ "对每一个 k，存在 a, b，使得对所有 $i < k$，$\alpha(a, b, i) = h(i)$；而且令 s 为 $\max(k, \max\{h(i) : i < k\}) + 1$，则 a, b 可以进一步满足 $b < \mathrm{lcm}\{i + 1 : i < s\} + 1$ 和 $a < \mathrm{lcm}\{1 + (i + 1)b : i < k\}$"。

首先注意 $s > k$ 且对每一个 $i < k$，$s > h(i)$。令 $b = \mathrm{lcm}\{i + 1 : i < s\}$。

断言 如果 $i < j < k$，则 $1 + (i + 1)b$ 和 $1 + (j + 1)b$ 互素。

断言的证明 假定某个素数 p 满足 $p | 1 + (i + 1)b$ 和 $p | 1 + (j + 1)b$，则 $p | (j - i)b$。所以，$p | (j - i)$ 或者 $p | b$。由于 $1 \leq j - i < k < s$，有 $(j - i) | b$，因此无论如何都有 $p | b$。于是 $p | (i + 1)b$，进而有 $p | 1$，矛盾。这就证明了断言。

现在对所有的 $i < k$，$h(i) < s \leq b < 1 + (i + 1)b$。根据形式化的中国剩余定理，并取 $m(i) = 1 + (i + 1)b$，就得到 $a < \mathrm{lcm}\{1 + (i + 1)b : i < k\}$ 满足对所有 $i < k$，$\alpha(a, b, i) = h(i)$。

当 $h(x)$ 是可证递归时，证明中得到的 a 和 b 的上界显然都是可证递归的。 □

与第九章相比，在这里的证明中避免了阶乘函数 $s!$（因为它的定义需要原始递归），还得到一个关于编码 c 的可证递归的上界。

10.2.4　形式化的有穷序列

到现在为止，我们所做的形式化的工作都是很自然的，因为被形式化的概念本来就是在数论中的概念。而有穷这个概念是集合论中的概念，在数论中一般是不讨论的。然而借助编码可以定义形式化的有穷序列，即引进一个可证递归的一元谓词符号 FinSeq(s) 来表示 "s 是一个有穷序列"。

用模型的语言来说，对任何算术模型 $\mathfrak{M}$，人们可以说哪些集合是 "$\mathfrak{M}$-有穷" 的，即从 $\mathfrak{M}$ 的角度看它是有穷的。从直观上说，一个 $\mathfrak{M}$-有穷集就是一个能在 $\mathfrak{M}$ 中被某个 $\mathfrak{M}$-自然数编码的集合。

定义 10.2.18 令 FinSeq(s) 为公式

$$\exists c, k < s[s = J(c, k) \wedge \forall c' < s(c' < c \rightarrow (\exists i < k)\, \beta(c', i) \neq \beta(c, i))].$$

同时，令 lh(s) 为 $L(s)$，并且令 val(s, i) 为 $\beta(K(s), i)$。

217

对定义 10.2.18 做以下几点说明：

(1) 以标准模型为例，解释一下定义中的末句。对一个固定的 k-元组 $(n_1, \cdots, n_k)$，会有很多不同的自然数 c，使得对所有的 $i \leq k$，$\beta(c, i) = n_i$，这里只挑其中最小的 c。

(2) 从定义立刻可以看出，$\mathsf{FinSeq}(s)$ 是一个可证递归关系，且 $\mathsf{lh}(s)$ 和 $\mathsf{val}(s, i)$ 都是可证递归函数。

(3) 继续沿用 $\langle n_1, \cdots, n_k \rangle$ 来表示 $(n_1, \cdots, n_k)$ 的编码，也用 s_i（或 $(s)_i$）来表示 $\mathsf{val}(s, i)$。令 $\langle\,\rangle = J(0, 0)$ 表示空序列。

PA 保证了 $\mathsf{FinSeq}(s)$ 具有我们所熟悉的有穷序列应有的性质。下面以串接函数为例说明这一点。考察如下定义的公式 $\varphi(s, s', t)$：

$$\mathsf{FinSeq}(t) \wedge (\mathsf{lh}(t) = \mathsf{lh}(s) + \mathsf{lh}(s'))$$
$$\wedge \quad [(\forall i < \mathsf{lh}(s))\, t_i = s_i] \wedge [(\forall i < \mathsf{lh}(s')) t_{\mathsf{lh}(s)+i} = s_i']。$$

引理 10.2.19

$$\vdash \forall s \forall s' \exists! t \varphi(s, s', t)。$$

因此 $\varphi(s, s', t)$ 定义了一个可证递归函数 $s \char`^ s'$，称为 s 和 s' 的串接。

引理 10.2.20

(1) $\mathsf{PA} \vdash \mathsf{FinSeq}(s) \to \langle\,\rangle \char`^ s = s = s \char`^ \langle\,\rangle$；

(2) $\mathsf{PA} \vdash$ "如果 s, s' 和 s'' 都是有穷序列，则 $s \char`^ (s' \char`^ s'') = (s \char`^ s') \char`^ s''$"。

形式化有穷序列的概念之后，就可以用与前面相同的方法来论证递归定义的合理性。例如，指数函数在 PA 中是可证递归的。事实上，如果函数 g 和 h 都是可证递归的，则从 g 和 h 上利用原始递归得到的函数 f 也是可证递归的。特别地，所有原始递归函数都是可证递归的。更进一步地，阿克曼函数也是可证递归的。

10.2.5 形式化版本的句法形式化

有了这些准备工作之后，就可以仿照标准模型上的句法算术化，将逻辑中的句法概念形式化到 PA 中。整个过程非常像从递归函数到可证递归函数的过程，这里略去所有的证明。

首先把 $\mathcal{L}_{ar}$ 中的符号形式化为数码（比前面仅将它们编码为标准自然数更进一步）。例如，符号 $\forall$ 和 $+$ 现在就分别形式化为 1 和 7，即 S0 和 SSSSSSS0，而不再是自然数 1 和 7。仍然利用 $\ulcorner\urcorner$ 的记号，把对象 O 所对应的数码记成 $\ulcorner O\urcorner$。例如，$\ulcorner\forall\urcorner = S0$。

与第九章相同，最终会得到一个表示"可证性"的 $\mathcal{L}_{ar}$ 公式 $\text{bwb}(x)$。它是原来的 $\text{bwb}(x)$ 的形式化。从模型的角度来看，在每一个 PA 的模型 $\mathfrak{M}$ 中，$\mathfrak{M} \models \text{bwb}[a]$ 表示 $\mathfrak{M}$-公式 a 在 $\mathfrak{M}$ 中是可证的；这里的元素 a 可以是非标准的，它在 $\mathfrak{M}$ 的证明自然也可能是非标准的。

下面选择性地给出几个在 PA 中形式化句法概念的例子。

我们可以用 Δ_1-公式 $(\exists i < v)(v = 2 \cdot i + 21)$ 定义一个新的一元谓词 $\text{variable}(v)$，它就是"变元"概念的形式化。"$\forall$ 不是一个变元"这个事实"形式化"后仍旧成立，因为 $\text{PA} \vdash \neg\text{variable}(\ulcorner\forall\urcorner)$。所以，在任何 PA 的模型中，"$\forall$ 不是一个变元"都（在这个意义下）成立。根据定义，$\text{variable}(v)$ 是可证递归的。

类似地，也有一个可证递归的一元谓词 $\text{term}(t)$ 来形式化"项"这个概念。它是可证递归的，因为它是利用可证递归的函数通过强递归定义的，不难验证，可证递归对强递归也是封闭的。一般的逻辑教科书通常会避开递归论的讨论，而给出一个更直接（但更繁琐）的论证。我们大概叙述一下通常的论证，这也是出于对历史的兴趣，因为哥德尔最初的论文中就用了类似的方法。

定义 10.2.21 $\text{term}(t)$ 是由如下公式定义的：

$$\exists s[\text{FinSeq}(s) \wedge \text{lh}(s) > 0 \wedge s_{\text{lh}(s)-1} = t$$
$$\wedge \quad \forall i < \text{lh}(s)(s_i = \langle\ulcorner 0\urcorner\rangle \vee \exists v < s_i[\text{variable}(v) \wedge s_i = \langle v\rangle]$$
$$\vee \quad \exists j, k < i(s_i = \langle\ulcorner S\urcorner\rangle{}^\frown s_j \vee s_i = \langle\ulcorner +\urcorner\rangle{}^\frown s_j{}^\frown s_k \vee s_i = \langle\ulcorner \times\urcorner\rangle{}^\frown s_j{}^\frown s_k))].$$

方括号中的公式是 Δ_1 的，因此 $\text{term}(t)$ 显然是 Σ_1 的。另一方面，每一个项 t 都有一个长度不超过 $t + 1$ 的生成序列，还可以进一步假定这个生成序列的每一项都是 t 的子项，因此定义中的 s 不会大于编码 $\langle t, t, \cdots, t\rangle$（长度为 $t + 1$）。根据 β-函数引理，s 有一个可证递归的上界。所以，$\text{term}(t)$ 是 Δ_1 的，即可证递归的。

接下来，可以得到其他句法形式化：

- 可证递归的谓词 $\text{formula}(x)$，以形式化"公式"的概念。

- 可证递归的函数 $\dot{\neg}(x)$ 和 $\dot{\to}(x, y)$，以形式化"否定"和"蕴涵"；它们的定义分别是

$$\dot{\neg}(x) := \langle\ulcorner(\urcorner{}^\frown\langle\ulcorner\neg\urcorner\rangle{}^\frown x{}^\frown\langle\ulcorner)\urcorner\rangle\rangle$$

和

$$\dot{\to}(x, y) := \langle\ulcorner(\urcorner{}^\frown x{}^\frown\langle\ulcorner\to\urcorner\rangle{}^\frown y{}^\frown\langle\ulcorner)\urcorner\rangle\rangle.$$

- 可证递归的谓词 Axiom$_T$，以形式化"一阶逻辑的公理"，或者更广泛地形式化任何一个可证递归的公理集 T。

- 可证递归的谓词

$$\text{ModusPonens}(x, y, z) := \text{formula}(x) \wedge \text{formula}(z) \wedge y = \tilde{\rightarrow}(x, z),$$

以形式化分离规则。

最后，有可证递归的关系 bew$_T(y, x)$ 来形式化"y 是 T 中对 x 的一个证明序列"，它是由下列 Δ_1-公式定义的：

$$\text{FinSeq}(y) \wedge s_{\text{lh}(y)-1} = x \wedge$$
$$(\forall i < \text{lh}(y) - 1)[\text{Axiom}_T(y_i) \vee (\exists j, k < i)\text{ModusPonens}(y_k, y_j, y_i)].$$

还有公式 bwb$_T(x)$ 来形式化"可证性"，它的定义是 $\exists y\, \text{bew}_T(y, x)$。它显然是 Σ_1 的。后面将会看到它一般不是 Δ_1 的。例如，bwb$_{\text{PA}}(x)$ 就不是 Δ_1 的，除非 PA 是不一致 的。

10.2.6 **(D2) 的证明**

回忆一下，(D2) 说的是：对所有的 $\mathcal{L}_{ar}$ 中的语句 σ 和 τ，都有

$$T \vdash \Box_T(\sigma \rightarrow \tau) \rightarrow \Box_T \sigma \rightarrow \Box_T \tau。$$

证明   只需证明

$$\text{PA} \vdash \text{bew}_T(u, \ulcorner \sigma \rightarrow \tau \urcorner) \rightarrow \text{bew}_T(v, \ulcorner \sigma \urcorner) \rightarrow \text{bew}_T(u^\wedge v^\wedge \langle \ulcorner \tau \urcorner \rangle, \ulcorner \tau \urcorner)。$$

假定 u 和 v 分别满足 bew$_T(u, \ulcorner \sigma \rightarrow \tau \urcorner)$ 和 bew$_T(v, \ulcorner \sigma \urcorner)$。令 $y = u^\wedge v^\wedge \langle \ulcorner \tau \urcorner \rangle$。验证下列内容：

- $\text{FinSeq}(y)$；

- $s_{\text{lh}(y)-1} = \ulcorner \tau \urcorner$；

- $\forall i < \text{lh}(y)[\text{Axiom}(y_i) \vee (\exists j, k < i)\text{ModusPonens}(y_k, y_j, y_i)]$。

具体过程留给读者。根据定义，有 bew$_T(y, \ulcorner \tau \urcorner)$。   □

习题 10.2

10.2.1 验证下列事实：

(1)（强归纳法）

$$\vdash_{\mathsf{PA}} \forall x((\forall y < x)\varphi(y) \to \varphi(x)) \to \forall x\varphi(x);$$

(2)（最小数原理）

$$\vdash_{\mathsf{PA}} \exists x\psi(x) \to \exists x(\psi(x) \wedge (\forall y < x)\neg\psi(y));$$

(3)（有界性原理）

$$\vdash_{\mathsf{PA}} (\forall x < v)\exists y\theta(x, y) \to \exists z(\forall x < v)(\exists y < z)\theta(x, y)。$$

这里的 φ, ψ 和 θ 都是算术语言 $\mathcal{L}_{ar}$ 中的公式。（显然我们的目的不是考察机械证明，因此可以不必太形式化。）

10.2.2 验证 $\mathsf{PA} \vdash (\mathsf{prime}(p) \wedge p|ab) \to (p|a \vee p|b)$。

10.2.3 证明（在 $\mathbb{N}$ 上）存在非可证递归的递归函数。【**提示**：利用枚举证明的编码给出一个可证递归函数的能行枚举，然后用对角化得到一个新函数。根据丘奇论题，这个新函数是递归的。】

10.3　第三可证性条件 (D3) 的证明

现在还剩下最后一个可证性条件 (D3) 有待证明。(D3) 是说：$T \vdash \Box_T\sigma \to \Box_T\Box_T\sigma$，可以视之为"如果 $T \vdash \sigma$，则 $T \vdash \mathsf{bwb}_T(\ulcorner\sigma\urcorner)$"的形式化版本，但这样做对我们没有什么帮助。需要换一个思路。

注意到 $\Box_T\sigma$ 是一个 Σ_1 的语句。因此可以考虑证明一个更强的结论：

$$\text{对所有的 } \Sigma_1\text{-语句 } \tau, \text{ 都有 } T \vdash \tau \to \Box_T\tau。 \tag{10.1}$$

之所以这样考虑，是因为这正是某种形式化的 Σ_1-完全性，只不过是限制到语句上。

回忆 Σ_1-完全性的证明（定理10.3.7），最直接的想法是施归纳于 Σ_1-语句 τ，这就不可避免地要处理带自由变元的公式 $\varphi(\boldsymbol{x})$。但是，$\Box_T\varphi(\boldsymbol{x})$ 总是一个

语句，直接用 $T \vdash \varphi(\boldsymbol{x}) \to \Box_T \varphi(\boldsymbol{x})$ 这样的硬套归纳的方式是不行的，事实上，它不是普遍成立的（可以找到它的反例）。为了解决这个问题，不妨引入一个新的符号 $\Box_T[\varphi]$，它的作用是把锁在 $\ulcorner \varphi(\boldsymbol{x}) \urcorner$ 中的自由变元解放出来。通过这个新符号，证明所谓的"可证 Σ_1-完全性引理"：

$$\text{对所有的 } \Sigma_1\text{-公式 } \varphi, \text{ 都有 } T \vdash \varphi \to \Box_T[\varphi], \tag{10.2}$$

并由此导出 (D3)。

10.3.1　一个新符号 $\Box_T[\varphi]$

首先把数码这个概念形式化。在标准模型 $\mathfrak{N}$ 上，有递归函数 $n \mapsto \sharp S^n 0$（见第九章 9.2.2 节，第 (6) 款），它是把 n 映到数码 n 的哥德尔数。把它用 $\mathcal{L}_{ar}$ 中的公式写出来，就是以下公式：

$$\varphi(x,y) := \exists s[\mathsf{lh}(s) \approx x+1 \wedge s_0 \approx \ulcorner 0 \urcorner \wedge (\forall i < x)s_{i+1} \approx \langle \ulcorner S \urcorner \rangle {}^\wedge s_i \wedge s_x \approx y]\text{。}$$

下面的引理告诉我们，这个公式在 PA 中定义了一个可证递归的函数。

引理 10.3.1
$$\mathsf{PA} \vdash \forall x \exists! y \varphi(y),$$

所以，由公式 $\varphi(x,y)$ 定义的函数 $\mathsf{num}(x)$ 是可证递归的，而这个函数就是数码概念的形式化。

用通常的递归方程来写，它就是

$$\mathsf{num}(0) = \ulcorner 0 \urcorner,$$
$$\mathsf{num}(Sx) = \langle \ulcorner S \urcorner \rangle {}^\wedge \mathsf{num}(x)\text{。}$$

我们还需要把函数 $n \mapsto \ulcorner v_n \urcorner$（即第 n 个变元的哥德尔数）形式化，而这只需要令 φ 为公式 $y \approx 2 \cdot x + 21$ 就可以了。

引理 10.3.2　由公式 $y \approx 2 \cdot x + 21$ 定义的函数 $\mathsf{var}(x)$ 是可证递归的。

我们还需要把函数 $(n, v, \sharp\varphi) \mapsto \sharp\, \varphi_n^v$ 形式化（细节留给读者练习），用 $\mathsf{sub}(n, v, z)$ 来表示形式化后的函数，它也是可证递归的。

这些都是为了引入下面这个函数。

引理 10.3.3　函数 $\mathsf{su}(x, y, z) := \mathsf{sub}(\mathsf{num}(x), \mathsf{var}(y), z)$ 是可证递归的。

函数 $\mathsf{su}(x, y, z)$ 的计算方法如下：首先将 z 解码成一个公式（如 φ），再在 φ 中找到标号为 y 的变元（例如，当 $y = 4$ 时，要找的就是 v_4），然后把这个变元替换成标号为 x 的数码（例如，当 $x = 3$ 时，就是 SSS0），最后再计算所得到的公式对应的数码。例如，$\vdash \mathsf{su}(3, 4, \ulcorner v_4 \approx v_1 \urcorner) \approx \ulcorner 3 \approx v_1 \urcorner$。注意：$\mathsf{su}(3, 4, \ulcorner v_4 \approx v_1 \urcorner)$ 是一个闭项，它没有自由变元。尽管 v_4 和 v_1 看上去像是自由变元，但它们经过 $\ulcorner \urcorner$ 之后，都分别变成了固定的数码 29 和 23。而 $\ulcorner v_4 \approx v_1 \urcorner$ 就是项 $\langle \ulcorner \approx \urcorner, \ulcorner v_4 \urcorner, \ulcorner v_1 \urcorner \rangle = \langle 19, 29, 23 \rangle$，它是某个自然数 $n_0 \in \mathbb{N}$ 的数码 n_0。

再比较一下 $\mathsf{su}(v_4, 4, \ulcorner v_4 \approx v_1 \urcorner)$，并注意其中两个 v_4 的不同。不难看出，

$$\mathrm{PA} \vdash \mathsf{su}(v_4, 4, \ulcorner v_4 \approx v_1 \urcorner) \approx \langle 19, \mathsf{num}(v_4), 23 \rangle。$$

第一个 v_4 仍然是自由的，它起的作用可以说是把第二个 v_4 激活。（当然直接用 v_4 而不用 $\mathsf{num}(v_4)$ 也有激活的作用，但在后面的证明中需要用到 $\mathsf{num}(v_4)$。）在 $\mathsf{su}(v_4, 4, \ulcorner v_4 \approx v_1 \urcorner)$ 中，当 v_4 赋值成某个（可以是非标准的）a 时，$\mathsf{su}(v_4, 4, \ulcorner v_4 \approx v_1 \urcorner)$ 就是 $\langle 19, \mathsf{num}(a), 23 \rangle$；如果赋值成 b，$\mathsf{su}(v_4, 4, \ulcorner v_4 \approx v_1 \urcorner)$ 就是 $\langle 19, \mathsf{num}(b), 23 \rangle$ 等。

现在可以引入 $\Box_\tau[\varphi]$ 了。

定义 10.3.4　令 φ 为 $\mathcal{L}_{ar}$ 上的一个公式，且 φ 中的自由变元恰好是 $v_{k_1}, \cdots, v_{k_m}$，其中 $k_1 < \cdots < k_m$。定义 $\Box_\tau[\varphi]$ 为

$$\Box_\tau(\mathsf{su}(v_{k_m}, \mathsf{k}_m, \cdots, \mathsf{su}(v_{k_2}, \mathsf{k}_2, \mathsf{su}(v_{k_1}, \mathsf{k}_1, \ulcorner \varphi \urcorner)) \cdots))。 \tag{10.3}$$

让我们对 $\Box_\tau[\varphi]$ 做一些解释，并与 $\Box_\tau \varphi$ 做一些比较。

- 首先注意 $\Box_\tau[\varphi]$ 和 φ 具有相同的自由变元，即 $v_{k_1}, \cdots, v_{k_m}$；$\Box_\tau \varphi$ 则永远是一个语句。例如，$\Box_\tau[v_4 \approx v_1]$ 就是

$$\Box_\tau(\mathsf{su}(v_4, 4, \mathsf{su}(v_1, 1, \ulcorner v_4 \approx v_1 \urcorner)))，$$

它是 $\Box_\tau(w)$ 和 $\mathsf{su}(v_4 \cdots)$ 的复合，即

$$\exists w [w \approx \mathsf{su}(v_4, 4, \mathsf{su}(v_1, 1, \ulcorner v_4 \approx v_1 \urcorner)) \wedge \Box_\tau(w)]。$$

显然，变元 v_4 和 v_1 仍旧是自由的。$\Box_\tau v_4 \approx v_1$ 则不同，它是 $\Box_\tau(\ulcorner v_4 \approx v_1 \urcorner)$，不含任何自由变元。

- 对 $T \vdash \Box_\tau[\varphi]$ 的直观解释如下：根据概括定理，它等价于 $T \vdash \forall \boldsymbol{x} \Box_\tau[\varphi]$。注意：量词 $\forall \boldsymbol{x}$ 出现在 $\Box_\tau[\varphi]$ 之前，所以，它说明 T "认为"（即在 T 中可以证明）有一族逐点的关于 φ（T 中）的证明。

　　用模型论的观点来看，给定任意一个 T 的（非标准）模型 $\mathfrak{M}$，$\mathfrak{M} \vDash$ $\forall \boldsymbol{x} \square_\mathsf{T}[\varphi]$ 说的是："对所有 $\mathfrak{M}$ 中的数组 $\boldsymbol{a}$，都有一个 $\varphi(\boldsymbol{a})$ 的 $\mathfrak{M}$-证明"。（这个证明可以依赖于 $\boldsymbol{a}$，这一点同引理9.1.2 (2) 很像。）所以，$\mathcal{L}_{ar}$ 的单一的公式 $\square_\mathsf{T}[\varphi]$ 形式化了整个模式 "对所有的 $\boldsymbol{n} \in \mathbb{N}^m$，$T \vdash \varphi(\mathbf{n})$"。

　　与之相比，$T \vdash \square_\mathsf{T}\varphi$ 则更强。$T \vdash \square_\mathsf{T}\varphi$ 说的是 "存在一个 $\varphi(\boldsymbol{x})$ 的统一证明"。因此，对不同的 $\boldsymbol{a}$，$\varphi(\boldsymbol{a})$ 的证明都是 "同一个"，只不过是把 $\varphi(\boldsymbol{x})$ 证明中的参数选为 $\boldsymbol{a}$ 即可。

- 当 φ 是一个语句时，$\square_\mathsf{T}\varphi$ 就是 $\square_\mathsf{T}[\varphi]$。

- 为了增强可读性，经常会将公式 (10.3) 中的变元 $v_{k_1}, \cdots, v_{k_m}$ 写成 x 或 y，特别是变元个数较少的时候。我们还会省掉指示变元的数码 $\mathsf{k}_m, \cdots, \mathsf{k}_1$，因为通常情况下我们会知道要 "激活" 哪一个变元。我们还假定函数 su 的自变量个数是有 "弹性" 的。例如，如果 φ 是一个只含有自由变元 v_4 和 v_1 的公式，会用 $\mathsf{su}(y, x, \ulcorner \varphi \urcorner)$ 而不用 $\mathsf{su}(v_4, 4, \mathsf{su}(v_1, 1, \ulcorner \varphi \urcorner))$。

10.3.2　形式化的可证性条件 (D1) 和 (D2)

从这里直到 10.3 节结束，$\vdash$ 表示 $T \vdash$。

引理 10.3.5　对任何 $\mathcal{L}_{ar}$ 上的公式 φ 和 ψ，有

$$\vdash \square_\mathsf{T}[\varphi \to \psi] \to \square_\mathsf{T}[\varphi] \to \square_\mathsf{T}[\psi].$$

从模型的直观上看是非常自然的：对任意 $\mathfrak{M}$ 中的数组 $\boldsymbol{a}$，如果有一个 $(\varphi \to \psi)(\mathbf{a})$ 的 $\mathfrak{M}$-证明和一个 $\varphi(\mathbf{a})$ 的 $\mathfrak{M}$-证明，则一定存在一个 $\psi(\mathbf{a})$ 的 $\mathfrak{M}$-证明。

证明　为了避免符号带来的不必要的干扰，先来证明一个特例，这个特例足以说明一般情形的证明思路。假定在 $\varphi(y, z)$ 中只有自由变元 y 和 z，在 $\psi(x, z)$ 中只有 x 和 z。

于是，$\square_\mathsf{T}[\varphi]$ 就是 $\exists t\, \mathsf{bew}_T(t, \mathsf{su}(z, y, \ulcorner \varphi \urcorner))$，$\square_\mathsf{T}[\psi]$ 就是 $\exists r\, \mathsf{bew}_T(r, \mathsf{su}(z, x, \ulcorner \psi \urcorner))$，而 $\square_\mathsf{T}[\varphi \to \psi]$ 就是 $\exists s\, \mathsf{bew}_T(s, \mathsf{su}(z, y, x, \ulcorner \varphi \to \psi \urcorner))$。

注意：

$$\vdash \mathsf{su}(z, y, x, \ulcorner \varphi \to \psi \urcorner) \approx \langle \ulcorner \to \urcorner, \mathsf{su}(z, y, \ulcorner \varphi \urcorner), \mathsf{su}(z, x, \ulcorner \psi \urcorner) \rangle.$$

从直观上看就是数码的替换可以落实到子公式上。同 (D2) 的证明类似，有

$$\vdash \quad \mathsf{bew}_T(s, \mathsf{su}(z, y, x, \ulcorner \varphi \to \psi \urcorner)) \to \mathsf{bew}_T(t, \mathsf{su}(z, y, \ulcorner \varphi \urcorner))$$
$$\to \quad \mathsf{bew}_T(s{}^\frown t{}^\frown \langle \mathsf{su}(z, x, \ulcorner \psi \urcorner) \rangle, \mathsf{su}(z, x, \ulcorner \psi \urcorner)).$$

取 r 为 $s^\wedge t^\wedge \langle \mathsf{su}(z, x, \ulcorner \psi \urcorner) \rangle$，$r$ 就是 $\Box_\mathsf{T}[\psi]$ 的证据。 □

引理 10.3.6 对任何 $\mathcal{L}_{ar}$ 上的公式 φ，如果 $\vdash \varphi$，则 $\vdash \Box_\mathsf{T}[\varphi]$。

从模型的直观上看这也非常自然：如果有一个统一的关于 $\varphi(\boldsymbol{x})$ 的 $\mathfrak{M}$-证明，则有一族逐点的关于 φ 的 $\mathfrak{M}$-证明。

证明 我们仍然用一个特例来解释证明的想法。假定在 $\varphi(x, y)$ 中只有自由变元 x 和 y，于是 $\Box_\mathsf{T}[\varphi]$ 就是 $\Box_\mathsf{T}(\mathsf{su}(y, x, \ulcorner \varphi \urcorner))$。

令 σ 为语句 $\forall x \forall y \varphi$。根据概括规则和 $\vdash \varphi$，有 $\vdash \sigma$。

根据一阶逻辑的替换公理，有 $\vdash \sigma \to \varphi(x, y)^{x,y}_{\mathsf{num}(x),\mathsf{num}(y)}$。用 φ^* 来简记 $\varphi(x, y)^{x,y}_{\mathsf{num}(x),\mathsf{num}(y)}$。根据 (D1)，有

$$\vdash \exists p\, \mathsf{bew}_T(p, \langle \ulcorner \to \urcorner, \ulcorner \sigma \urcorner, \mathsf{su}(y, x, \ulcorner \varphi^* \urcorner) \rangle).$$

因为 $\vdash \sigma$，仍根据 (D1)，有 $\vdash \Box_\mathsf{T} \sigma$，于是

$$\vdash \exists q\, \mathsf{bew}_T(q, \ulcorner \sigma \urcorner).$$

接下来，仍与 (D2) 的证明类似，有

$$
\begin{aligned}
\vdash \quad & \mathsf{bew}_T(p, \langle \ulcorner \to \urcorner, \ulcorner \sigma \urcorner, \mathsf{su}(y, x, \ulcorner \varphi^* \urcorner) \rangle) \to \mathsf{bew}_T(q, \ulcorner \sigma \urcorner) \\
\to \quad & \mathsf{bew}_T(p^\wedge q^\wedge \langle \mathsf{su}(y, x, \ulcorner \varphi^* \urcorner) \rangle, \mathsf{su}(y, x, \ulcorner \varphi^* \urcorner)).
\end{aligned}
$$

所以，$\vdash \Box_\mathsf{T} \sigma \to \Box_\mathsf{T}[\varphi]$。于是引理得证。 □

10.3.3 可证 Σ_1-完全性

根据本节一开始的讨论，要证明 (D3)，只需要证明以下引理。

引理 10.3.7（可证 Σ_1-完全性） 对任何 Σ_1 公式 φ，$\vdash \varphi \to \Box_\mathsf{T}[\varphi]$。

从可证 Σ_1-完全性引理可以立刻得到 (D3)：由于 $\Box_\mathsf{T} \sigma$ 是 Σ_1 的，有 $\vdash \Box_\mathsf{T} \sigma \to \Box_\mathsf{T}[\Box_\mathsf{T} \sigma]$。而由于 $\Box_\mathsf{T} \sigma$ 是一个语句，$\Box_\mathsf{T}[\Box_\mathsf{T} \sigma] = \Box_\mathsf{T} \Box_\mathsf{T} \sigma$。于是便得到 (D3)。

由于经常要处理替换的情形，先证明一个引理作为工具。

引理 10.3.8 令 $\varphi(v_1)$ 为一个含有自由变元 v_1 的公式（φ 中可以有其他的自由变元，但为简单起见，不将它们都写出来），且 v_k 为某个可以在 φ 中无冲突地替换 v_1 的变元，则

(1) $\vdash \Box_T[\varphi_0^{v_1}] \leftrightarrow (\Box_T[\varphi])_0^{v_1}$；

(2) $\vdash \Box_T[\varphi_{v_k}^{v_1}] \leftrightarrow (\Box_T[\varphi])_{v_k}^{v_1}$；

(3) $\vdash \Box_T[\varphi_{Sv_k}^{v_1}] \leftrightarrow (\Box_T[\varphi])_{Sv_k}^{v_1}$。

证明 在 (1) 中，左边是 $\Box_T(\ulcorner\varphi(0)\urcorner)$；右边是 $\Box_T(\mathsf{su}(0,1,\ulcorner\varphi\urcorner))$，这里用回标准的 su 的写法。由于

$$\mathsf{su}(0,1,\ulcorner\varphi\urcorner) = \mathsf{sub}(\mathsf{num}(0),\mathsf{var}(1),\ulcorner\varphi\urcorner) = \ulcorner\varphi(0)\urcorner,$$

因此 (1) 成立。

由于 (2) 和 (3) 类似，且 (2) 比 (3) 更简单，我们只证明 (3)。在 (3) 中，左边是 $\Box_T(\mathsf{su}(v_k,\mathsf{k},\ulcorner\varphi_{Sv_k}^{v_1}\urcorner))$；右边是 $\Box_T(\mathsf{su}(Sv_k,1,\ulcorner\varphi\urcorner))$。由于

$$
\begin{aligned}
&\mathsf{su}(v_k,\mathsf{k},\ulcorner\varphi_{Sv_k}^{v_1}\urcorner)\\
=\ &\mathsf{sub}(\mathsf{num}(v_k),\mathsf{var}(\mathsf{k}),\ulcorner\varphi_{Sv_k}^{v_1}\urcorner)\\
=\ &\ulcorner\varphi_{S\mathsf{num}(v_k)}^{v_1}\urcorner\\
=\ &\ulcorner\varphi_{\mathsf{num}(Sv_k)}^{v_1}\urcorner\\
=\ &\mathsf{sub}(\mathsf{num}(Sv_k),\mathsf{var}(1),\ulcorner\varphi\urcorner)\\
=\ &\mathsf{su}(Sv_k,1,\ulcorner\varphi\urcorner),
\end{aligned}
$$

因此 (3) 成立。 $\qquad\Box$

注意：有了引理 10.3.8，实际上可以直接对 $\Box_T[\varphi]$ 中的变元进行替换，只要用来替换的项是 0、变元 x，或形如 Sx。例如，接下来会用到

$$\vdash (u \approx 0 \to \Box_T[u \approx 0])_0^u,$$

根据引理 10.3.8，这就等于是

$$\vdash 0 \approx 0 \to \Box_T[0 \approx 0]。$$

引理 10.3.7 的证明 本节剩余的部分全部用来证明引理 10.3.7。对 Σ_1-公式施行归纳，并把整个证明分解成若干个小的断言。

首先证明不需要考虑原子公式的否定。令**严格 Σ_1-公式类**为包含所有原子公式，且对 $\land$、$\lor$、存在量词 $\exists$ 和有界的全称量词 $(\forall x < y)$-封闭的最小公式类。

断言 0 只需证明引理对严格的 Σ_1- 公式类成立即可。

断言 0 的证明 首先注意 PA 可以证明 $<$ 是一个线序。所以，原子公式的否定式可以用包含 $<$ 的公式替代。例如，可以把 $x \not\approx y$ 用 $x < y \lor y < x$ 取代。这样的公式中 $<$ 又可以消去。例如，用 $\exists z(x + \mathsf{S}z \approx y)$ 取代 $x < y$ 等。所以，在 T 中可以证明：任何一个 Σ_1-公式 φ 都与某个严格的 Σ_1- 公式 ψ 等价，即 $T \vdash \varphi \leftrightarrow \psi$。我们将这称为"$\varphi$ 与 ψ 可证等价"。

现在假设引理10.3.7对所有严格 Σ_1 公式成立。令 φ 为任意 Σ_1 公式，ψ 为与其可证等价的严格 Σ_1 公式，根据假设，已经有 $T \vdash \psi \to \Box_T[\psi]$。

因为 $T \vdash \psi \to \varphi$，根据形式化的 (D1)，有 $T \vdash \Box_T[\psi \to \varphi]$。所以，根据形式化的 (D2)，有 $T \vdash \Box_T[\psi] \to \Box_T[\varphi]$。（此处实际上证明形式化的 (D0)：如果 $\sigma \vdash \tau$，则 $\Box_t[\sigma] \vdash \Box_T[\tau]$。）另一方面，由于 $T \cup \{\varphi\} \vdash \psi$，有 $T \cup \{\varphi\} \vdash \Box_T[\psi]$，进而 $T \cup \{\varphi\} \vdash \Box_T[\varphi]$。这就证明了断言 0。

接下来验证原子公式的情形。首先容易看出，这里只需考虑形如 $u \approx 0$，$u \approx v$，$\mathsf{S}u \approx v$，$u + v \approx w$ 和 $u \times v \approx w$，其中 u, v 和 w 都是变元的原子公式。这是因为包含一般项的公式，如 $t_1 + t_2 \approx t_3$，可以被写成 $\exists u \exists v \exists w\, (t_1 \approx u \land t_2 \approx v \land t_3 \approx w \land u + v \approx w)$，这样逐层分解下去，就还原为只含变元的情形。

断言 1 $\vdash u \approx 0 \to \Box_T[u \approx 0]$。

断言 1 的证明 根据概括原则，需要证明

$$\vdash \forall u(u \approx 0 \to \Box_T[u \approx 0]).$$

应用 T 中的归纳原则，对 u 施行归纳。记 $\varphi(u)$ 为 $u \approx 0 \to \Box_T[u \approx 0]$。

首先证明 $\vdash \varphi(0)$，即

$$\vdash (u \approx 0 \to \Box_T[u \approx 0])_0^u.$$

这等价于 $\vdash 0 \approx 0 \to \Box_T[0 \approx 0]$，所以，只需证明 $\vdash \Box_T[0 \approx 0]$，这又只需证明（等价的）$\vdash \Box_T(\ulcorner 0 \approx 0 \urcorner)$。显然 $\vdash 0 \approx 0$，根据 (D1)，就有 $\vdash \Box_T(\ulcorner 0 \approx 0 \urcorner)$。

其次要证明 $\vdash \varphi(u) \to \varphi(\mathsf{S}u)$。这显然成立，因为 $\vdash \mathsf{S}u \not\approx 0$，所以，$\vdash \mathsf{S}u \approx 0 \to \Box[\mathsf{S}u \approx 0]$ 总是成立。断言 1 证毕。

断言 2 $\vdash u \approx v \to \Box_T[u \approx v]$。

断言 2 的证明 同样，（在 T 中）对 v 施行归纳。记 $\varphi(v)$ 为 $\forall u(u \approx v \to \Box_T[u \approx v])$。

对于 $\varphi(0)$ 的情况，需要证明

$$\vdash u \approx 0 \to \Box_T[u \approx 0],$$

而这就是断言 1。

假设命题对 $v = y$ 成立，即

$$\vdash \forall u(u \approx y \rightarrow \Box_{\mathsf{T}}[u \approx y])。$$

需要验证

$$\vdash \forall u(u \approx \mathsf{S}y \rightarrow \Box_{\mathsf{T}}[u \approx \mathsf{S}y])。 \tag{10.4}$$

为证明 (10.4)，对 u 施行归纳。当 $u = 0$ 时，(10.4) 的前件为假，命题成立。对于 $u = \mathsf{S}z$ 的归纳情形，需要证明

$$\vdash \mathsf{S}z \approx \mathsf{S}y \rightarrow \Box_{\mathsf{T}}[\mathsf{S}z \approx \mathsf{S}y]。$$

首先，$\mathsf{S}z \approx \mathsf{S}y \vdash z \approx y$，根据归纳假设，$z \approx y \vdash \Box_T[z \approx y]$。另一方面，$\vdash z \approx y \rightarrow \mathsf{S}z \approx \mathsf{S}y$，由形式化的 (D1)，$\vdash \Box_{\mathsf{T}}[z \approx y \rightarrow \mathsf{S}z \approx \mathsf{S}y]$，再由形式化的 (D2)，$\vdash \Box_{\mathsf{T}}[z \approx y] \rightarrow \Box_{\mathsf{T}}[\mathsf{S}z \approx \mathsf{S}y]$。综合以上，就有 $\vdash \mathsf{S}z \approx \mathsf{S}y \rightarrow \Box_{\mathsf{T}}[\mathsf{S}z \approx \mathsf{S}y]$。断言 2 证毕。

断言 3 $\vdash \mathsf{S}u \approx v \rightarrow \Box_{\mathsf{T}}[\mathsf{S}u \approx v]$。

证明留作习题 10.3.1 (1)。

断言 4 $\vdash u + v \approx w \rightarrow \Box_{\mathsf{T}}[u + v \approx w]$。

断言 4 的证明（在 T 中）对 v 施行归纳。

当 v 是 0 的时候，需要证明

$$\vdash u + 0 \approx w \rightarrow \Box_{\mathsf{T}}[u + 0 \approx w]。$$

首先有 $u + 0 \approx w \vdash u \approx w$。根据断言 2，

$$\vdash u \approx w \rightarrow \Box_{\mathsf{T}}[u \approx w]。$$

所以，$u + 0 \approx w \vdash \Box_{\mathsf{T}}[u \approx w]$。另一方面，$\vdash u \approx w \rightarrow u + 0 \approx w$，根据形式化的 (D1) 和 (D2)，$\vdash \Box_{\mathsf{T}}[u \approx w] \rightarrow \Box_{\mathsf{T}}[u + 0 \approx w]$，综合以上就证明了 v 是 0 的情形。

假定命题对 $v = y$ 成立。需要验证

$$\vdash u + \mathsf{S}y \approx w \rightarrow \Box_{\mathsf{T}}[u + \mathsf{S}y \approx w]。 \tag{10.5}$$

接下来的论证本质上是（在 T 中）对 w 施行归纳。由于 w 为 0 时前件为假，命题 (10.5) 自然成立。现在假设 $w = z$ 时成立，考虑 $w = \mathsf{S}z$。首先有 $u + \mathsf{S}y \approx w \vdash \mathsf{S}(u + y) \approx \mathsf{S}z$，所以，有 $u + \mathsf{S}y \approx w \vdash u + y \approx z$。根据归纳假设，这蕴涵着 $u + \mathsf{S}y \approx w \vdash \Box_T[u + y \approx z]$。

另一方面，$\vdash u + y \approx z \to \mathsf{S}(u + y) = \mathsf{S}z$，由此可得 $u + y \approx z \vdash u + \mathsf{S}y = w$。根据形式化的 (D1) 和 (D2)，有 $\Box_T[u + y \approx z] \vdash \Box_T[u + \mathsf{S}y \approx w]$，这就完成了 (10.5) 的证明，也就证明了 $v = \mathsf{S}y$ 的归纳情形。断言 4 证毕。

断言 5 $\quad u \times v \approx w \vdash \Box_T[u \times v \approx w]$。

证明留作习题 10.3.1 (2)，而这就结束了对原子公式的讨论。

接下来讨论严格 Σ_1-公式定义中出现的联词和量词。

断言 6 $\quad$ 如果 $\varphi = \psi \wedge \theta$，且引理对 ψ 和 θ 成立，则引理也对 φ 成立。

断言 6 的证明 $\quad$ 根据假设，有

$$\vdash \psi \to \Box_T[\psi] \quad \text{和} \quad \vdash \theta \to \Box_T[\theta]。$$

所以，$\vdash \varphi \to (\Box_T[\psi] \wedge \Box_T[\theta])$。另一方面，有 $\vdash \psi \to \theta \to \varphi$。根据形式化的 (D1) 和 (D2)，有 $\vdash \Box_T[\psi] \to \Box_T[\theta] \to \Box_T[\varphi]$。所以，$\vdash \varphi \to \Box_T[\varphi]$。断言 6 证毕。

断言 7 $\quad$ 如果 $\varphi = \psi \vee \theta$，且引理对 ψ 和 θ 成立，则引理也对 φ 成立。

证明留作习题 10.3.1 (3)。

断言 8 $\quad$ 如果 $\varphi = \exists x \psi$ 且 $\vdash \psi \to \Box_T[\psi]$，则 $\vdash \varphi \to \Box_T[\varphi]$。

断言 8 的证明 $\quad$ 因为 $\vdash \psi \to \varphi$，所以，$\vdash \Box_T[\psi] \to \Box_T[\varphi]$。再由假设，于是有 $\vdash \psi \to \Box_T[\varphi]$。由于 x 不在 φ 中自由出现，它也不在 $\Box_T[\varphi]$ 中自由出现。应用概括规则，就有 $\vdash \forall x(\psi \to \Box_T[\varphi])$，再根据前束范式定理4.4.1(Q3b)，就得到 $\vdash \exists x \psi \to \Box_T[\varphi]$，也就是 $\vdash \varphi \to \Box_T[\varphi]$。断言 8 证毕。

断言 9 $\quad$ 如果 φ 是 $\forall u < v \, \psi(u)$ 且 $\vdash \psi \to \Box_T[\psi]$，则 $\vdash \varphi \to \Box_T[\varphi]$。

断言 9 的证明 $\quad$（在 T 中）对 v 施行归纳。

当 v 是 0 的时候，需要证明

$$\vdash \forall u < 0 \, \psi(u) \to \Box_T[\forall u < 0 \, \psi(u)]。$$

由于 ⊢ $\forall u < 0\varphi(u)$ 总成立，需要证明 ⊢ $\Box_\top(\ulcorner\forall u < 0\ \psi(u)\urcorner)$（它是比 ⊢ $\Box_\top[\ulcorner\forall u < 0\ \psi(u)\urcorner]$ 强的命题）。而这由 ⊢ $\forall u < 0\ \psi(u)$ 和 (D1) 可立刻得到。

假设命题对 $v = y$ 成立，需要验证

$$\vdash \forall u < Sy\ \psi(u) \to \Box_\top[\forall u < Sy\ \psi(u)]. \tag{10.6}$$

首先有 $\forall u < Sy\psi(u) \vdash \forall u < y\psi(u) \land \psi(y)$。根据（对 v）的归纳假设和假设 ⊢ $\psi \to \Box_\top[\psi]$ 成立，有 ⊢ $\forall u < y\psi(u) \to \Box_\top[\forall u < y\ \psi(u)]$ 和 ⊢ $\psi(y) \to \Box_\top[\psi(y)]$。综合这些并借助断言 6，就有

$$\forall u < Sy\psi(u) \vdash \Box_\top[\forall u < y\psi(u) \land \psi(y)].$$

另一方面，根据

$$\vdash (\forall u < y\ \psi(u) \land \psi(y)) \to \forall u < Sy\ \psi(u),$$

和形式化的 (D1) 和 (D2)，有 $\Box_\top[\forall u < y\ \psi(u) \land \psi(y)] \to \Box_\top[\forall u < Sy\ \psi(u)]$。这就证明了断言 9，也结束了引理 10.3.7 的证明。

习题 10.3

10.3.1 验证下列断言：

(1) ⊢ $Su \approx v \to \Box_\top[Su \approx v]$；

(2) ⊢ $u \times v \approx w \to \Box_\top[u \times v \approx w]$；

(3) 假定 $\varphi \vdash \Box_\top[\varphi]$ 并且 $\psi \vdash \Box_\top[\psi]$，证明 $\varphi \lor \psi \vdash \Box_\top[\varphi \lor \psi]$。

（这是引理10.3.7证明的一部分。）

10.4　哥德尔第二不完全性定理

10.4.1　定理的叙述与证明

固定一个在数论语言 $\mathcal{L}_{ar}$ 上满足可证性条件 (D1), (D2) 和 (D3) 的理论 T。为了使用不动点引理，进一步假定 $T \supseteq Q$。

定理 10.4.1（哥德尔第二不完全性定理）

(1) 如果 T 是一致的，则 $T \nvdash \mathrm{con}_T$；

(2) $T \vdash \mathrm{con}_T \to \neg\square_T\mathrm{con}_T$。

证明 先证明 (2)。令 σ 为公式 $\neg\square_T(x)$ 的一个不动点，即

$$T \vdash \sigma \leftrightarrow \neg\square_T\sigma。 \tag{10.7}$$

断言 $T \vdash \sigma \leftrightarrow \mathrm{con}_T$。换句话说，$T$ 证明所有 $\neg\square_T(x)$ 的不动点都等价于 con_T，或者说 con_T 是 $\neg\square_T(x)$ 的唯一不动点（在 T 等价的意义下）。

断言的证明 把 $\neg\square_T\sigma$ 转写成 $\square_T\sigma \to \bot$，其中 $\bot$ 为任何固定的矛盾式，如 $0 \not\approx 0$。一方面，由命题 (10.7) 有 $T \cup \{\sigma\} \vdash \square_T\sigma \to \bot$。利用 (D0) 和 (D2)，得到 $T \cup \{\square_T\sigma\} \vdash \square_T\square_T\sigma \to \square_T\bot$。根据 (D3)，已经有 $T \cup \{\square_T\sigma\} \vdash \square_T\square_T\sigma$，所以，$T \cup \{\square_T\sigma\} \vdash \square_T\bot$。另一方面，显然有 $\bot \vdash \sigma$，仍利用 (D0)，$T \cup \{\square_T\bot\} \vdash \square_T\sigma$。因此，$T \vdash \square_T\sigma \leftrightarrow \square_T\bot$。把这个等价式代回命题 (10.7) 中公式，即得到 $T \vdash \sigma \leftrightarrow \mathrm{con}_T$。断言证毕。

利用断言和 (D0)，还有 $T \vdash \square_T\sigma \leftrightarrow \square_T\mathrm{con}_T$。在命题 (10.7) 中，用 con_T 替换 σ，用 $\square_T\mathrm{con}_T$ 替换 $\square_T\sigma$，即得到

$$T \vdash \mathrm{con}_T \leftrightarrow \neg\square_T\mathrm{con}_T。 \tag{10.8}$$

特别地，(2) 成立。

再看 (1)，如果 $T \vdash \mathrm{con}_T$，根据 (D1)，有 $T \vdash \square_T\mathrm{con}_T$。利用 (10.8)，可以得到 $T \vdash \neg\mathrm{con}_T$，这与 T 的一致性矛盾，所以，$T \nvdash \mathrm{con}_T$。 $\square$

我们再强调一下前面的一个论断：哥德尔第二不完全性定理说明希尔伯特的纲领不可能照原样实现。因为我们不可能在 PA 中证明 PA 的一致性，更遑论在 PA 中证明全部数学的一致性了。

假定 PA 是一致的。还记得我们曾提到过理论 $\mathrm{PA}^* = \mathrm{PA} + \neg\mathrm{con}_{\mathrm{PA}}$，它是一致但非 ω-一致理论的一个例子。事实上，理论 PA^* 提供了很多有意思的例子。特别地，它很好地说明了"形式系统内部"和"外部"的区别。正所谓"不识庐山真面目，只缘身在此山中"。

引理 10.4.2 理论 PA^* 是一致的，但 $\mathrm{PA}^* \vdash \neg\mathrm{con}_{\mathrm{PA}^*}$。

证明 由哥德尔第二不完全性定理，理论 PA^* 是一致 的。

显然，$\text{PA}^* \vdash \neg\text{con}_{\text{PA}}$，我们只需要论证，"如果 PA 是不一致的，则 $\text{PA} + \neg\text{con}_{\text{PA}}$ 也是不一致的"这一事实可以形式化在 PA 中。

这需要利用形式化的演绎定理：令 $T' = T + \varphi$，则

$$T \vdash \Box_{T'}\psi \leftrightarrow \Box_T(\varphi \to \psi).$$

（证明留作习题 10.4.4。）

根据形式化的演绎定理，有

$$\text{PA} \vdash \Box_{\text{PA}+\varphi}\bot \leftrightarrow \Box_{\text{PA}}(\varphi \to \bot),$$

即

$$\text{PA} \vdash \Box_{\text{PA}+\varphi}\bot \leftrightarrow \Box_{\text{PA}}(\neg\varphi).$$

令 φ 为 $\neg\text{con}_{\text{PA}}$，有

$$\text{PA} \vdash \Box_{\text{PA}^*}\bot \leftrightarrow \Box_{\text{PA}}\text{con}_{\text{PA}}.$$

所以，

$$\text{PA} \vdash \neg\text{con}_{\text{PA}^*} \leftrightarrow \Box_{\text{PA}}\text{con}_{\text{PA}},$$

即

$$\text{PA} \vdash \neg\text{con}_{\text{PA}^*} \leftrightarrow \neg\text{con}_{\text{PA}}.$$

现在从 $\text{PA}^* \vdash \neg\text{con}_{\text{PA}}$ 立刻得到 $\text{PA}^* \vdash \neg\text{con}_{\text{PA}^*}$。 $\qquad\Box$

对引理 10.4.2 做几点说明：

• 一个理论 T 的一致性从里面看和从外面看可以是不一样的。PA^* 自己说自己是不一致的，但我们从外面看它却是一致的。另一方面，任何一个从外面看不一致的理论都可证明自己的一致性（当然也可以证明自己的不一致性）。一个很有趣的事实是：一个一致的理论可以断言自己的不一致性，却永不能断言自己的一致性。

• PA^* 是 ω-不一致理论的典型例子，同时也说明存在这样的一致的理论 T：$T + \text{con}_T$ 是不一致的。

10.4.2 勒布定理

探索勒布定理的最初动机是为了回答亨金提出的一个问题。我们知道 $\neg\Box(x)$ 的不动点本质上就是 con_T。亨金的问题是：那么，$\Box(x)$ 的不动点又是什么呢？任何一个这样的不动点 σ 都断言自身的可证性，即 $T \vdash \sigma \leftrightarrow \Box_T(\sigma)$。

定理 10.4.3（勒布定理）

(1) $T \vdash \Box_T(\Box_T\varphi \to \varphi) \to \Box_T\varphi$（该条件也被称作 (D4)）;

(2) 如果 $T \vdash \Box_T\varphi \to \varphi$，则 $T \vdash \varphi$。

证明　令 σ 为 $\Box_T(x) \to \varphi$ 的一个不动点，即

$$T \vdash \sigma \leftrightarrow (\Box_T\sigma \to \varphi). \tag{10.9}$$

与前面第二不完全性定理的证明类似，一方面从 $T \cup \{\sigma\} \vdash (\Box_T\sigma \to \varphi)$ 中得到 $T \cup \{\Box_T\sigma\} \vdash (\Box_T\Box_T\sigma \to \Box_T\varphi)$；再用 (D3) 得到 $T \cup \{\Box_T\sigma\} \vdash \Box_T\varphi$。另一方面，有 $T \vdash \varphi \to (\Box_T\sigma \to \varphi)$（命题逻辑公理 (A1)），也就是 $T \vdash \varphi \to \sigma$（根据命题 (10.9)），有 $T \cup \{\Box_T\varphi\} \vdash \Box_T\sigma$。所以，

$$T \vdash \Box_T\sigma \leftrightarrow \Box_T\varphi. \tag{10.10}$$

把这个等价式代回命题 (10.9)，有

$$T \vdash \sigma \leftrightarrow (\Box_T\varphi \to \varphi).$$

利用 (D1) 和 (D2)，有

$$T \vdash \Box_T\sigma \leftrightarrow \Box_T(\Box_T\varphi \to \varphi).$$

再次利用命题 (10.10) 中等价式，即得到

$$T \vdash \Box_T\varphi \leftrightarrow \Box_T(\Box_T\varphi \to \varphi).$$

特别地，(1) 成立。

再来证明 (2)。假定 $T \vdash \Box_T\varphi \to \varphi$，则 $T \vdash \Box_T(\Box_T\varphi \to \varphi)$（由 (D1)）。根据 (1)，$T \vdash \Box_T\varphi$。所以，$T \vdash \varphi$。　　　□

推论 10.4.4　令 $\top$ 表示任何一个普遍有效的语句，如 $0 \approx 0$，则 $\top$ 是 $\Box_T(x)$ 的唯一不动点（在 T 等价的意义下）。

证明　显然，$T \vdash \top$。根据 (D1)，$T \vdash \Box_T\top$。所以，$\top$ 是 $\Box_T(x)$ 的一个不动点。假设 σ 是 $\Box(x)$ 的一个不动点，即 $T \vdash \sigma \leftrightarrow \Box_T\sigma$，特别地，$T \vdash \Box\sigma \to \sigma$。由勒布定理，$T \vdash \sigma$。所以，$T \vdash \sigma \leftrightarrow \top$。　　　□

最后，从勒布定理可以得到哥德尔第二不完全性定理 (1) 的一个简单证明：假设 PA 是一致的。如果 $PA \vdash con_{PA}$，则 $PA \vdash \Box\bot \to \bot$。由勒布定理，$PA \vdash \bot$，与 PA 的一致性矛盾。

习题 10.4

10.4.1 假定 φ 和 γ 为 $\mathcal{L}_{ar}$ 中的语句，满足 $\gamma \equiv_T \square\gamma \to \varphi$。证明：

(1) $\square\gamma \equiv_T \square\varphi$；

(2) $\gamma \equiv_T \square\varphi \to \varphi$。

（注意：本题在第二不完全性定理和勒布定理的证明中都被隐含地用到。有些教科书（如 *A Concise Introduction to Mathematical Logic*（Rautenberg, 2010））把它作为一个引理。）

10.4.2 证明对任何公式 φ，$T \vdash \neg\text{con}_T \to \square_T\varphi$。【**提示**：这可以看作"如果 T 是不一致的，则 T 可以证明任何公式 φ"的形式化版本。】

10.4.3 证明：$\text{PA} \nvdash \neg\square_{\text{PA}}\text{con}_{\text{PA}}$。【**提示**：尽管"$\text{con}_{\text{PA}}$ 在 PA 中是不可证的"，它不能按以上方式形式化在 PA 中。】

10.4.4 证明形式化的演绎定理：令 $T' = T + \varphi$，则

$$T \vdash \square_{T'}\psi \leftrightarrow \square_T(\varphi \to \psi).$$

10.5 自然的不可判定语句

哥德尔不完全性定理的证明告诉我们，如何找到那些满足特定条件的公理系统中无法判定的句子。但这些证明中作为例证的句子几乎都是诸如"我不可证"这样刻意构造的算术命题。人们似乎可以认为，所有独立的语句都是那样"非自然"的，源于对角线构造并涉及自指。若果真如此，那么哥德尔定理对数学影响就非常有限。至少人们可以期待，存在一些足够好的算术公理系统，所有"自然"的算术命题都可以在其中得到判定。所以，现在的问题为，是否存在经典数学所关心的自然的不可判定句子？

根岑的下述定理为寻找自然的不可判定语句打开了一扇门。

定理 10.5.1（根岑定理） 对任意小于 ε_0 的序数 α，PA 可以证明 $TI(\alpha)$，即到 α 的超穷递归；但 PA 不能证明 $TI(\varepsilon_0)$。

我们曾定义 $\varepsilon_0 = \lim_n \alpha_n$，其中 α_n 是通过递归定义的：$\alpha_0 = \omega$，而 $\alpha_{n+1} = \omega^{\alpha_n}$。利用与哥德尔编码类似的方法，人们可以在 PA 中为每个小于

ε_0 的序数编码，定义它们之间的序关系，并证明到它们的超穷递归。这样就有了定理的前半部分。

定理的后半部分常被解读为 PA 的一致性证明，只不过根岑在证明中额外假设了到 ε_0 的超穷归纳。因此 PA 无法证明 $TI(\varepsilon_0)$，否则它就可以证明自己的一致性。根岑证明中使用的是等价于 PA 的自然推演系统，其中归纳原理被 ω-推理规则所取代。可以把这个自然推演系统中的每一个证明树对应到一个小于 ε_0 的序数（的编码）。还可以定义对每个证明树的简化或归约，使得每一次简化所得到的推演对应的序数比原推演的要小，除非该证明树中不存在对归纳规则的使用，并且它们所得到的无量词的结论（如 $0 = 1$）是一样的。借助于 ε_0 上的超穷归纳，就可以把每个对 $0 = 1$ 的证明树简化为一个不使用归纳规则的对 $0 = 1$ 的证明树，而后者可以被证明是不存在的。这样就得到了 PA 的一致性证明。限于篇幅，这里略去 ε_0 以下序数的编码、经典算术的自然推演系统、证明树到序数的对应、证明树的简化等技术细节，读者可以在典型的证明论教材（如 *Proof Theory: The First Step into Impredicativity*（Pohlers, 2009））中找到更详尽的处理。

当然，人们仍然可以拒绝承认 $TI(\varepsilon_0)$ 是自然的数学语句。在 1977 年，帕里斯[1] 和哈灵顿[2]证明了有穷拉姆齐[3]定理的下述版本在 $\mathbb{N}$ 中成立，却不是 PA 可证的。

定理 10.5.2　对任意正整数 n, k, m，可以找到 N 使得：如果把集合 $S = \{1, 2, 3, \cdots, N\}$ 的每个恰好有 n 个元素的子集染成 k 种颜色中的一种，那么，就可以找到 S 的一个至少含有 m 个元素的子集 Y，使得 Y 的每个含有恰好 n 个元素的子集都被染成同一种颜色，并且 Y 中元素的个数不小于 Y 中的最小元。

这被认为是第一个在 $\mathbb{N}$ 中成立同时又不是 PA 可证的自然的数学语句。它是一个典型的有穷组合问题。

还有一个更流行的例子，柯尔比和帕里斯证明了古德斯坦[4]定理在 PA 中不可证。我们最后简单讲述一下这一结果。

对任意自然数 $m \geq 1$ 和 $n \geq 2$，可以定义 m 的"n 进制表达"和"纯 n 进制表达"。举个例子来说明这两个概念：假定 $m = 13$ 而 $n = 2$，那么，$13 = 2^3 + 2^2 + 1$，后者就是 13 的 2 进制表达；进一步，把指数也以 2 进制表示，得到的 $2^{2+1} + 2 + 1$ 就是纯 2 进制表达。

---

[1] 帕里斯（Jeff Paris，1944—　），英国数学家。

[2] 哈灵顿（Leo Harrington，1946—　），匈牙利数学家。

[3] 拉姆齐（Frank Plumpton Ramsey，1903—1930），英国数学家，也译作"拉姆塞"。

[4] 古德斯坦（Reuben Goodstein，1912—1985），英国数学家。

定义一组自然数上的运算 $G_n(n \geq 2)$：为计算 $G_n(m)$，先把 m 写成纯 n 进制表达式，然后把表达式中所有的 n 换成 $n+1$，最后减去 1。

定义 m 的从 n 开始的古德斯坦序列如下：$m_0 = m$，$m_1 = G_n(m_0)$，$m_2 = G_{n+1}(m_1)$，$G_{n+2}(m_2)$，$\cdots$。

例如，13 的从 2 开始的古德斯坦序列就是

$$
\begin{aligned}
m_0 &= 13, \\
m_1 &= 3^{3+1} + 3^3 = 108, \\
m_2 &= 4^{4+1} + 3 \cdot 4^3 + 3 \cdot 4^2 + 3 \cdot 4 + 3 = 1279, \\
m_3 &= 5^{5+1} + 3 \cdot 5^3 + 3 \cdot 5^2 + 3 \cdot 5 + 2 = 16092, \\
m_4 &= 6^{6+1} + 3 \cdot 6^3 + 3 \cdot 6^2 + 3 \cdot 6 + 1 = \cdots \\
&\quad \cdots
\end{aligned}
$$

定理 10.5.3（古德斯坦） 对任意 m，$\lim_{n \to \infty} m_n = 0$。

证明 把古德斯坦序列中所有的底都改成 ω 进制的，就得到一个严格递减的小于 ε_0 的序数序列。利用到 ε_0 的超穷归纳，就可以证明这个序列必定会在有穷步内归零。 □

上述两个例子都利用了到 ε_0 的超穷归纳，事实上它们的强度等价于到 ε_0 的归纳，因此不可能是 PA 的定理。这些不可判定性结果最终都归结为哥德尔不完全性定理，我们将之归结为由一致性强度的不同带来的不可判定性。对数理逻辑感兴趣的读者还会了解到其他证明不可判定性的方法，如集合论中的内模型和力迫法。但这些方法注定不能给我们带来关于算术的不可判定语句。那么，是否存在不依赖一致性强度的证明方法，可以证明算术语句的不可判定性？这是个有趣且仍有待回答的问题。

结束语

回顾我们自开始以来的数理逻辑旅程。我们详细定义了一阶语言、塔斯基真定义等概念，也谈到了"语法"与"语义"的对应。尽管我们证明了哥德尔的完全性定理，但这一结果并不令人惊讶，似乎离"传统数学"也并不远。读者甚至可能怀疑，关于语言也好真也好的这一切工作是否有必要。但我们现在知道，如果没有关于语法、语义的清晰明白的理解，哥德尔不完全性定理的证明是无法想象的。至此，我们才能真切地体会到数理逻辑的力与美。

在结束语中，我们打算简单介绍现代数理逻辑的几个重要分支，目的是让打算继续从事逻辑学习和研究的读者对现代逻辑科学有一个大致的了解，以便选择从自己感兴趣的某个方向继续深入学习。

哥德尔的工作完全改变了数理逻辑的面貌。人们不再追求完美无瑕的逻辑体系。集合论公理化的成功也使得悖论不再是逻辑发展的主要动力。相反地，逻辑学研究更注重探讨逻辑方法和数学工具的局限。下面我们按照数理逻辑的几个主要分支简单介绍一下 20 世纪 30 年代后数理逻辑的发展。平时人们在谈论数理逻辑的内容时，在不同的场合"数理逻辑"一词所指的范围会很不一样。有时专指狭义的推理规则和基本的语义，大致上是下面的经典逻辑和非经典逻辑之一部分；有时则所指的范围相当宽泛，包括下面提到的几个分支。当然这些分支可以勉强说是从狭义的数理逻辑范围内自然衍生出来的，例如，证明论研究推理规则；模型论研究语义；递归论研究计算，而计算与证明是相通的；集合论则是研究一类与数学基础有关的特殊模型。在简介之后我们还会就这些分支与逻辑的联系做更多的说明。在介绍之前，务必请大家注意以下几点：首先是作者知识的局限；二是许多人名和术语缺乏标准译名，因此很多翻译会有些勉强；三是我们也意识到简介中有过多的专门术语，而这些术语显然需要专门的训练才能明白。考虑再三，我们还是决定把这个简介放在这里，既作为本书的结束语，也作为对读者的期望，期望读者能够保持对逻辑的兴趣，或进一步钻研数理逻辑。

经典逻辑和非经典逻辑 数理逻辑的第一个公理系统是弗雷格建立的，但是弗雷格的系统是二阶的。我们要学习和掌握的一阶公理系统是由希尔伯特、阿克曼、罗素、怀特海[1]等人逐渐建立起来的。一阶逻辑的真值理论（或称语义系统）则归功于塔斯基 1933 年的文章，尽管几乎可以肯定哥德尔在 1933 年之前已经了解塔斯基的理论和塔斯基关于算术真理不可定义的定理。哥德尔 1930 年的完全性定理标志着一阶逻辑的发展已经成熟。所谓的经典逻辑，通常指的就是一阶逻辑的谓词演算。在哥德尔不完全性定理发表之后，人们曾经怀疑是否所有的独立命题都必须用特殊方法构造出来。在连续统假设这样的自然命题被证明为独立于集合论公理系统（见下文）之后，人们仍在寻找有没有独立于皮亚诺算术的"自然的"数论命题。1977 年，帕里斯和哈灵顿在组合数学中发现了自然的独立于皮亚诺算术的命题。此后人们又陆续在数学的其他分支中发现了更多的自然的独立于算术或集合论系统的问题，这一方面说明独立性是一个普遍现象，另一方面也促使人们寻找新的公理，因为自然的问题呼唤人们给出明确的答案。

非经典逻辑，顾名思义，包含经典逻辑之外的其他逻辑。由于范围太广，我们只列几个分支。其中有与数学基础相关的直觉主义逻辑、与哲学和认知科学相关的模态逻辑、与计算机科学有关的线性逻辑和时态逻辑等。每一种逻辑从语言、语法与语义都非常不同，给人们带来了许多新的研究课题。这些逻辑之间，以及它们与哲学、计算机科学和语言学之间都有密切的关系。模态逻辑的参考书有 *Modal Logic*（Blackburn, et al, 2001）。

证明论 研究对象为各种形式系统中的证明，并分析各种证明的内在结构。证明论的起源与我们前面提到的 20 世纪初关于数学基础的争论有很大关系。为了回应布劳威尔和外尔[2]等人的批评，希尔伯特提出了所谓希尔伯特纲领（见上文）。他主张数学的概念和概念间的关系是完全由公理所决定的，人们要做的是证明这些公理是一致的，因此需要一门新的学科来研究数学证明，即证明论。希尔伯特的纲领早期获得了部分的成功，人们证明了某些弱形式系统的一致性；哥德尔的完全性定理（本书的中心内容）也可以被视为希尔伯特纲领的一个进展。1931 年哥德尔的不完全性定理则彻底否定了希尔伯特纲领（见前文）。尽管如此，证明论的发展却没有停止。几乎与哥德尔不完全性定理发表同时，根岑利用序型为 ε_0 的良序原理证明了算术系统一致性。注意这与哥德尔定理并无矛盾，因为根岑的证明严格说不是"有穷主义"的。事实上，根岑证明了一致性证明中唯一非"有穷主义"的部分恰恰就是序型为 ε_0 的良序原理。根岑的工作表明，人们可以用序数（如 ε_0）从证明论角度衡量一个理论的强度，开创了证明论中序数分析[3] 这一核心分支。在 20

世纪 60 年代，费夫曼[1]和舒特[2]独立地找到了刻画直谓性的序数 Γ_0。其后，竹内外史[3]等人分析了更复杂的非直谓的二阶算术的子系统。序数分析这一分支到现在仍然相当活跃。研究一致性的另一个途径通过解释[4]，起源于哥德尔 1958 年左右的工作，斯佩科特[5]和克雷塞尔[6]早期做了重要工作。近年来证明论学家将解释的思想用在数学其他分支，产生了应用证明论这一分支。证明论与其他逻辑分支的联系也非常密切。许多哲学逻辑学家的工作往往与某种模态逻辑的证明系统有关。有界算术[7]与理论计算机科学中如 P 是否等于 NP 这样的根本问题是相关的。证明论也是解决 P 是否等于 NP 问题的可能途径之一。证明论参考书有 *Proof Theory: The First Step into Impredicativity*（Pohlers, 2009）。

　　模型论　用逻辑方法研究数学结构或模型，或者说通过研究模型的性质来研究数学理论的性质。在本书中，我们只谈到了模型论中早期的几个基本定理，如哥德尔完全性定理、紧致性定理、勒文海姆-斯寇伦定理等。在数理逻辑的各个分支中，模型论同经典数学的联系最为紧密。从它的发展史来看，模型论的纯理论研究和它在其他数学领域中的应用一直相互交织在一起。例如，20 世纪五六十年代塔斯基实闭域[8]上的量词消去定理，以及艾克斯-科申[9]和叶尔绍夫[10]在阿廷猜想[11]上的成果。在 60 年代，亚·鲁宾逊创立了非标准分析，不仅为古典微积分提供了一个全新的理论基础，也帮助人们发现数学中新的现象和定理。1965 年，莫雷证明了范畴性定理，给模型论开创了一个全新的方向。莫雷定理及其证明在纯理论研究方面衍生出稳定性理论[12]和沙拉赫的分类理论[13]。从这些理论中进一步发展出的很多方法和技巧也被用来解决代数及代数几何中的问题，如赫鲁绍夫斯基[14]在函数域上面证明了莫代尔-朗猜想[15]。另外，序极小理论也是模型论中的课题，利用序极小模型中可

[1] 费夫曼（Solomon Feferman, 1928—2016），美国逻辑学家、哲学家。

[2] 舒特（Kurt Schütte, 1909—1998），德国逻辑学家、数学家。

[3] 竹内外史（Gaisi Takeuti, 1925—2017），日本逻辑学家、数学家。

[4] 解释，英文为 "interpretation"。

[5] 斯佩科特（Clifford Spector, 1930—1961），美国逻辑学家、数学家。

[6] 克雷塞尔（Georg Kreisel, 1923—2015），生于奥地利，工作于英国和美国，逻辑学家、数学家。

[7] 有界算术，英文为 "bounded arithmetic"。

[8] 实闭域，英文为 "real closed fields"。

[9] 艾克斯（James Ax, 1937—2006）和科申（Simon Kochen, 1934—　），都是美国数学家。

[10] 叶尔绍夫（Yuri Ershov, 1940—　），俄罗斯逻辑学家、数学家。

[11] 阿廷（Emil Artin, 1898—1962），奥地利和美国数学家。

[12] 稳定性理论，英文为 "stability theory"。

[13] 分类理论，英文为 "classification theory"。

[14] 赫鲁绍夫斯基（Ehud Hrushovski, 1959—　），以色列逻辑学家、数学家。

[15] 莫代尔（Louis Mordell, 1888—1972），英国数学家；朗（Serge Lang, 1927—2005），美国数学家。

定义集的良好性质，代数闭域、实数域和其他数学结构中有很多新的现象被揭示出来。模型论中还有很多其他的研究领域，如关于皮亚诺算术非标准模型的研究、与计算机科学联系紧密的有限模型论等。模型论的参考书有 *Model Theory*（Chang and Keisler, 1990）和《初等模型论》（姚宁远, 2018）。

集合论是在 19 世纪 70 年代由康托尔创立的。初期研究对象是集合和属于关系，但把各类无穷称为现代集合论的研究对象似乎更为恰当。因为集合的概念非常简单和自然，同时却可以描述几乎所有的数学现象，所以从一开始，集合论与数学基础就是不可分割的。然而在 19 世纪末，人们发现了大量与集合有关的悖论。对悖论的消解促使公理集合论的建立。其后对数学中某些基本问题（如选择公理和连续统假设）的研究也一直推动集合论的发展。20 世纪 30 年代，哥德尔引进了可构成集的类 L，并证明了连续统假设与集合论公理的一致性。在哥德尔的证明中使用了大量的逻辑工具，此后集合论的研究几乎离不开逻辑。由于 L 可以算是集合论公理的一个极小模型，哥德尔猜测要想否证连续统假设恐怕需要某种极大的模型。添加各种"大基数"可以被视为向极大性方向的一种努力，因此哥德尔提出了"大基数纲领"。虽然日后的结果表明大基数并未能达到哥德尔预期的目的，但大基数纲领给集合论指出了一个新的方向。1963 年，科恩[1]发明了力迫法，并证明了连续统假设的独立性。哥德尔和科恩的工作对现代的集合论研究产生了深远的影响。从哥德尔的 L 发展出了詹森[2]的精细结构[3] 理论，以及后来包含大基数的内模型理论；而科恩的力迫法带来了一系列独立性的结果。70 年代初伊斯顿[4]在索洛维[5]结果的基础上，用力迫法确定了连续统函数在正则基数上的所有可能取值。但希尔弗[6]证明了同样的方法不适用于奇异基数，所谓奇异基数假设[7] 问题迄今仍未被解决。此外，以马丁[8]、斯蒂尔[9] 和武丁[10]为代表的加州学派在决定性公理、大基数和内模型方面的研究上做了大量工作，例如，马丁和斯蒂尔阐明了投射决定性公理与武丁基数的关系。连续统假设和其他众多的独立性的结果显示出通常集合论公理的不足，也促使人们寻找新公理来决定像连续统假设这类自然但根本的数学问题。集合论学家也在寻找"典范

---

[1] 科恩（Paul Joseph Cohen, 1934—2007），美国逻辑学家、数学家。

[2] 詹森（Ronald Jensen, 1936— ），美国逻辑学家、数学家。工作于德国。

[3] 精细结构，英文为"fine structure"。

[4] 伊斯顿（William Easton），美国逻辑学家、数学家。

[5] 索洛维（Robert Solovay, 1938— ），美国逻辑学家、数学家。

[6] 希尔弗（Jack Silver, 1942—2016），美国逻辑学家、数学家。

[7] 奇异基数假设，英文为"singular cardinal hypothesis"。

[8] 马丁（Donald A. Martin, 1940— ），美国逻辑学家、数学家、哲学家。

[9] 斯蒂尔（John Steel, 1948— ），美国逻辑学家、数学家。

[10] 武丁（W. Hugh Woodin, 1955— ），美国逻辑学家、数学家。

宇宙"①或借用武丁的话，终极的 L②。自从科恩创立了力迫法之后，各种更强的力迫公理也成为集合论研究的对象，沙拉赫的合适力迫公理③以及后来的马丁极大化公理④都给集合论带来很多有意义的成果，包括连续统等于 $\aleph_2$，以及图多切维奇⑤在 ω_1 的组合性质上的大量结果（其中既有假定各种力迫公理的，也有不假定任何力迫公理的结果）。集合论的研究方向还包括与经典数学和递归论都有密切联系的描述集合论等。集合论的工具也被大量应用在集论拓扑、无穷组合和泛函分析等其他数学分支中，其中值得一提的是法拉⑥等人近来在算子代数方面的工作。集合论的参考书有《集合论：对无穷概念的探索》（郝兆宽, 杨跃, 2014）、*Set Theory*（Kunen, 2011），以及 *Set Theory*（Jech, 2002）。

递归论起源于 20 世纪 30 年代对可判定性的研究。由于直观上的算法概念无法满足研究的需要，哥德尔、丘奇和图灵等人分别从不同的角度给出了可计算函数类的精确定义，这些定义后来被证明是等价的：直观上的可计算函数可以定义为部分递归函数，也可以定义为图灵（机）可计算函数。递归论即为递归函数论的简称。有了严格的算法定义之后，先后产生了一批不可判定性的结果。例如，20 世纪 70 年代戴维斯⑦、普特南⑧、朱·鲁宾逊⑨和马季亚谢维奇⑩成功地解决了希尔伯特第十问题，证明了不存在判定整系数丢番图方程是否有根的一般算法。递归论初期特别值得一提的是 1936 年图灵的经典文章，其中图灵机的概念奠定了现代计算机的基础，文章中还提出了相对可计算的概念，可以对不可计算集合的复杂性进行比较，从而引出了归约和度的概念。1954 年克林尼和波斯特⑪的关于不可解度的文章使人们真正开始了对度的研究。此后数十年，对各种归约和度的研究一直在递归论中占主导地位，尤其是对由图灵归约诱导出的图灵度这一偏序结构的研究，其中又可分为整体结构和各种局部结构（如递归可枚举度）两部分。在整体结构方面，1977 年，辛普森⑫证明了图灵度结构的理论与二阶算术的理论是递归

---

① 典范宇宙，英文为 "canonical universe"。

② 终极的 L，英文为 "ultimate L"。

③ 合适力迫公理，英文为 "proper forcing axiom"（PFA）。

④ 马丁极大化公理，英文为 "Martin's Maximum"（MM）。

⑤ 图多切维奇（Stevo Todorčević），塞尔维亚和加拿大逻辑学家、数学家。

⑥ 法拉（Ilijas Farah），加拿大逻辑学家、数学家。

⑦ 戴维斯（Martin Davis, 1928—　）美国逻辑学家、数学家。

⑧ 普特南（Hilary Putnam, 1926—2016），美国哲学家、数学家。

⑨ 朱·鲁宾逊（Julia Robinson, 1919—1985），美国数学家。

⑩ 马季亚谢维奇（Yuri Matiyasevich, 1947—　），俄罗斯数学家、计算机学家。

⑪ 波斯特（Emil Post, 1897—1954），美国逻辑学家、数学家。

⑫ 辛普森（Stephen Simpson），美国逻辑学家、数学家。

同构的；20 世纪末，斯莱曼[1]和武丁利用编码和集合论的方法得到了关于图灵度整体结构的一系列结果，包括图灵度至多有可数多个自同构和每个自同构在 $\mathbf{0}''$ 之上都是恒等映射；肖尔[2] 和斯莱曼证明了跃变算子[3] 在图灵度上是可定义的。对局部结构的研究则得力于弗雷德伯格[4] 和穆奇尼克[5] 在 50 年代创立的优先方法。经过哈灵顿尤其是拉克伦[6] 等人的改进，优先方法已经成为递归可枚举度研究中不可缺少的工具。哈灵顿和斯莱曼证明了递归可枚举图灵度的理论与一阶算术理论是递归同构的；勒尔曼[7]、索瓦[8] 等人在格嵌入[9] 问题上也取得了一系列成果。此外，对递归可枚举集合上的结构 $\mathcal{E}$ 与 $\mathcal{E}^*$ 中自同构和轨道的研究也是递归论的一个重要方向。以上提到的都属于古典递归论的研究范围，即研究自然数上集合和函数的可计算性。现代递归论的口号则是研究可定义性。因为可定义性一方面包括了可计算性，同时又可以把研究范围自然地扩展到实数集合或序数集合。在拓广后的论域上研究可计算性或可定义性的分支称为"高层递归论"[10]。从 20 世纪 60 年代至今，萨克斯[11] 和所谓的萨克斯学派在高层递归论方向做了大量的工作。近 10 年来，递归论与其他相关领域的交叉为递归论注入了新的活力。尤其是在反推数学和算法随机性等方面的研究已成为递归论中的热门课题。此外，递归论与计算机科学一直有密切的联系，如机器学习和自动机可表示的结构理论，还有与模型论有关的递归模型论等。递归论的参考书有《递归论：算法与随机性基础》（郝兆宽，杨睿之，杨跃，2018）、*Theory of Recursive Functions and Effective Computability*（Rogers, 1967）、*Recursively Enumerable Sets and Degrees - A Study of Computable Functions and Computably Generated Sets*（Soare, 1987）以及 *Computability and Randomness*（Nies, 2012）。

　　从上面大致的描述来看，数理逻辑涵盖了相当广的范围。各个分支从表面上看似乎没有太多的联系。它们之所以都属于数理逻辑的研究范围，一方面是由于历史原因——早期出于同源；更重要的是，各个学科在思想方法上有很多共同点。例如，对语言的关注，或者更广泛地说，对研究的手段和问

---

[1] 斯莱曼（Theodore Slaman，1954—　），美国逻辑学家、数学家。

[2] 肖尔（Richard Shore，1946—　），美国逻辑学家、数学家。

[3] 跃变算子，英文为 "jump operator"。

[4] 弗雷德伯格（Richard Friedberg），美国逻辑学家、数学家。

[5] 穆奇尼克（Albert Muchnik，1934—2019），俄罗斯逻辑学家、数学家。

[6] 拉克伦（Alistair Lachlan），加拿大逻辑学家，数学家。

[7] 勒尔曼（Manuel Lerman，1943—　），美国逻辑学家、数学家。

[8] 索瓦（Robert Soare），美国逻辑学家、数学家。

[9] 格嵌入，英文为 "lattice embedding"。

[10] 高层递归论，英文为 "higher recursion theory"。

[11] 萨克斯（Gerald Sacks，1933—2019），美国逻辑学家、数学家。

题的表达方式的关注；又如，对分类或分层的重视，对复杂性的重视，等等。希望通过对数理逻辑和后续课程的学习，大家能对此有更多的体会，也对数理逻辑有更深的了解。最后说明一点，尽管数理逻辑被简单划分为若干个分支，但这些划分是相当人为的。我们切不可画地为牢，让这些划分把逻辑的本质割裂肢解。事实上，不仅逻辑中各个分支是相通的，逻辑与数学、逻辑与哲学也是相通的。

附录

哥德尔的生平

- 1906 年，出生于捷克布吕恩城。

- 1924 年，进入维也纳大学学习物理、哲学和数学。

- 1929 年，获得博士学位，导师是哈恩[①]。

- 1930 年，基于博士论文发表了完全性定理。

- 1931 年，发表不完全性定理。

- 1932 年，获得执教资格，发表一些关于直觉主义数学的工作。

- 1935 年，证明选择公理一致性。

- 1937 年，证明连续统假设的一致性。

- 1940 年，移民美国，在高等研究院工作，开始与爱因斯坦的友谊。

- 1941 年，给出一个不同于根岑证明的皮亚诺算术一致性证明。

- 1943 年，兴趣从数理逻辑转向哲学，完成"罗素篇"——实在论哲学立场的首次宣告。

- 1947 年，发表"康托尔篇"，提出为数学寻找新公理的哥德尔计划。

- 1949 年，给出旋转宇宙的场方程新解；研究莱布尼兹哲学。

- 1951 年，吉布斯演讲，研究胡塞尔[②]现象学。

- 1978 年，病逝，死因是"人格紊乱造成的饥饿与营养不良"。

更详细的哥德尔年表可以在《哥德尔》（王浩, 2002）中找到。

[①] 哈恩（Hans Hahn, 1879—1934），奥地利数学家。
[②] 胡塞尔（Edmund Husserl, 1859—1938），德国哲学家。

哥德尔的主要数学工作

哥德尔晚年曾这样总结自己的工作：

> 给出了谓词逻辑完全性的证明；对任何给定形式化数学公理系统找出一在该系统中不可判定的丢番图分析问题的方法；选择公理、康托尔连续统假设与集合论常设公理一致性的证明；基于爱因斯坦引力论的旋转宇宙构造法。[①]

我们在本书中已经介绍了前两项工作，即谓词逻辑的完全性以及形式化数学公理系统的不完全性。选择公理与连续统假设相对于集合论常设公理的一致性证明也是哥德尔在数理逻辑领域的重要工作。它们依赖于哥德尔发明的可构成集概念。

除此以外，哥德尔在数理逻辑领域还做过一些关于直觉主义数学的工作。在 1932 年发表的《论直觉主义命题演算》中，哥德尔证明了直觉主义命题逻辑没有一个只含有有穷个真值的语义解释（我们熟悉的真值表是一个二值的语义解释），并且直觉主义命题逻辑与经典命题逻辑之间存在着无穷个按照强度线性排列的命题逻辑系统。在 1933 年发表的《直觉主义命题演算的一个解释》中，哥德尔介绍了一种对直觉主义逻辑的模态解释，引入了一个模态算子 B 来表示可证性。在另一篇发表于 1933 年的文章《论直觉主义算术与数论》中，哥德尔介绍了一种否定性翻译（简单地说就是悬置双重否定消去的工作），将经典算术翻译到直觉主义算术中，从而证明了经典算术相对于直觉主义算术的一致性。

哥德尔在 1941 年给出了对直觉主义算术一致性的一个构造主义证明。哥德尔基于"有穷类型的可计算函数"概念，构建了符合一些构造主义原则的系统 **T** 并通过《辩证法》翻译[②]，将直觉主义算术翻译到 **T** 中，从而得到相对一致性结果。这些工作同样启发了一系列的后续研究。但哥德尔并没有把它们列为自己的主要工作，可能是由于这些工作未能像哥德尔早年的其他工作一样有力地澄清了一些概念性问题。

根据王浩 （王浩，2002 ）的说法，哥德尔自 1943 年之后就将工作重心转移到哲学。分别首次发表于 1944 年的《罗素的数理逻辑》（"罗素篇"）和 1947 年的 《 什么是康托尔连续统问题？ 》（"康托尔篇"）是哥德尔哲学思想的代表作。哥德尔的这些工作建立在数理逻辑的当代发展之上，是以包括本书中所介绍的诸多定理为前提的哲学思考。哥德尔同样没有把他在哲学方

[①] 引自《哥德尔》（王浩，2002，第 11 页）。

[②] 该项工作首先于 1958 年发表在《辩证法》（*Dialectica*）杂志，故而得名。

面的任何工作列为自己的主要成就，这可能也是因为哥德尔在哲学上始终未能找到令自己满意的答案。尽管如此，这些仍然是 20 世纪最重要的数学哲学思想，深刻地影响着后来的数理逻辑研究。

参考文献

Patrick Blackburn, Maarten de Rijke and Yde Venema, 2001.　*Modal Logic*. Cambridge University Press, Cambridge.

G. Boolos, 1993.　*The Logic of Provability*.　Cambridge University Press, Cambridge.

Chang and Keisler, 1990. *Model Theory*, 3rd ed.. Elsevier, New York.

Herbert Enderton, 2001. *A Mathematical Introduction to Logic*, 2nd ed. Harcourt, New York. （有中译本及影印本）.

Thomas Jech, 2002. *Set Theory*, the third Millennium edition. Springer, New York.

Kenneth Kunen, 2011. *Set Theory*. College Publications, New York.

Elliott Mendelson, 2009. *Introduction to Mathematical Logic*, 5th ed. CRC, Boca Raton.

André Nies, 2012. *Computability and Randomness*. Oxford University Press, New York.

Wolfram Pohlers, 2009.　*Proof Theory: The First Step into Impredicativity*. Springer, New York.

Wolfgang Rautenberg, 2010. *A Concise Introduction to Mathematical Logic*, 3rd ed. Springer, New York.

Hartley Rogers, Jr, 1967.　*Theory of Recursive Functions and Effective Computability*. McGraw-Hill, Boston.

Robert Soare, 1987.　*Recursively Enumerable Sets and Degrees: A Study of Computable Functions and Computably Generated Sets*. Springer, New York.

Alfred Tarski, Andrzej Mostowski and Raphael M. Robinson, 2010. *Undecidable Theories*. Dover, Amsterdam.

Dirk van Dalen, 2004. *Logic and Structure*, 4th ed. Springer, New York.

王浩（著），康宏逵（译），2002. 哥德尔. 上海译文出版社, 上海.

邢滔滔, 2008. 数理逻辑. 北京大学出版社, 北京.

徐明, 2008. 符号逻辑讲义. 武汉大学出版社, 武汉.

叶峰, 1994. 一阶逻辑与一阶理论, 中国社会科学出版社, 北京.

郝兆宽, 杨跃, 2014. 集合论——对无穷概念的探索, 复旦大学出版社, 上海.

郝兆宽, 杨睿之, 杨跃, 2018. 递归论——算法与随机性基础, 复旦大学出版社, 上海.

姚宁远, 2018. 初等模型论, 复旦大学出版社, 上海.

索引

图书在版编目(CIP)数据

数理逻辑:证明及其限度/郝兆宽,杨睿之,杨跃著.—2 版.—上海:复旦大学出版社,2020.8
(2023.1 重印)
逻辑与形而上学教科书系列
ISBN 978-7-309-14568-7

Ⅰ.①数… Ⅱ.①郝…②杨…③杨… Ⅲ.①数理逻辑-高等学校-教材 Ⅳ.①O141

中国版本图书馆 CIP 数据核字(2019)第 173180 号

数理逻辑:证明及其限度(第 2 版)
郝兆宽 杨睿之 杨 跃 著
责任编辑/梁 玲

复旦大学出版社有限公司出版发行
上海市国权路 579 号 邮编:200433
网址:fupnet@ fudanpress.com http://www.fudanpress.com
门市零售:86-21-65102580 团体订购:86-21-65104505
出版部电话:86-21-65642845
上海四维数字图文有限公司

开本 787×1092 1/16 印张 17 字数 313 千
2020 年 8 月第 2 版
2023 年 1 月第 2 版第 3 次印刷

ISBN 978-7-309-14568-7/O·674
定价:49.00 元